**图书在版编目(CIP)数据**

程泰宁建筑作品选／程泰宁著.—桂林：广西师范大学出版社，
2017.9

（大师系列）

ISBN 978－7－5495－9153－4

Ⅰ.①程… Ⅱ.①程… Ⅲ.①建筑设计－作品集－中国－现代
Ⅳ.①TU206

中国版本图书馆 CIP 数据核字（2016）第 281120 号

出 品 人：刘广汉
责任编辑：肖　莉
助理编辑：李　楠
版式设计：吴茜　赵伟伟　蒋美锋　陈　畅

广西师范大学出版社出版发行

（广西桂林市中华路 22 号　　　邮政编码：541001
网址：http：//www.bbtpress.com　　　）

出版人：张艺兵

全国新华书店经销

销售热线：021－31260822－882/883

上海雅昌艺术印刷有限公司

（嘉定区嘉罗公路 1022 号　邮政编码：201800）

开本：889mm×1 194mm　　1/12

印张：54　　　　　　　字数：57 千字

2017 年 9 月第 1 版　　　2017 年 9 月第 1 次印刷

定价：658.00 元

大 师 系 列

# 程泰宁建筑作品选

CHENG TAINING
ARCHITECTURE WORKS

程泰宁 著

广西师范大学出版社
·桂林·

images
Publishing

# 前言
## PREFACE

程泰宁

本书所列的 56 个作品选自我从业以来所做的 150 个项目。其中大部分均已建成，但也包括一些正在设计或施工过程中的项目，以及少量由于各种原因未能实施的方案。能否较充分地表达我的创作理念是能否被选入的唯一标准。

从业近 60 年，我主持设计的项目不多，建成的只有 58 项，和国外一些像我这样年龄的建筑师相比较，这个数字偏低。我自信尚称勤奋，但为何未能"高产"？从本书附录作品年表的一组数字中可以大致看出其中原因：由于频繁的政治运动，以及 20 世纪 80 年代被行政事务占去了大量精力，自 1958 年从业至 1991 年的 33 年间，我主持的设计仅有 27 项；而 1991 年至今，则主持完成了各类建筑 120 余项，也就是超过 80% 的项目设计是在近 25 年完成的。

很明显，建筑师个人的创作机遇与社会大环境密切相关，无法抗拒。另一个可能更为重要的原因是，这 150 个项目的方案主创——从画构思草图开始，直至整个设计细节的控制，都由我主导。那些指导、参与、挂名的项目一概不予列入。我知道，由于我的这种工作模式比较刻板，常引起一些人的质疑，但我始终认为，这是我做建筑师的原则。

本书所选作品曾考虑按年代排序或按建筑类型分列，但最后我选择了以"境界""意境""语言"三个部分来排序。我以为这样的排序可以更清晰地表达我的创作理念，方便读者对我的作品进行了解。当然，分列并不意味着"分离"，例如列入"境界"部分的作品并不仅仅表达了这一种理念——事实上，我对每一件作品所考虑的因素都是综合的、全面的。

借本书出版的机会，首先我要感谢我的师长和朋友们一直以来的关心和鼓励，感谢多年来不断变化的工作团队的合作和支持，没有他们的鼓励和支持，我的建筑师生涯无法走到今天。当然，家人对我一贯的理解和支持，是我几十年来能够集中精力从事建筑创作的关键，对此，我一直铭记在心。

感谢佐尼斯先生和吴焕加先生为本书作序。代表不同文化背景的两位建筑理论大家，对我的作品所作的宏观而精辟的分析，相信会有助于读者对我的作品的认识和理解。

感谢视觉出版集团的邀约，把这本书作为"大师系列"在国内外出版。我一直认为，跨文化交流，将会使中国、也会使世界建筑的发展更加多姿多彩。本书的出版，为实现我的这个愿望提供了一个契机。

最后，我想将中国汉代史学大家司马迁撰写《史记》的卷首语稍作修改，用以表达我多年来的设计立场，作为前言的结语：

究天地人文之际，
通古今中外之变，
成建筑一家之言。

# 目录 CONTENTS

**前言 PREFACE**

4　程泰宁


**序 FOREWORDS**

12　建筑、思想与视界——关于程泰宁建筑作品的一些思考
　　亚历山大·佐尼斯

16　究天人之际，通古今之变，推创新之作
　　吴焕加


**引言 INTRODUCTION**

22　语言·意境·境界——中国智慧在建筑创作中的运用
　　程泰宁


**建筑作品 ARCHITECTURAL WORKS**

30　境界·建筑创作之"道"

32　浙江美术馆

60　龙泉青瓷博物馆

76　中国海盐博物馆

90　南京博物院

110　黄岩博物馆

120　温岭博物馆

130　河姆渡遗址博物馆方案

140　西安大明宫遗址博物馆方案

148　杭州铁路新客站

166　常熟理工学院逸夫图书馆

172　浙江大学新校区第三组团

182　黄龙饭店

200　浙江宾馆商务别墅

208　悦海湾酒店

218　元华广场

222　南浔行政中心

232　湛江文化艺术中心

248　天津美术学院方案

254　青岛（红岛）铁路客站

266　南京美术馆新馆


280　**意境·建筑创作的情感表达**

282　建川博物馆·战俘馆

306　弘一大师纪念馆

320　绍兴鲁迅纪念馆

330　苏步青纪念馆

344　海宁博物馆

354　湘潭市博物馆及城市规划展览馆

366　越城遗址博物馆方案

372　联合国国际小水电中心

384　昭山两型产业发展中心

394　宁波高教园区图书信息中心

408　金都华府居住小区

416　杭州国际假日酒店

430　钱江金融城方案

444　北京首钢世界侨商创新中心

458　厦门同安新城（丙洲片区）


470　**语言·建筑创作的表现手段**

472　加纳国家剧院

490　马里共和国会议大厦

506　古巴吉隆滩胜利纪念碑方案

512　宁夏大剧院

530　银川国际会展中心

538　中国港口博物馆

544　沂蒙革命历史纪念馆

548　阜阳市科技文化中心

554　温州鞋业博物馆方案

556　太原晋阳湖展示馆方案

560　奈良中国文化村剧场方案

562　锡东新城文化中心方案

566　绍兴市民广场

570　城市芯宇居住小区

580　耀江大酒店

584　解百商城

588　君康金融广场

596　温州世贸中心方案

600　上海中心方案

612　上海金山区行政中心

614　上海公安局办公指挥大楼

## 绘画作品　ARTWORKS

620　绘画作品

## 个人简介　BIOGRAPHY

636　个人简介

640　作品年表

# 序
## FOREWORDS

# 建筑、思想与视界

## ——关于程泰宁建筑作品的一些思考

亚历山大·佐尼斯

**亚历山大·佐尼斯**

Alexander Tzonis (1937- )
原哈佛大学建筑系教授
清华大学建筑学院教授
荷兰代尔夫特理工大学荣誉教授
与奥地利维也纳应用艺术大学荣誉教授利亚纳·勒费弗尔合著有《The Emergence of Modern Architecture: A Documentary History, from 1000 to 1810》。勒费弗尔教授的最新著作是《Modernist Rebels, Viennese Architecture Since Otto Wagner》。

程泰宁出生于1935年的中国南京，这一年，正是中日战争爆发的前两年。两年后，南京城被日军占领。1956年，经历了战争时期的他毕业于南京工学院，获得建筑学位，此时的南京也已重获自由。

在他毕业不久后的1958年，获得新生的新中国（中华人民共和国）决心在北京建设十座纪念性建筑（又称"十大建筑"），为即将到来的建国十周年夫典献上一份厚礼。这一重要决定，也标志着中国建筑界持续至今的重要论辩的发端。

如何以建筑来庆祝新中国成立十周年呢？又如何同时融入六亿新中国人民的自豪与成就，还有他们经历的近一个世纪的战争、苦难与耻辱呢？如何表达这个国家、社会和人民的"新旧"身份呢？而这个仍在战后创伤愈合阶段的物资匮乏的国家，又如何得以高效而可行地完成这些建设目标呢？这些问题是摆在那一代中国建筑师面前的巨大挑战。事实上，一直到第二次世界大战后，他们甚至都鲜有建筑实践的机会。因此，经历过同样阶段、面临过相同问题的苏联专家的建议在当时得到了广泛认同。

苏联专家提议，在满足建筑功能需求的同时，建筑形式上借鉴西方古典建筑模式对纪念性、崇高、宏伟与"巨大"的表达。考虑到需要表达出中国国家特征，苏联专家们认同了"民族形式"的重要性。最终，他们提议，可以以折中而明确的方式引用中国传统建筑中的"母题"，如著名的"大屋顶"，即中国传统建筑中的顶盖形式。

一石激起千层浪，一场广泛而激烈的理论性争论由此在中国建筑师与知识分子中间展开。许多人认为，这些传统建筑结构无法表达出新中国全新的社会形态与生活方式。他们以胜利者的心态，认为这种方式无法深刻地传达中国所经历的多年艰难抗争。事实上，尽管使用了传统的建筑元素，但对于建筑特征的问题，即梁思成和林徽因当时指出的"内在结构特征"的问题，这样的方法也未能给出有力的解答。争论激烈、原材料匮乏、经验缺失，但这些都无法阻碍"十大建筑"项目的完工。1959年10月1日国庆日时，大部分项目正式向公众开放，广受人民群众称赞。彼时的程泰宁因太过年轻而无法在激辩中发声，但他是参与人民大会堂设计的成员之一。

1966年，辩论逐渐消弱。中国进入内忧外患的特殊时期，这一时期激烈的政治运动阻碍并频繁地打断建筑设计与建设，建筑师的职业被架空，关于发展、目标与职责的理论思考也因此黯然消失。但尽管如此，到1978年时，中国在经济和利益方面仍有发展，随之而来的是国家对于建筑的大量需求与建设热情的空前高涨。因此，在经历了一段时间的沉寂之后，大多数建筑师重新投入到设计实践当中，这其中就有年轻的程泰宁。

当时的首要任务是建造出大量建筑空间，以满足实用的需求，但是建筑师关于中国建筑角色的思考也再一次浮出水面。这一思潮不仅影响了在国内做设计的中国建筑师们，还影响了一批中国建筑师在境外的建筑设计与实践。一个并不为人熟知的事实是，在那个时期，许多中国建筑师在其他国家（主要是非洲国家）进行着建筑实践活动，这些国家历经多年剥削，经济发展停滞、社会发展闭塞，和中国一样有着艰辛的历史。

对于中国建筑师来说，关于现代建筑在不同地域特殊的气候与文化中如何表达的问题，并非仅限于中国，有些甚至早在20世纪60代初就已经被讨论过了。1963年，《建筑学报》作为中国官方的建筑出版物就已经提出，在一些以农业生产为基础的国家，例如印尼、柬埔寨、埃及、墨西哥、叙利亚、加纳和阿尔巴尼亚，引入现代建筑的同时应更多关注当地地理环境与气候因素。特别是在1964年的某一期学报中，抨击了一些西方明星建筑师提倡的"全球化"理念，将异度的建筑标准推广于全世界。而当时，甚至连"全球化"一词都尚未启用。年轻一代前途无量的建筑师们（如19世纪40年代中叶在美国接受建筑教育的吴良镛），对以威廉·伍尔斯特、凯瑟琳·鲍尔和路易斯·芒福德为代表的批判"国际式"的运动已经有所了解，他们提倡的是地域主义建筑。

程泰宁是20世纪80至90年代中国参与支援非洲重点项目建设的建筑师之一。他为非洲国家主持设计了两个重要的建筑，它们分别是1992年建成的加纳国家剧院（包括一个剧院、一个展览大厅和一个圆形演出剧场）和1994年建成的马里共和国会议大厦（位于马里首都巴马科，著名的多贡文化腹地）。

作为设计师，他并不认为自己的职责仅在于为民众提供公共文化基础设施。他将自己看作一个促成者——致力于寻找一种建筑形式，以唤起民众对于地域特征与集体身份的知觉，建立他们与建筑之间基于集体认同感的交互，从而治愈他们所遭受的社会之殇。

他深知在当代，若设计被商业娱乐精神裹挟，单纯廉价地借鉴传统建筑对象的外部形式，将会带来极大的危害。同时，他也清醒地意识到了民族宗派主义的误区，因此对他来说，设计的目的是为了"究天地人文之际，通古今中外之变，成建筑一家之言"。

非洲部落、种族与地域化的生活方式以及由此形成的极具代表性的当地文化，有些甚至比伊斯兰教和基督教文化更悠久的历史。它们非常多样，个性非常鲜明，以至于很难简单地以某一个建筑来"代表"或"概括"它们。面对这些，程泰宁选择了一种有趣的切入方式，他希望为当地人设计创作，而非简单引入一个普适的建筑原型。然而事实上，他创作的建筑作品为当时的非洲，带去了真正现代的而非"现代主义"的潮流。他的建筑，有着清晰明确的组织结构，现代而非异构，融入而非侵入，并唤起了当地久违的集体意愿，预示着一个全新时代的来临。

不过，程泰宁更多的建筑作品还是在中国。自2000年以来，他始终在稳步坚定地进行着建筑创作与实践。这样的职业轨迹暗合了这一时期中国建筑的空前繁荣。与此同时，这种举国繁荣的大背景在很大程度上忽略了建筑对当地的环境、社会与人文的影响。尽管与彼时的经济导向和公众趣味并不完全相符，但程泰宁却并不想随波逐流——在自己的建筑、文章与演讲中，他多次表明了自己与之相异的立场，强调怀有对环境与人文应有的尊重。近年来，经过了一段时期的高速发展，在中国，对城市环境质量的关注越来越大过对于建筑总量的追求。值得一提的是，据2016年6月8日《人民日报》报道，基于对城市综合环境现状与城市空间品质提升的考虑，湖南省放弃了此前准备建设世界"第一缠绕结构高楼"的计划。

与在非洲的作品一样，程泰宁在中国的建筑作品同样体现了他在中国传统框架体系下对于当地环境与文化价值的重视，同时，他也积极地尝试使用新型建筑技术，满足现代的功能需求。以鲁迅纪念馆（2002）为例：

鲁迅，是中国现代文学大家，纪念馆建于他在浙江绍兴的故里。鲁迅笔下的人物设定大多是传统的中国民众，但表达的却是深刻的当代社会普遍特征。纪念馆馆如其人：建筑在借鉴中国传统的屋面与庭院尺度模式的同时，也吸取了当地空间模式的精髓，创造了一处现代的城市文化设施。

而结构，或者我们常说的结构理性，也是程泰宁建筑中的一个重要元素，他成功地将地域样式与现代施工方式有机结合。

浙江美术馆（2003）就是一个典型的例证。建筑的屋顶结构与入口顶棚用现代的金属与玻璃诠释，这就统领了整个方案的基调。但即便如此，程泰宁也不落西方古典或现代建筑屋顶形式之窠臼，从江南建筑文化中汲取灵感，创造出自己独特的建筑表达。博物馆的结构元素仿佛遵循着《鲁班营造法式》，在一定程度上承载着并清晰地传递着东方木建筑在空间组织结构上的深邃规则。[1]从江南文化古老而宏大的宇宙观和世界观中，程泰宁凝练出自己的空间建构手法，并将其与现代生活贴合。这使得他的作品恰当地出现在场景中，并与历史意象紧密相连。

但是，程泰宁所有的设计并非都由这种结构理性的解析形式所主导。相比之下，一些作品的设计遵循着一条"讲故事"的线索，使建筑如同出现在中国古代传说的梦境中一般。位于丽水的龙泉青瓷博物馆（2007）就是这样的作品。巨大的青白色底座如同戴着玻璃的冠冕，曲面与筒体镶嵌间，融入极美的大自然中，在地上静静盛放。

温岭博物馆（2011）也叙述着一个这样的中国故事：建筑如同一块巨大的陨石晶体，也似山上散落的巨石。

而这种叙事的方式在李叔同纪念馆（弘一大师纪念馆）发挥到了极致：设计师用独特的（但是遵循结构理性）的几何结构，表达出了宏大的氛围——"水上清莲"。

程泰宁的空间整合与叙事能力也体现在他的作品对于现代重大历史事件的把控中，以建川博物馆·战俘馆（2003）为例：

建川博物馆位于四川省安仁县大邑村，是一个以"文化大革命"和抗日战争为主题背景的博物馆群，战俘馆是其中以战俘为展览主体的独立博物馆。这一博物馆主题深刻地反映了中国历史的一个侧面，同时也引申出人性的本质与光辉。战俘的不屈、顽强、抵抗与尊严不仅体现在文档记录与展品中，还表达在建筑

以"自然山石在外力作用下虽褶皱、绽裂，但仍保持方正锐利的形态"的深刻隐喻里。参观者穿过"窄巷、牢笼、放风院，扭曲的展览空间，不做任何修饰的墙面天花，以及高窗、采光孔中微弱的光线"，使认知的体验与道德情感紧密地结合在了一起。

在勉力于建筑创作的同时，程泰宁也致力于建筑理论问题的探索。这或许和他未能实现年少时的文学梦有一定关联，但更重要的原因则在于，他意识到很大一部分中国建筑师与建筑学学生对全球化的肤浅虚像深信不疑，甚至于"轻视"生活方式、环境与社会的"现状与存在"。

最后，我想说，程泰宁所倡导的建筑，是在理解建筑现实现状与问题的基础上，去改变现实。他建议他的学生和年轻的建筑师们尽量直面复杂而艰难的时代问题。这使我想起了康斯坦丁·斯坦尼斯拉夫斯基（俄罗斯著名戏剧家）的戏剧教学方式。和斯坦尼斯拉夫斯基一样，程泰宁强调观察与体验对于一个建筑师的重要性。同时，他认为，我们需要建构"理论思想体系"（《语言、意境、境界——中国智慧在建筑创作中的运用》），深入地理解理念、心理与历史的本源，因为它们正是现代信仰、幻想与追求的

起点。事实上，这一观点可以直接应用于西方的建筑学科。

值得称道的是，程泰宁虽然投身于建筑设计与理论方法探究，但他最终认识到，必须依靠社会体制制度的力量才能够最终克服当下自然—社会环境的危机。那些无法预料亦无法逆转的严重后果，并不仅仅是因为缺乏相应的思想或技艺，更是由于一个正确的制度结构的缺席。因此，程泰宁支持体制改革。

程泰宁曾设问："我们该如何设定制度、规则并推行它们，来调控业已混乱无序的建筑市场？"他对此的回答是，"在改革开放的影响下，六七十年代的国家建筑设计院""有的已经关门大吉"或是"改制成为私营企业"。在中国与世界许多地区新的建筑思想与方式层出不穷的局势下，国家与政府公共部门应当回归自己的本来职责，为创造并管理一个具有可持续的社会、文化、生态质量的人居环境和人文体系而发挥自己应有的作用。

1【加】鲁克思，晚期帝制中国的木匠业与建筑——《鲁班经》研究，1996年

# 究天人之际，通古今之变，推创新之作

吴焕加

**吴焕加**

吴焕加（1929—），清华大学建筑学院教授，外国建筑史与外国近现代建筑史与建筑理论知名学者

澳大利亚视觉出版集团将出版程泰宁先生的建筑作品集，这件事值得赞扬，一方面表明程泰宁的建筑作品的高水准；另一方面表明视觉出版集团眼光敏锐，带头将中国现代建筑师的作品介绍到全世界。

程泰宁建筑作品的意义与价值，要放到中国近现代历史背景中来考察。

中国人在历史上创造出非常发达、非常独特又极具魅力的建筑体系和建筑文化。今天到中国去，仍可亲眼看到许多宏伟壮丽的皇家建筑、意境深远的寺庙和园林、韵味无穷的民居——这些都是祖先留下的珍贵的建筑遗产。

但是，中国历史上的建筑体系是在封建农业社会的条件下形成的，与现代社会的需要和条件有很大差异。例如，中国古代建筑主要用木材，现代主要用钢和水泥，性能大不一样。社会转型决定建筑也必须要转型。中国的近代化和工业化比欧美先进国家晚了近200年，建筑领域也是这样。进入20世纪，中国人奋起直追，向先行者学习。经过100多年的断续努力，克服各种不利因素，终于出现今天建筑业的兴盛局面，蝉蜕龙变，令人惊叹。

程泰宁先生的建筑创作，我以为有三点很突出。

一、综合创新

由于中国近代特殊的历史条件，中国近现代建筑的开端不是自发出现的，它最初的基础是从国外移植来的。

因而，中国建筑师面前有多种不同的学术资源：中国历史上的建筑、外国历史上的建筑、外国近现代的建筑，还有百年来中国新出现的建筑也有一定的参考价值。这种情况并非建筑领域所独有。实际情况是，近代以来，中国文化的方方面面都面对着古今中外不同文化并存的局面，需要考虑如何抉择、如何运用、如何发展的问题。

哲学家张岱年先生经过长期地深入研究，提出中国文化发展的方针应该是"文化综合创新"。程泰宁先生的建筑作品是综合创新的优秀成果。程泰宁的建筑作品类型多样，性质、要求、条件各不相同，有的甚至远在国外，程泰宁都从容应对，做出优良的适合当今需要的建筑。这与他在设计工作中不是单打一，而是不拘一格地广泛吸取古今中外多种建筑文化中有用成分的创作路线有关。他的吸收运用又不是"拿来主义"式的简单套用，而是以"我"为主，以今天的需要为主，有选择地、转换性地变通运用，他的每一次创作都是一次"综合创新"的过程，产生的是有新意的富有生机的新的建筑样态。

关于艺术形象与真物的关系，中国著名艺术巨匠齐白石说："作画妙在似与不似之间，太似为媚俗，不似为欺世。"齐白石的绘画语言也适用于建筑形象方面。在这一方面，程先生设计的浙江美术馆则是一个成功的例子。位于杭州西子湖畔的浙江美术馆的屋顶与白墙的组合，很容易让中国人联想到中国的传统建筑，但新旧两者的关系正在"似与不似之间"。人们从美术馆的造型中可以看出，其中有传承又有创新，有历史感而不守旧，有中国味又有强烈的时代感，我个人十分赞赏。

## 二、"学""术"并茂

做好建筑设计工作，需要"学"与"术"，即要有建筑思想理论和手上功夫两

方面的素养和本领，单有一方而忽视另一方，很难推出高水准的设计。

程先生本人向来重视建筑思想理论的学习与钻研，一件小事足以说明这一点。前几年，已是21世纪了，见面时程先生说他存有一张1963年6月16日的《光明日报》，我感到很奇怪，他解释说那张报纸上有我写的题为《混乱中的西方建筑潮流》的文章。1963年他刚从大学毕业不久，已看出文章表面的批判，其实是在宣扬西方的现代建筑。他一直保存着，以后我再到杭州，他就会把那张旧报纸裱好赠我。

程先生一边做建筑设计，一边关注建筑思想理论，前后发表了许多论述。几年前，知道程泰宁先生要开展建筑理论方面的研究，我毫不奇怪，只感到建筑设计达人抓建筑理论，是别开生面的举动。建筑是实践性、构建性、塑造性行为的产物。不论古代现代，从事建筑的人要有"学"，还得有"术"。

如果知道得挺多，但是缺少处理建筑物实体和塑造建筑空间的技巧和手法，即俗话说的手上功夫不灵，也成不了好的建筑师，

拿不到项目。夸张一点儿说，无"学"做不出好设计，无"术"拿不出好方案。

看程泰宁先生的作品集，单就形象说，有的地方大刀阔斧，泼辣奔放，如大块文章，如泼墨山水；有的地方精雕细刻，抓得很细很紧，秀美可爱。他的"戏路"宽广，做什么建筑项目都游刃有余，都能从容推出有新意的构想，这是长年下过大功夫，厚积薄发才做得到的。

宋代诗人陆游介绍一位文人的成就时写道："其诗文，汪洋闳肆，兼备众体，间出新意，愈奇而愈浑厚，震耀耳目，而不失高古。"[1]程先生的作品给我的印象也是如此。他是一位"学""术"并茂，文武双全的建筑大匠。

三、日日新，又日新

中国古人要求"苟日新，日日新，又日新"，程泰宁先生做到了。

他在不同时期做的建筑作品都有明显的不同形象特色，说明他没有停留在一个地方，每次都示出新意。从他前后的文章和讲演中也可看出，他的建筑思想也持续扩展和深化。看得出来，他重视对中国古典文化的学习，他涉猎国学的领域和典籍，比一般人广一些，对国外建筑界的动向也注意考察研究，对本国建筑设计界的问题的了解也日益全面和深入。

如果没有这些方面的不断积累和提高，没有与时俱进，他就提不出在《文化自觉引领建筑创新》一文中表述的那些观点，写不出那样的文章。有的观点是否恰当，仁者见仁，智者见智，这是另一个话题。

作为一名现代建筑师，程泰宁先生的建筑设计在一定程度上不可避免地受到20世纪前期西方现代主义建筑思想的影响。这是非常自然的事。最近看到程先生提出的一段话，说"非线性'语言'似乎很能表现中国的文化特质和美学调性"。这是一个有新意、有深意、有分量的新命题。

非线性建筑与先前有过的建筑都存在显著的差别，过去中外建筑都追求实在、坚固、稳重、界面明确，而现在的非线性建筑则以流动、虚空、飘忽、通透、界面凸凹复杂为特色。这种趋向与中国传统文化中的艺术与美学确有相通之处。在我国的文人画和书法艺术中表现得尤为突出。历代著名的草书和狂草作品中那种活泼豪放、变化多端、腾挪跌宕、大开大合的造型风格，千百年前就在中国出现了，至今仍受人喜爱。我以为其中就蕴含着类似今天"非线性"造型的那种魅力。

毕加索说，如果他出生在中国，他一定是个书法家（没有查证，或许不确）。无论如何，程先生的命题是成立的。程先生不时地推出新的见解，显示出他"日日新，又日新"的作风。

近日见到程先生先引用司马迁的一段名言，"究天人之际、通古今之变，成一家之言。"

我就此借两千年前司马迁的这十五个字，用来概述程先生的成就，并作为小序的结束语。

1 陆游《吕居仁集序》

# 引言
## INTRODUCTION

# 语言·意境·境界

## ——中国智慧在建筑创作中的运用

程泰宁

此文为程泰宁院士在2014年11月在由中、日、韩三国建筑学会联合主办的"第十届亚洲国际建筑交流研讨会"上所作的主旨报告，后被收录在《中国工程院院士文集》，题为"语言与境界"，由中国电力出版社2016年出版。此次出版，对发言进行了部分修改和增补。

一、改革开放三十年来，中国经济建设的成就有目共睹，但中国建筑的现状，似乎与这一发展进程不相匹配，"千城一面"和"缺乏中国特色"的公众评价，突显了我们所面临的困境。产生这一问题的原因是多方面的，例如，我们经常讨论的创作环境不好、转型期中商业导向的负面影响以及社会整体文化素质的制约等等。但是应该看到，在建筑创作中，缺乏独立的价值判断和自己的哲学、美学思考，是其中一个十分重要的原因。

二、近百年来，中国现代建筑一直处在西方建筑文化的强势影响之下。从好处说，西方现代建筑的引入，推动了中国建筑的发展；从负面来讲，在自身文化空白的情况下，我们的建筑理念一直为西方所裹挟，在跨文化对话中"失语"是一个不争的客观事实。虽然在这个过程中有不少学者、建筑师，以至政府官员，在反思的基础上，倡导过"民族形式""中国风格"等，但由于缺乏有力的理论体系作支撑，只是以形式语言反形式语言，以民粹主义反外来文化，其结果，只能停留在表面上而最后无疾而终。因此，建构自己的哲学和美学思想体系以支撑中国现代建筑的发展，是一个值得我们重视并加以研究的重要问题。

那如何来建构这样一个理论体系？我同意这样的观点，"中国文化更新的希望，就在于深入理解西方思想的来龙去脉，并在此基础上重新理解自己"[1]。据此，我们需要首先来了解一下西方现当代建筑的哲学和美学背景。

三、在西方，"20世纪是语言哲学的天下"。海德格尔说"语言是存在之家"，德里达说"文本之外无他物"，卡尔纳普则干脆把哲学归结为句法研究、语义分析。特别是近十几年"数字语言"的出现，似乎更加确立了"语言哲学"在西方的"统领地位"[2]。了解了西方这样的哲学背景，我们会很自然地想到，西方现当代建筑是不是在一定程度上也是"语言"的天下？耳熟能详的像"符号""原型""模式语言""空间句法"，以至最新的"参数化语言""非线性语言"等。

事实上，这些建筑"语言"都可以看作是西方语言哲学的滥觞。通过学术交流，这些"语言"也已经成了很多中国建筑师在创作中最常用到的词语。

对此我们应该看到，"语言"包含着语义，特别是它对"只可意会不可言传"的建筑创作机制进行了理性的分析解读，值得我们借鉴。但同样应该看到，由于它在不同程度上忽视了人们的文化心理和情感，忽视了万事万物之间存在的深层次联系，很难完整地解释和反映建筑创作实际，因而这些"语言"常常是在流行一段时间以后光环渐失，例如20世纪七八十年代推出的"模式语言"曾被捧为"建筑圣经"，曾几何时却风光不再，在创作实践中并未起到"圣经"作用。

特别值得注意的是，以"语言"为本体，极易走入偏重"外象"的"形式主义"的歧路。我们已经明显地看到，从20世纪后半期开始，以"语言"为本体的哲学认知与后工业社会文明相结合，西方文化出现了一种从追求"本源"，逐步转而追求"图像化""奇观化"的倾向。法国学者居伊·德波认为，西方开始进入一个"奇观的社会"；一个"外观"优于"存在"，"看起来"优于"是什么"的社会。在这种社会背景下，反理性思潮盛行，有的艺术家认为"艺术的本质在于新奇"，"只有作品的形式能引起人们的惊奇，艺术才有生命力"。他们完全否定传统，认为"破坏性即创造性、现代性"。了解了这样的哲学和美学背景就不难理解，一些西方先锋建筑师的设计观念和作品风格来自何处。对中国建筑师来说，我们在"欣赏"这些作品的时候是否也需要思考：这种以"语言"为哲学本体，注重外在形式，强调"视觉刺激"的西方建筑理念是否也有它的局限？我们能否走出"语言"，在建筑理论体系的建构上另辟蹊径？

四、实际上，百年来，一代代中国学者一直在进行中国哲学和美学体系的研究和探索。例如从王国维先生开始，很多学者就提出把"意境"作为一种美学范畴，试图建构一种具有东方特色的美学体系；近年来，著名学者李泽厚先生更是以"该中国哲学登场了"为主旨，提出了以"情本体"取代西方以"语言"为本体的哲学命题……

这些哲学和美学思考，是中国学者长期以来对东西方文化进行深入比较和研究的成果。尽管由于建筑的双重性，我们不能把建筑与文艺等同起来，但毫无疑问，这一系列研究对于我们建构当代中国建筑理论以支撑建筑创作的创新有重要的启迪。

从这些研究出发，结合中国建筑创作的现状和发展，我思考，相对于西方以分析为基础、以"语言"为本体的建筑理念——我们可否建构以"语言"为手段、以"意境"为美学特征、以"境界"为本体这一具有东方智慧的建筑理念，作为我们在建筑上求变创新的哲学和美学支撑？我认为，这不仅是可能的，而且是符合世界建筑文化多元化发展需要的。

五、结合创作实践，我把建筑创作由表及里分解为三个层面：即：形（形式、语言）、意（意境、意义）、理（哲理、"境界"）。

第一个层面为形，即语言、形式。相对于西方对于"语言"的认知，中国传统文化的"大美不言""天何言哉"，禅宗的不立文字、讲求"顿悟"，几乎抹杀了语言和形式存在的意义，这显然有些绝对化。而顾恺之的"以形写神"、王昌龄的"言以表意"则比较恰当地表达了语言形式和"意""神"的辩证关系。按此理解，语言只是传神表意的一种手段，而非本体。既为手段，那么，在创作中，建筑师为了更好地表达自己的设计理念，可选择的手段应该是多种多样的。特别是在建筑创作的三个层面中，较之"意""理"的相对稳定，"语言"会随着时代的发展而不断变化，建筑师需要在充分掌握古今中外建筑语言的基础上，不断地转换创新。我以为，走出西方建筑"语言"的藩篱，摆脱"语言"同质化、程式化的桎梏，我们将会有更为广阔的视野，在重新审视中国传统文化中"大气中和""含蓄典雅"等语言特色的同时，在建筑形式美、语言美的探索上力争有自己新的突破。

建筑创作第二个层面为意，即意境，意义。这里我们重点谈"意境"。

上面我们曾提到中国传统文化否定"语言"的绝对化倾向，但我们更要看到"大美不言""大象无形"的哲学思辨，也赋予了中国传统绘画、文学，包括建筑以特有的美学观念。从很多优秀的传统建筑中可以看出，人们已超越"语言"层面，通过空间营造等手段，进而探索意境、氛围和内心体验的表达，把人们的审美活动由视觉经验的层次引入静心观照的领域，追求一种言以表意、形以寄理、情境交融的审美境界。这给建筑带来了比形式语言更为丰富，也更为持久的艺术感染力。

"意境""情境合一"是一种有很高品位的东方式的审美理想，是建构有东方特色美学体系的基础。对"意境"的理解和塑造，是东方建筑师与生俱来的文化优势，不少建筑师已经进行了有益的探索，我想，进一步自觉地开展这方面的研究和探索，对于我们摆脱"语言"本体的束缚，在理论和实践上实现突破创新，是十分重要的。

建筑创作的第三个层面为理，即哲理。我认为，建筑创作的哲理——亦即"最高智慧"，是"境界"。

何谓"境界"？王国维在《人间词话》的手稿中说"不期工而自工"是文艺创作的理想境界。有学者进一步解释说"妙手造文，能使其纷沓之情思，为极自然之表现即为'境界'"[3]。

结合建筑创作，我认为这里包含着两方面的含义：

其一，从"天人合一"、万物归于"道"的哲学认知出发，要看到，身处大千世界，建筑从来不是一个孤立的单体，而是"万事万物"的一个组成分子。在创作中，摆正建筑的位置，特别注意把建筑放在包括物质环境和精神环境这样一个大环境、大背景下进行考量，既重分析，更重综合、追求自然和谐；既讲个体，更重整体、追求有机的统一；使建筑、人与环境呈现一种"不期工而自工"的整体契合、浑然天成的状态，是我们所追求的"天人境界"。

其二，"境界"不仅诠释并强调了建筑和外部世界的内在联系，而且还揭示了建筑创作本身的内在机制。以"境界"为本体，我们可以看到，在建筑创作中，功能、形式、建构，以至意义、意象等理性与非理性因素之间，并不遵循"内容决定形式"或"形式包容功能"这类线性的逻辑思维模式，也很难区分哪些是"基本范畴"和"派生范畴"[4]。在创作实践中，建筑师所建构的，应该是一个以各种因素为节点的，相互连接的

网络。当我们游走在这个网络之中，不同的建筑师可以根据自己的理解和创意，选择不同的切入点。如果选择的切入点恰当，我们的作品不但能够解决某一个节点（如形式）的问题，而且能够激活整个网络，使所有其他各种问题和要求相应地得到满足。这种使"纷沓的情思"得到"极自然表现"的"自然生成"，是我们追求的创作"境界"。

因此，从语言哲学和线性逻辑思维模式中解放出来，以"境界"这一具有东方智慧的哲学思辨来诠释建筑创作机制，建构一种符合建筑创作内在规律的"理象合一"的方法论，将使建筑创作的魅力和价值能够更加充分地显示出来。

此外，以境界为本体，还可以使我们更好地理解并运用那些充满东方智慧的、具有创造性的思维方式，例如直觉、通感、体悟……这些具有创造性的思维活动（方式），需要在反复实践和思考中获得，它也体现了一种建筑境界。

在当今建筑思潮混乱、世界文化正在重构的大背景下，在反思中国建筑30年以至

百年的发展历程的基础上，我们是否可以通过对中西文化的深入比较和思考，以相反相成、互补共生、取长弃短、转换提升的思维模式，建构一种有中国特色的，同时又具有普适价值的建筑理论体系？我以为，这是可能的。

就我而言，我一直试图在创作中超越语言形式，对意境和境界——哲学和美学层面进行探索和思考。在这些基础上，逐步形成我的创作的认识论、方法论和审美理想。即：把建筑视作万事万物中不可分割的一个元素的哲学认知，建构一种既强调分析、又强调综合的有机整体、自然和谐的"认识论"；建构一种在理性和非理性之间进行转换复合的"方法论"；建构一种既注重形式之美，更重视情感、意境之美的美学理想。这些，是我在多年创作中的体悟。

当然，这纯属个人思考。但从这里，使我确切地感到：如果有更多的中国建筑师能够通过自己的创作，从不同角度进行思考，经过长期的努力和积累，逐步形成一个有中国特色、多元包容、动态发展的建筑理论体系是一桩很有意义、值得我们为之努力的事业。因为这一理论的逐步建立，不仅将帮助我们走出文化失语的怪圈、为建筑创新提供理论支撑，而且这一具有普适价值的理论体系也将能为世人所理解、所共享，从而真正实现中国建筑的世界走向。

在传统文化断裂，缺乏有系统的现代中国文化理论作支撑的情况下，进行这样一种新的建筑理论的建构是十分困难的。但这不是我们回避、甚至否定建筑理论研究的理由。作为中国建筑师，我们责无旁贷。如果考虑到这也是现代中国文化建设的一部分，也是世界建筑文化的一个重要部分，那就更加应该为此尽力了。

——在"第十届亚洲国际建筑交流研讨会"上的主旨报告

1 乐黛云、【法】阿兰·李比雄，《跨文化对话》
2 以上参见李泽厚《能不能让哲学走出语言》
3 王国维《人间词话》
4【美】戴维·史密斯·卡彭《建筑理论》

# 建筑作品
## ARCHITECTURAL WORKS

# 境界·建筑创作之"道"

以"道法自然"[1]为核心，"境界"，是对建筑创作的哲学认知，也是建筑创作的"最高智慧"。

与西方哲学重个体、重分析不同，作为哲学本体的"境界"更为关注包括建筑在内的万事万物之间存在的密不可分的有机联系，关注物质环境、环境与建筑的自然契合，是一种"浑然天成"的创作境界。

同时，"境界"还揭示了建筑创作的内在机制。在创作中，建筑师所面对的，是环境、文化、功能、技术、形式、意义等十分复杂的主客观因素。跳出"功能决定形式"或"形式包容功能"之类的单向逻辑思维模式，才能获得创作的自由。"妙手为文，使纷沓之情思为极自然之表现"[2]，是一种"自然生成"的理想境界。

将"境界"作为建筑创作的哲学认知，体现了一种具有东方智慧的世界观与建筑观。建筑与环境的"浑然天成"与建筑作品的"自然生成"，正是我在创作中所追求的最高境界。

1 老子《道德经》
2 王国维《人间词话》

# 浙江美术馆

**项目地点**／中国·浙江·杭州
**项目规模**／31550 平方米（地下 15338 平方米）
**合作设计**／钱伯霖、王大鹏、郑茂恩、胡洋、郭莉（吴健、陈渊韬参加了方案设计）
**项目时间**／2004 年设计，2008 年竣工

　　秀美的西子湖畔，苍翠的玉皇山麓，浙江美术馆选址于山水之间，环境条件十分优越。

　　设计从书法、水墨画、江南传统建筑和西方构成雕塑中寻找通感，以期与自然环境、人文环境和现代审美理念取得和谐统一。建筑体量依山形展开，并向湖面层层跌落，起伏有致的建筑轮廓如同山体的延伸，自然而然地融入环境背景中。黑色屋顶构件与大片白墙的色彩对比、多面坡顶穿插的造型手法，在"似与不似"之间表达着江南传统建筑特征，如水墨画般流露着江南文化的气质意韵。而钢构架、中空夹胶玻璃、石材等现代材料与技术的运用，由坡顶转化而成的屋顶锥体与水平体块的穿插组合，又使建筑极富现代感与雕塑感，符合现代的审美理念。

**左图**：设计草图
**对页**：建筑外景
*（摄影：姚力）*

**下图：** 粉墙黛瓦，坡顶穿插，黑白构成，江南流韵
**对页：** 依山傍水，错落有致，虽为人造，宛如天开

烟雨江南——在书法、水墨、坡顶、自然环境和西方抽象
构成雕塑中寻找通感
（摄影：姚力）

山色空濛——诗境、画境统一在现代中国的审美理想之中

浙江美术馆如同一幅一气呵成的现代水墨画，在江南烟雨迷蒙中，诉说着现代中国的审美理念。

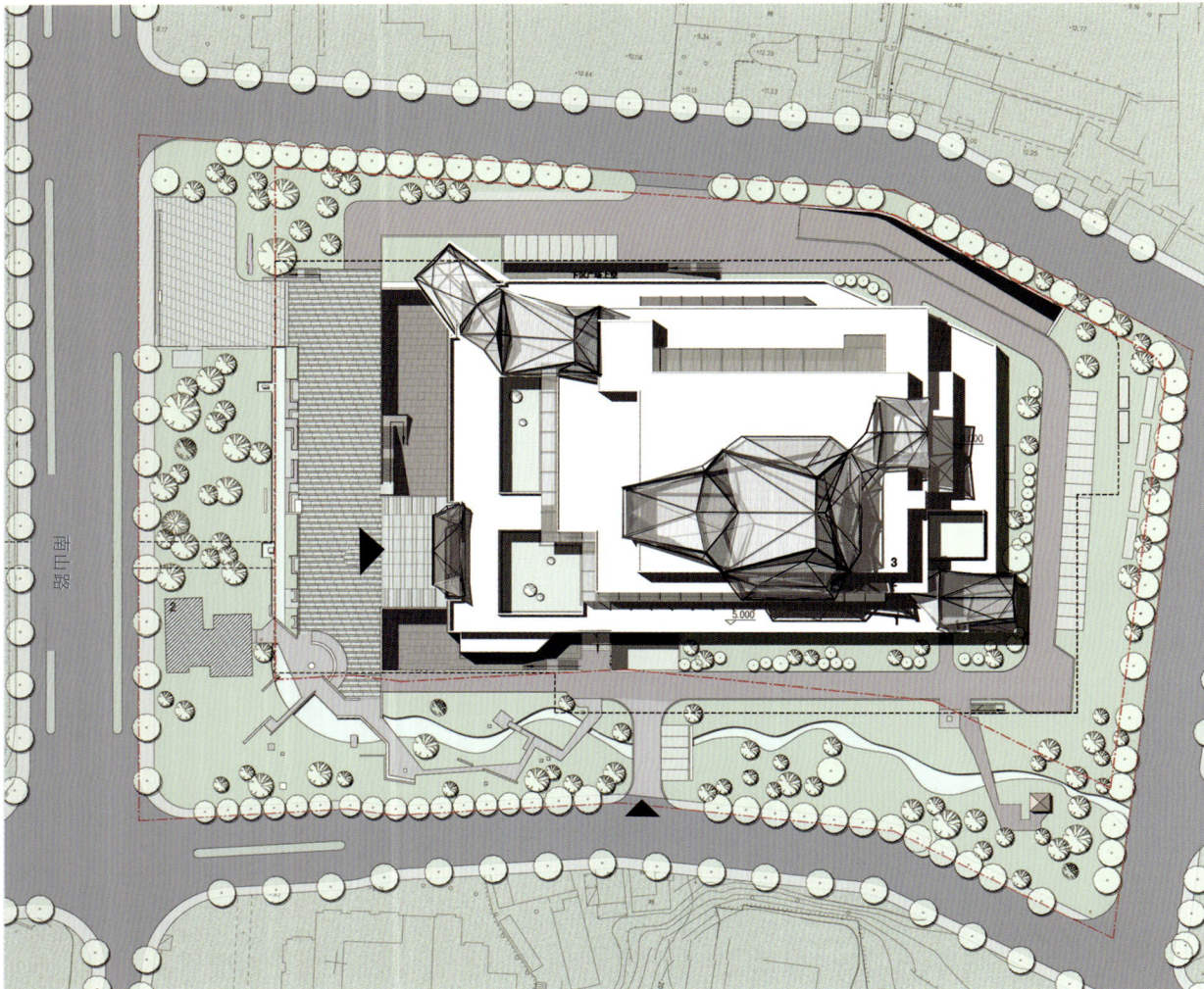

南山路

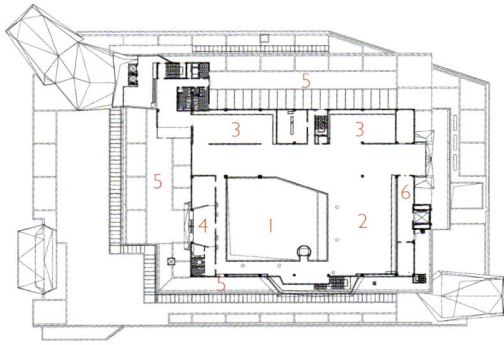

三层平面

1 中央大厅上空
2 陈列厅
3 专题陈列厅
4 贵宾接待及鉴赏室
5 绿化景观平台
6 准备间

二层平面图

1 中央大厅上空
2 陈列厅
3 专题陈列厅
4 庭院
5 休闲茶座
6 绿化观景平台
7 休息廊
8 走廊

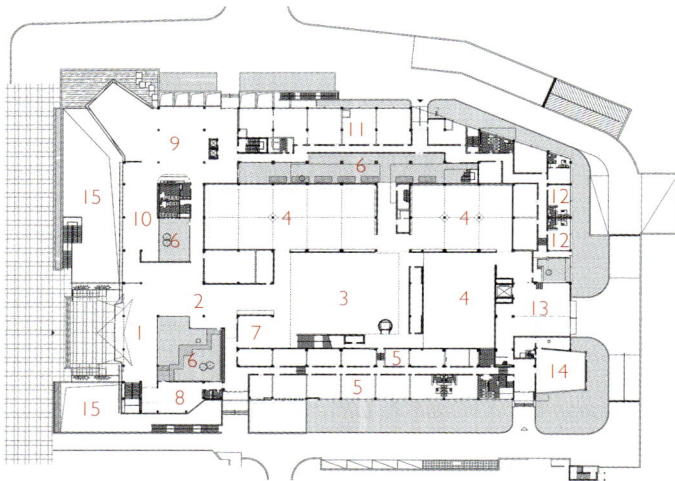

一层平面图

1 门厅
2 过厅
3 中央大厅
4 展览厅
5 办公室
6 绿化庭院
7 多媒体演示厅
8 贵宾厅
9 临时展厅
10 休闲茶座
11 教室
12 创作研究室
13 卸货间
14 多功能厅
15 下沉广场

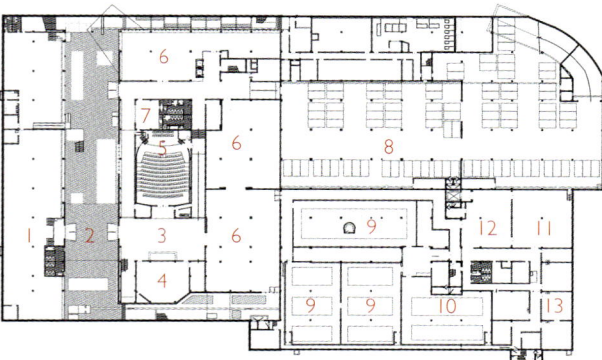

地下一层平面图

1 美术画廊
2 下沉广场
3 大厅
4 多功能厅
5 报告厅
6 临时展厅
7 贵宾室
8 地下停车房
9 藏品库房
10 典藏库房
11 临时库房
12 准备间
13 修复间

0    20m

上图：建筑全景
对页左图：南立面图
对页右图：西立面图

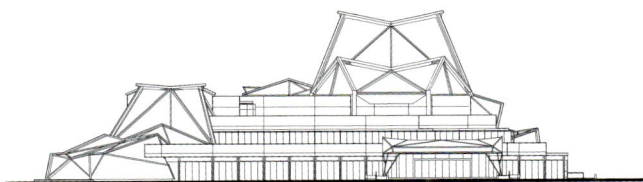

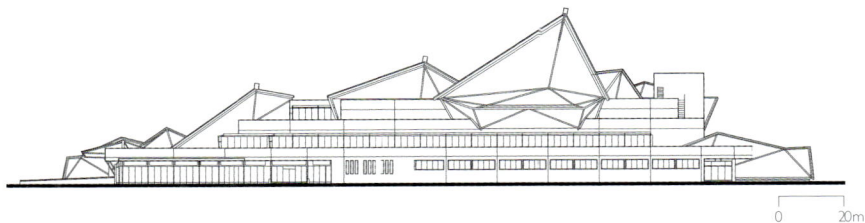

**下图：**屋顶细部
**对页：**现代材料技术、现代的审美取向——表达江南建
筑的文化韵味
*（摄影：姚力）*

上图：下沉广场
下图：建筑主入口
对页：下沉广场

右图：阳光洒入中央大厅

**上图：** 入口水院
**下图：** 贵宾室平台看向雷峰塔
**对页：** 光线长廊

右图：中央大厅内景

**下图：**浙江美术馆室外雪景
**对页：**夕阳下的浙江美术馆

下图：烟雨迷蒙中的美术馆、雷峰塔和西湖

# 龙泉青瓷博物馆

**项目地点**／中国·浙江·龙泉
**项目规模**／10000 平方米
**合作设计**／吴妮娜、刘鹏飞、李澍田、杨涛
**项目时间**／2007 年设计，2012 年竣工

　　项目基地由两个平缓的山脊以及中间的洼地构成，基地后连绵的山体为建筑提供了优美的环境背景。

　　龙泉青瓷久负盛名：极盛时，曾有"山、水、窑、村"交错共生的盛景。明清后青瓷生产逐步衰落，加之千百年岁月侵蚀，如今在龙泉，是漫山遍野散落着坍塌的窑体、断裂的匣钵，以及大量的青瓷残体与碎片。历史不会折返，但我们希望坐落于此的博物馆，可以记录历史的沧桑、展示湮没的辉煌，再现建筑与自然共生的田园意境，并在"心灵境界"上带来慰藉与感悟。

　　因此，在特定的环境中，建筑以"瓷韵——在田野上流动"为创意，以一种非建筑的手法来表达这一博物馆的形象，如同考古发掘中层层叠叠的青瓷器物破土而出，自然地放置在田野之中。

**左图：**设计草图
**对页：**破土而出

总平面图

入口广场

剑川大道

0    30m

设计以青瓷器物、匣钵为原型，经过抽象转换形成一种新的"语言"：以双曲面的钵体和收分的圆形筒体相组合，来塑造建筑的整体形象。这些单元自由地镶嵌在这片坡地上，恰似沉睡在地下的青瓷器物破土而出，令人浮想联翩。

**左四图由左至右、由上至下依次为：**田野中散落的匣钵和瓷器碎片；场地实景；古龙窑；青瓷

**上图：**比较方案
**下图：**最终方案
**对页：**草图

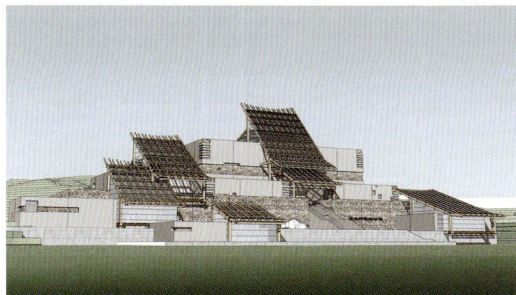

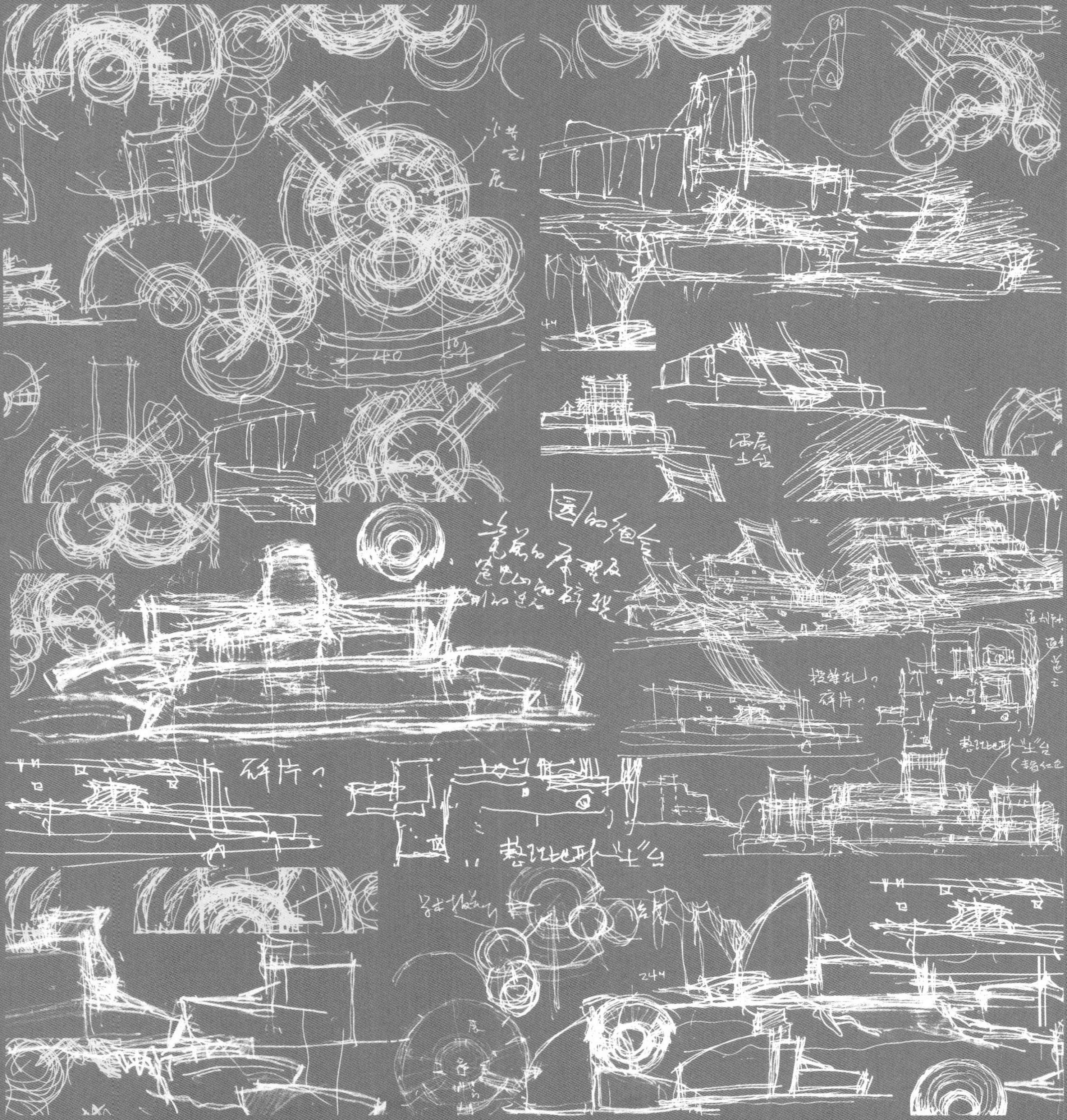

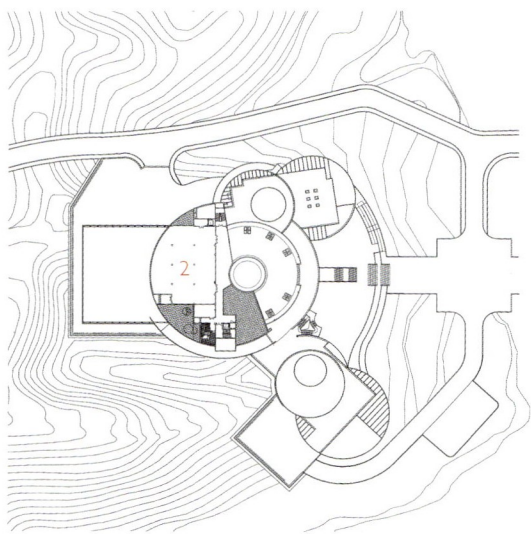

三层平面图

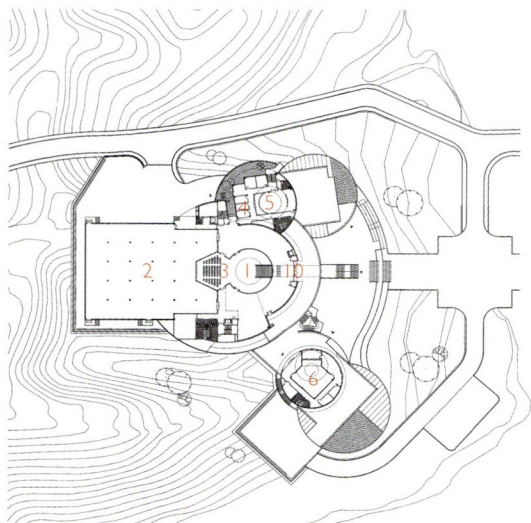

二层平面图

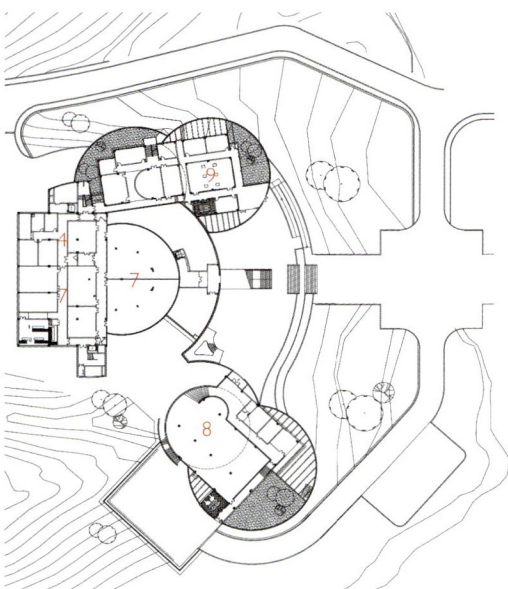

一层平面图

0    20m

1  序厅
2  展览厅
3  放映厅
4  办公室
5  贵宾室
6  报告厅
7  库房
8  临时展厅
9  教室
10  休息厅

**上图：主入口**

博物馆的入口标高比序厅低10米，观众需要通过长长的、低矮的"龙窑"甬道缓缓上行，到达圆筒形序厅。甬道墙面的杂色釉面材质与序厅的青灰色墙体形成的色彩与空间对比，使观众仿佛由"龙窑"窑床进入青瓷器物之中。

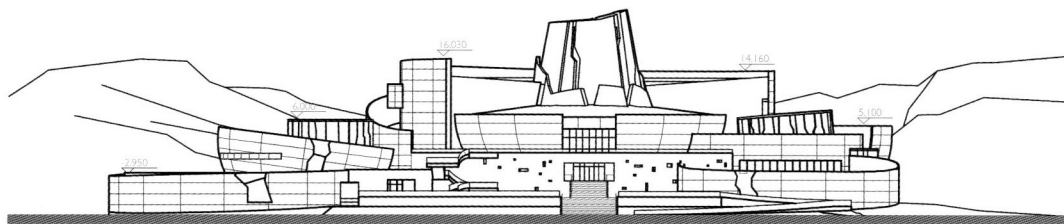

东立面图

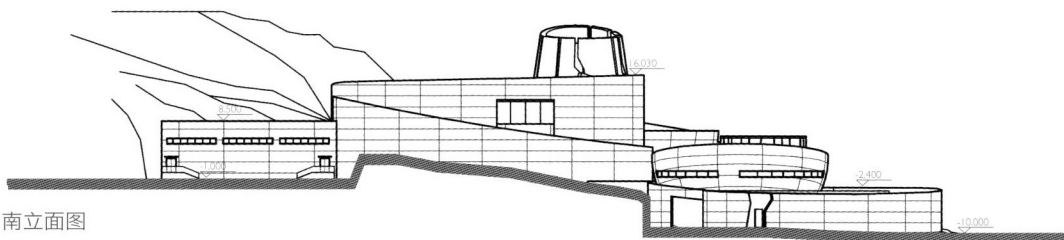

南立面图

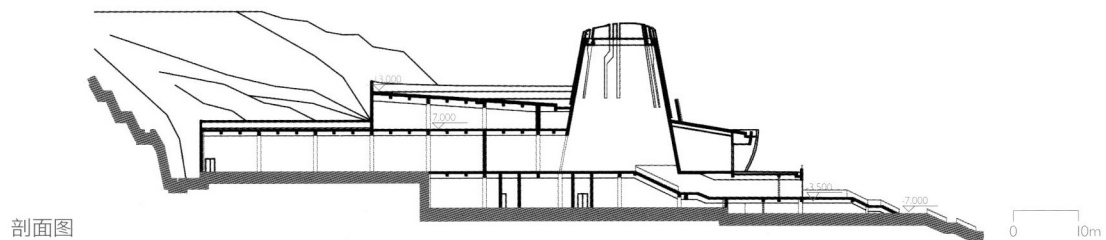

剖面图

0    10m

对页：建筑融入环境之中

**下图：**流动的双曲线片墙
**对页：**建筑与远山

立面上的瓷坯碎片、变形的门洞、散乱的投柴孔，似乎留下了些许历史的印迹，它隐喻青瓷的新生，也再现了我们希望表达的建筑与自然共生的田园意境。

**下图及对页：**光影丰富的内庭院

**上图：** 序厅的入口甬道
**下图：** 入口甬道内仿龙窑壁杂色流釉
**对页：** 序厅的光线由顶部"裂缝"中洒入，形成独特的
抽象图案效果

# 中国海盐博物馆

**项目地点**／中国·江苏·盐城
**项目规模**／17800 平方米
**合作设计**／程跃文、吴妮娜、杨涛、李澍田、吴文竹
**项目时间**／2007 年设计，2009 年竣工

　　基地东侧紧邻串场河。博物馆以展示海盐文化为主要功能，并辅以办公、商业以及公共服务设施。

　　盐城市曾是我国古代海盐最大的生产基地，如何将这种历史文化元素融入设计是我们探索的课题。因此，从文化切入，建筑造型是海盐结晶体的演绎——旋转的晶体与层层跌落的台基相组合，就像一个个海盐晶体在串场河沿岸的滩涂上自由散落。建筑造型独特，与城市环境和历史背景相吻合。

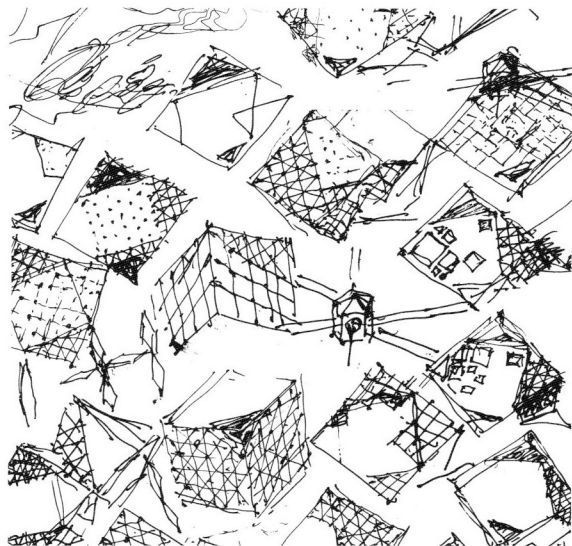

**下图：** 比较方案
**对页下图：** 总平面图

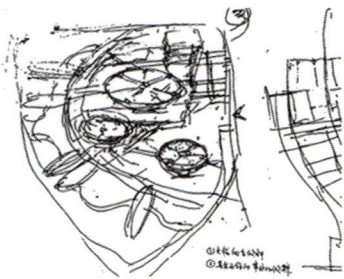

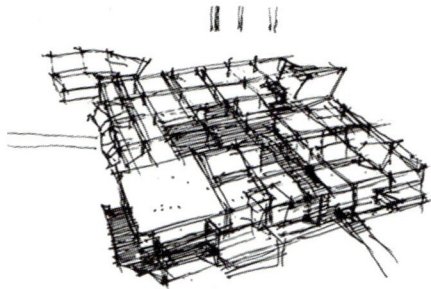

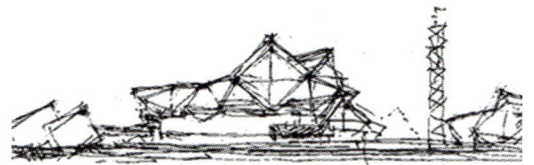

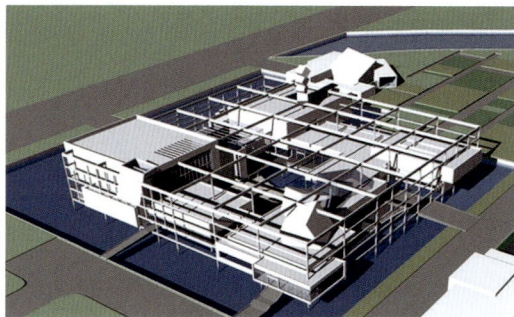

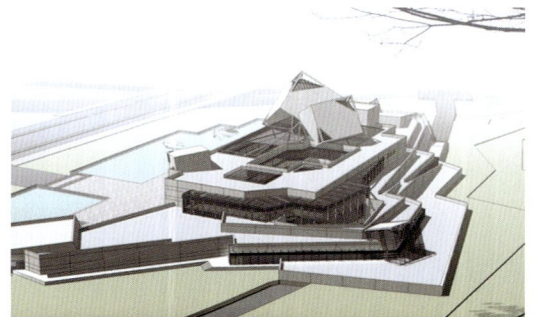

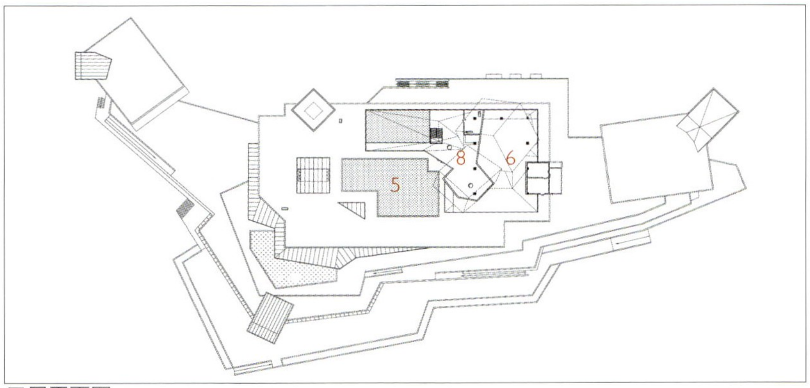

三层平面图

1 多功能厅
2 中央大厅
3 办公区
4 展示厅
5 庭院
6 场景展示厅
7 观景平台
8 休闲吧
9 演播厅

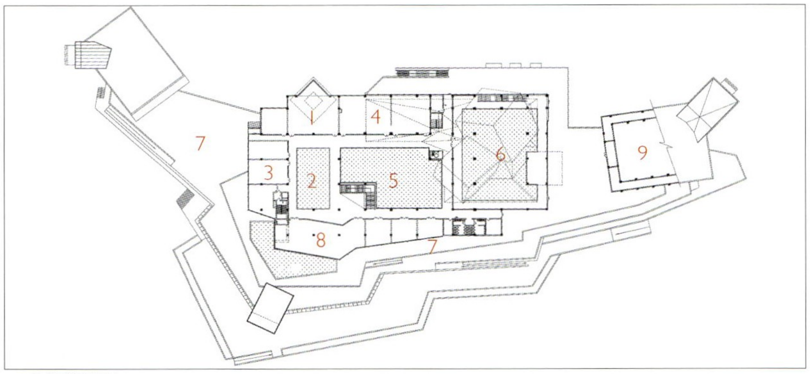

二层平面图

1 主入口门厅
2 中央大厅
3 临时展厅
4 办公区
5 展厅
6 庭院
7 场景展示厅
8 演播厅
9 贵宾室

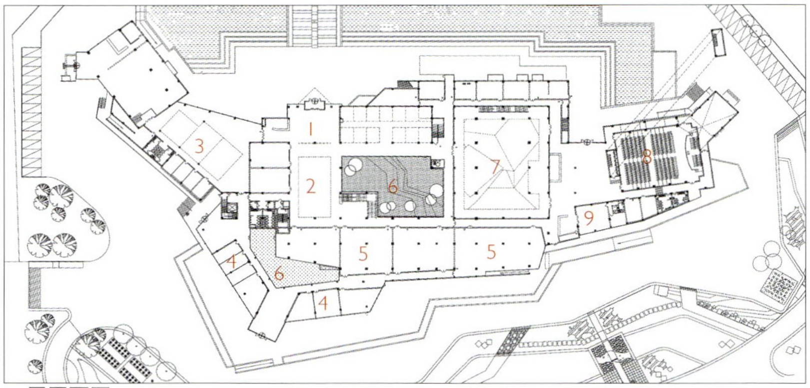

一层平面图

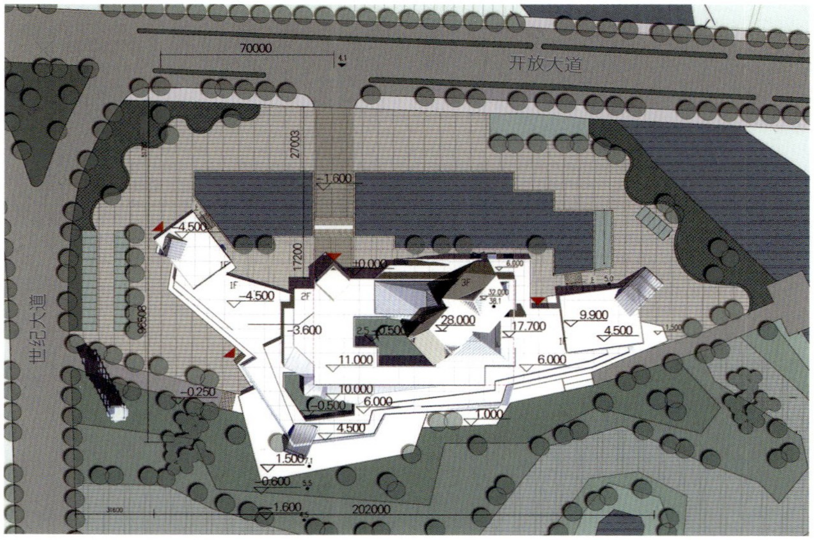

0     30m

**右图：**沿河建筑全景

通过严谨的平面设计，"晶体"与台基相结合，创造出一个功能合理、内外空间灵活别致的博物馆建筑。基地广场、观景平台与沿河景观带自然接合，构建了生动开放的外部空间场所。观众可以在不知不觉中被引导至各个观景平台，体验文明的古今交融的意象。

**下图：**建筑外景
**对页：**北立面外景

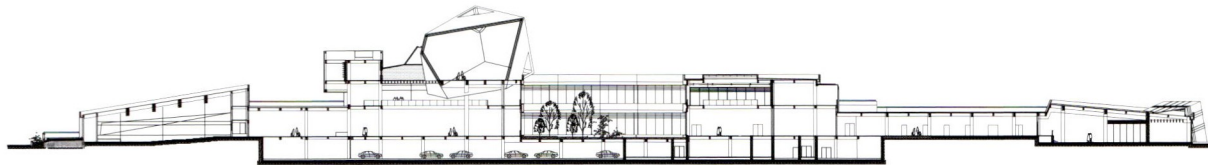

剖面图

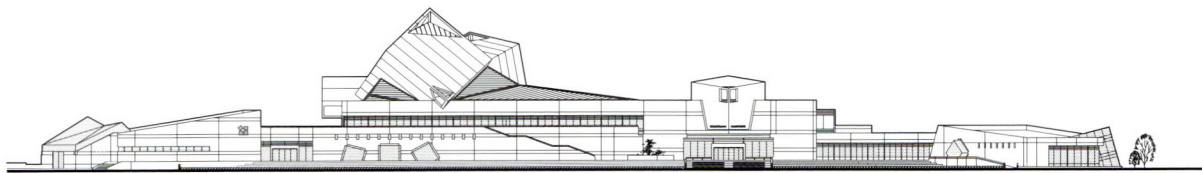

东北立面图

0　10m

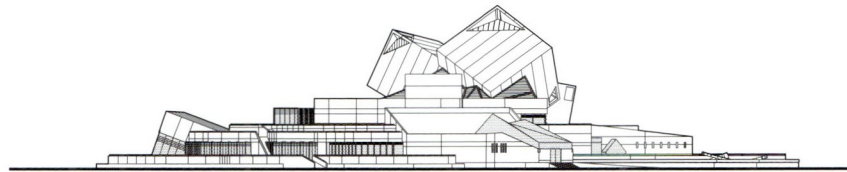

东南立面图

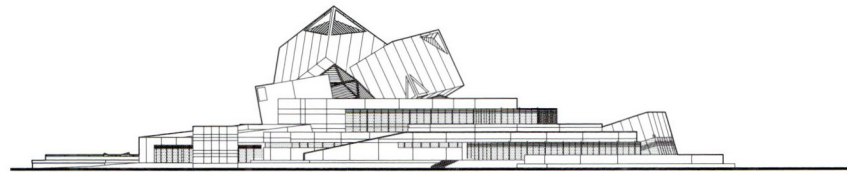

西北立面图

0    10m

**下图：**建筑局部
**对页：**西南角入口

**下图：**建筑内景
**对页：**场景演示厅内景

**对页：**清晨的主入口

# 南京博物院

**项目地点**／中国・江苏・南京
**项目规模**／84500 平方米
**合作单位**／江苏省建筑设计研究院有限公司
东南大学建筑设计与理论研究中心
**参与设计**／王幼芬、王大鹏、柴敬、张朋君、刘辉瑜、骆晓怡、
陈为锋、应瑛
**项目时间**／2008 年设计，2013 年竣工

南京博物院位于中山门内，背倚紫金山，东邻古城墙。原建筑主展馆（俗称"老大殿"）1935年开工，由于抗日战争，直至1952年方建成使用；1999年加建艺术馆；2004年，南京博物院二期改扩建工程启动。

这是一个重要的改扩建项目。梁思成、杨廷宝、刘敦桢及徐敬直等中国老一代建筑大师先后主持或参与过项目的设计建设，建筑可称"经典"。另外它也承载着城市的历史记忆。我们怀着尊重与敬畏之心，将新馆创作视为"南博"历史传统的延续。因此，改扩建方案的设计理念是：补白、整合、新构。

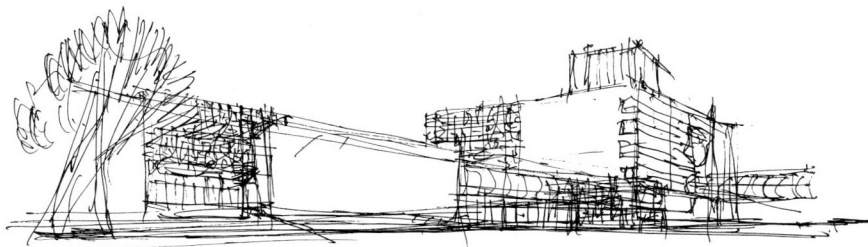

**左图：** 设计草图
**对页：** 总平面图

33.000
3

2

11.700 9.900
H=13.20

21.540

1.500
(16.300)

3.300
(18.100)

2.300
(17.105)

0.825
(15.625)

±0.000
(14.800)

4
13.800

1.200
(16.000)

0.200
(15.000)

-1.500
(15.300)

0.600
(15.400)

5

0.000
(14.800)

±0.000
14.800

中山东路

0        20m

1 老大殿
2 历史馆
3 特展馆
4 艺术馆
5 非遗馆

**上图：**改扩建前场地总平面图
**下图：**改扩建策略图
**对页：**鸟瞰

| | 特展馆
2 历史馆
3 老大殿
4 艺术馆
5 非遗馆

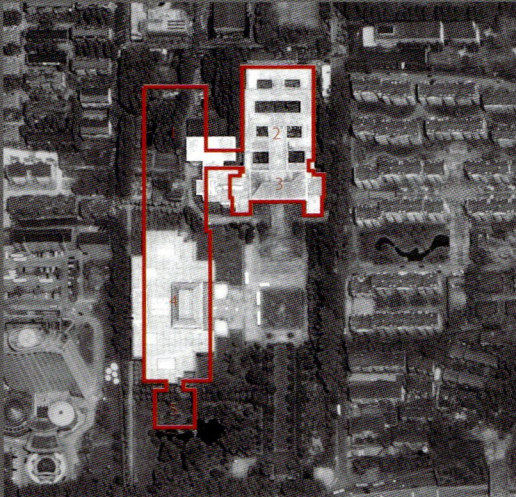

改扩建后的南京博物院新建了历史馆、特展馆、民国馆、非遗馆、数字化馆，并与改建的艺术馆形成了"一院六馆"的全新格局。

**地下一层平面**

1 地下机械车库
2 餐饮区
3 非遗展示区
4 下沉广场
5 地下过街通道
6 非遗馆
7 民国馆
8 采光长廊
9 原有艺术馆
10 数字化博物馆
11 大巴停车场
12 特展馆
13 观众休息厅
14 老大殿御书房
15 绿化庭院
16 历史馆
17 科研办公区

**一层平面**

1 老大殿
2 过厅
3 历史馆
4 观众休息厅
5 休闲茶座
6 特展馆
7 连廊
8 后勤用房
9 原有艺术馆
10 游客服务中心
11 下层广场
12 研办公区

"老大殿"经严密测算后，原地抬升3米，在不影响建筑与紫金山山体轮廓线的同时，改善了原建筑低于城市道路的不利现状，同时减少了地下空间大面积的填挖土方，为地上与地下空间流线的综合组织创造了有利条件。

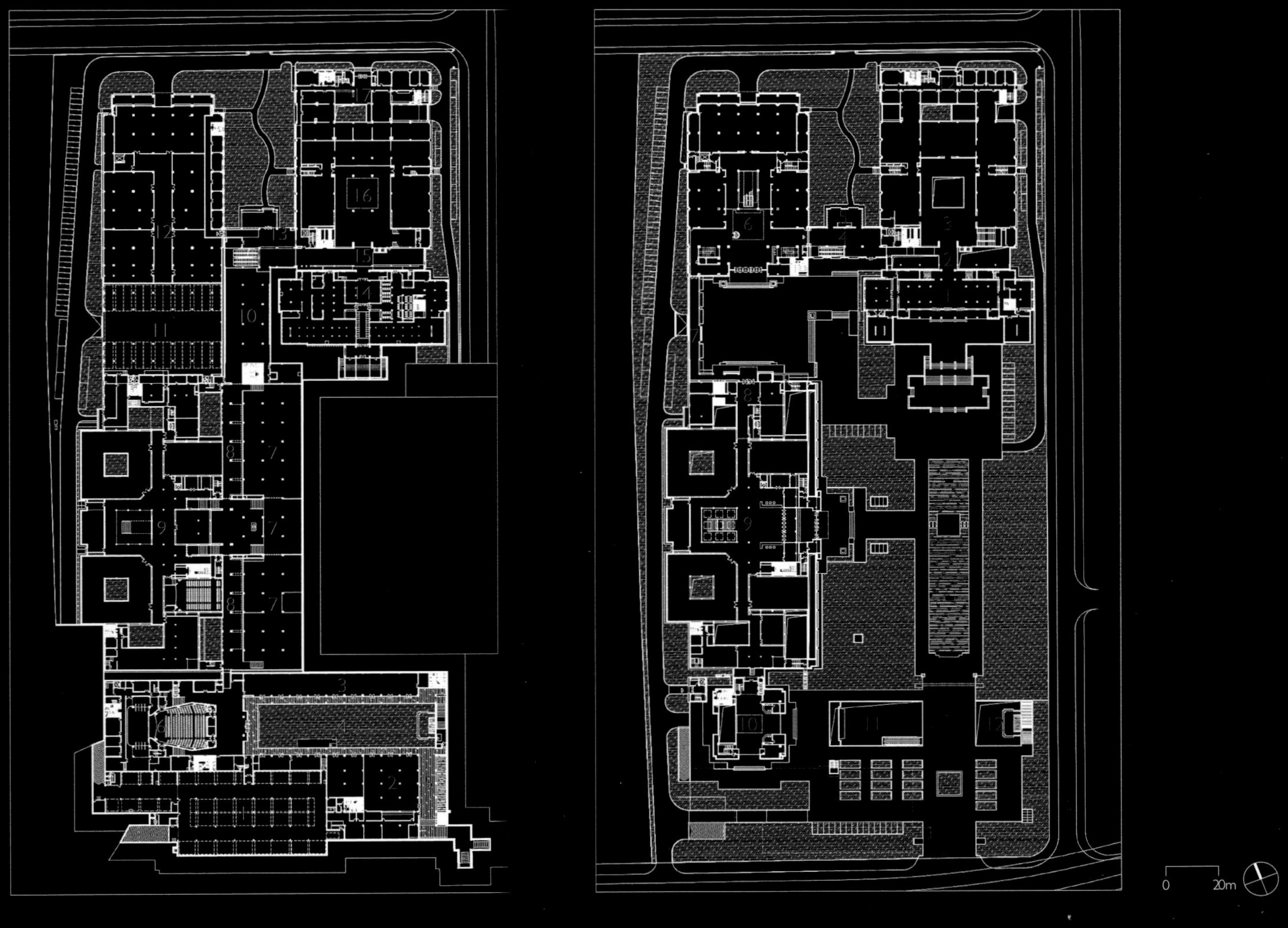

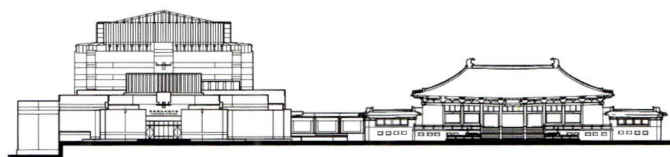

南立面图

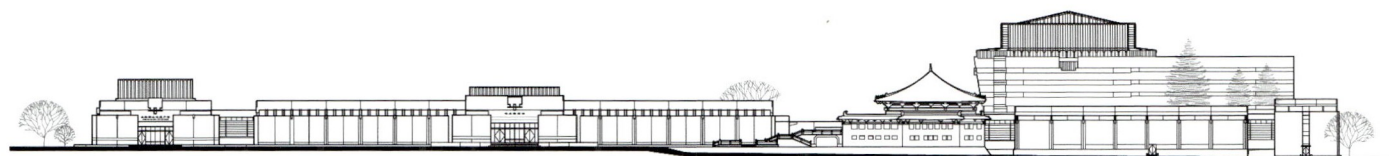

东立面图

0        20m

下图：艺术馆主立面（摄影：张广源）
对页：非遗馆

建筑立面造型经由统一设计，选取灰白基调夹杂暗红色点线的石材挂面，并在石材表面作古典面处理，使建筑整体气质粗犷而内敛，温润又有厚重感。室内外还选用了紫铜板装修，铜板的质朴、庄重与典雅既与整体的设计气质相吻合，也与"老大殿"的琉璃瓦屋顶相得益彰。

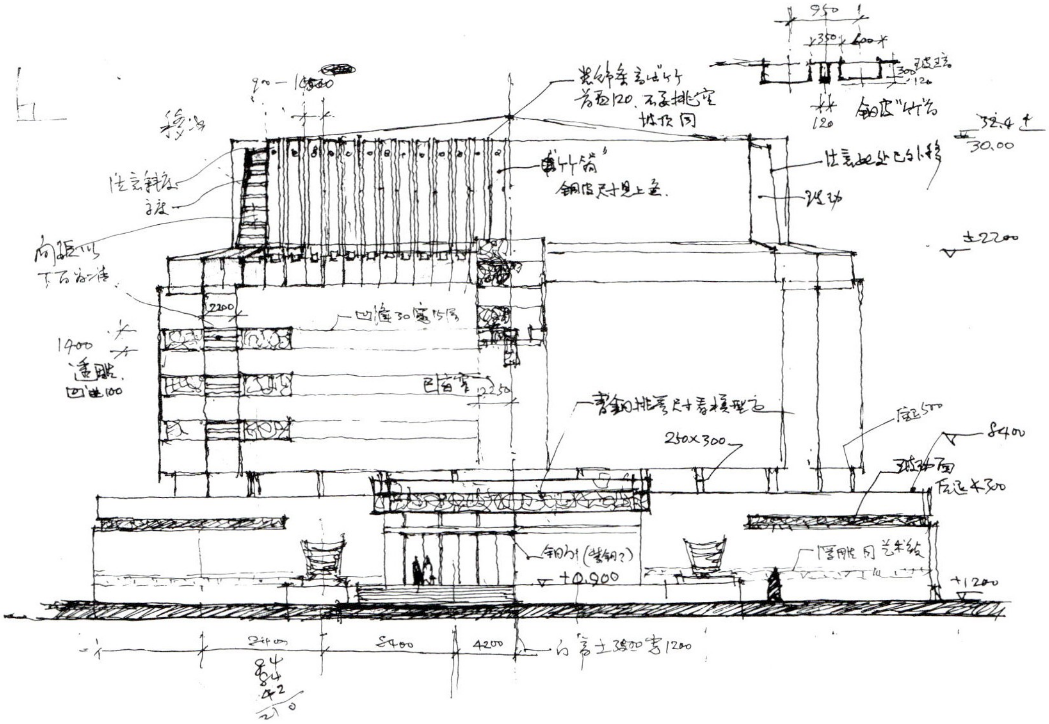

上图：设计草图
下图：外立面细部
对页：特展馆

扩建后的南京博物院，地下建筑面积达3万多平方米。设计利用200米长的地下通廊、4个大小不一的下沉庭院和12个采光中庭，把地下多个展厅联系起来，地下空间显得生动而活跃，同时也解决了地下公共空间的自然采光与通风问题。

**左图**：地下采光长廊 *（摄影：张广源）*
**对页**：接合处原建筑木楼梯 *（摄影：张广源）*

新老馆接合处保留了已有80多年历史的原建筑楼梯。

**右图：西北方向实景**

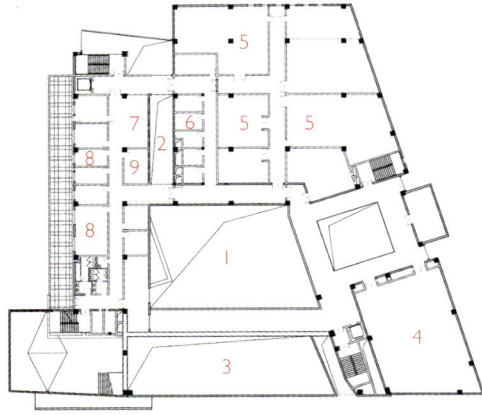

三层平面图

1 中庭
2 庭院
3 展厅
4 专题陈列
5 藏品库房
6 修缮室
7 休息厅
8 办公管理区
9 贵宾接待室

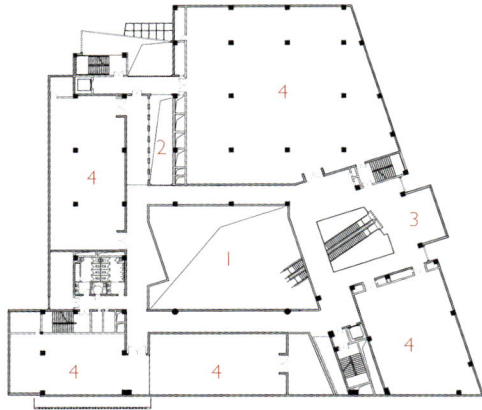

二层平面图

1 中庭
2 庭院
3 休息厅
4 基本陈列

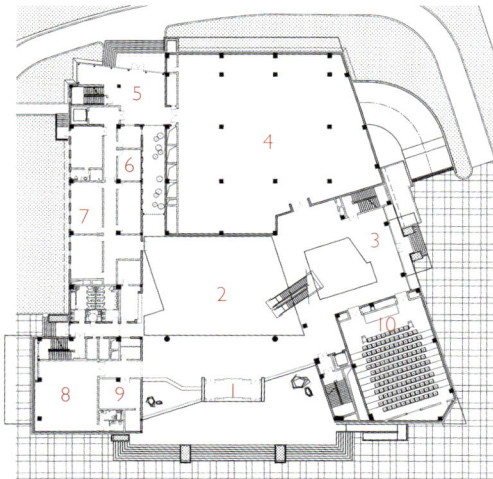

一层平面图

1 门斗
2 前厅
3 咖啡茶座
4 临时展厅
5 门厅
6 办公管理区
7 活动室
8 贵宾室
9 接待室
10 报告厅

0    10m

**下图：**东面实景
**对页：**河岸方向实景

石材墙面的转角处作了类似中国画"皴法"的处理，使得"巨石"的意象更为贴切生动。

# 温岭博物馆

**项目地点**／中国·浙江·台州
**项目规模**／8850 平方米
**合作设计**／陈玲、刘翔华、王忠杰、史晟
**项目时间**／2011 年设计，施工中

设计中，我们探索了数字化时代非线性建筑的适宜性运用。

首先，设计适宜于地域文化的表达："石文化"是温岭市四大文化中排位第一的重要地域文化，形如山石的建筑造型是对当地文化的回应。

其次，设计适宜于场地环境：项目场地位于石夫人山脚下，周围高楼林立，用地狭小呈三角形。在这样的场地条件下，通常的建筑造型极易湮没在水泥森林之中，成为高楼的裙房。而设计将建筑的功能与造型整合，如同石夫人山下一块散落的山石，不仅与自然环境相融，也能将这一重要的公共建筑从城市环境中凸显出来。

**左图：** 设计草图
**对页：** 城市主干道方向透视图

**下图：**设计草图
**对页：**鸟瞰——非线性建筑的中国调性

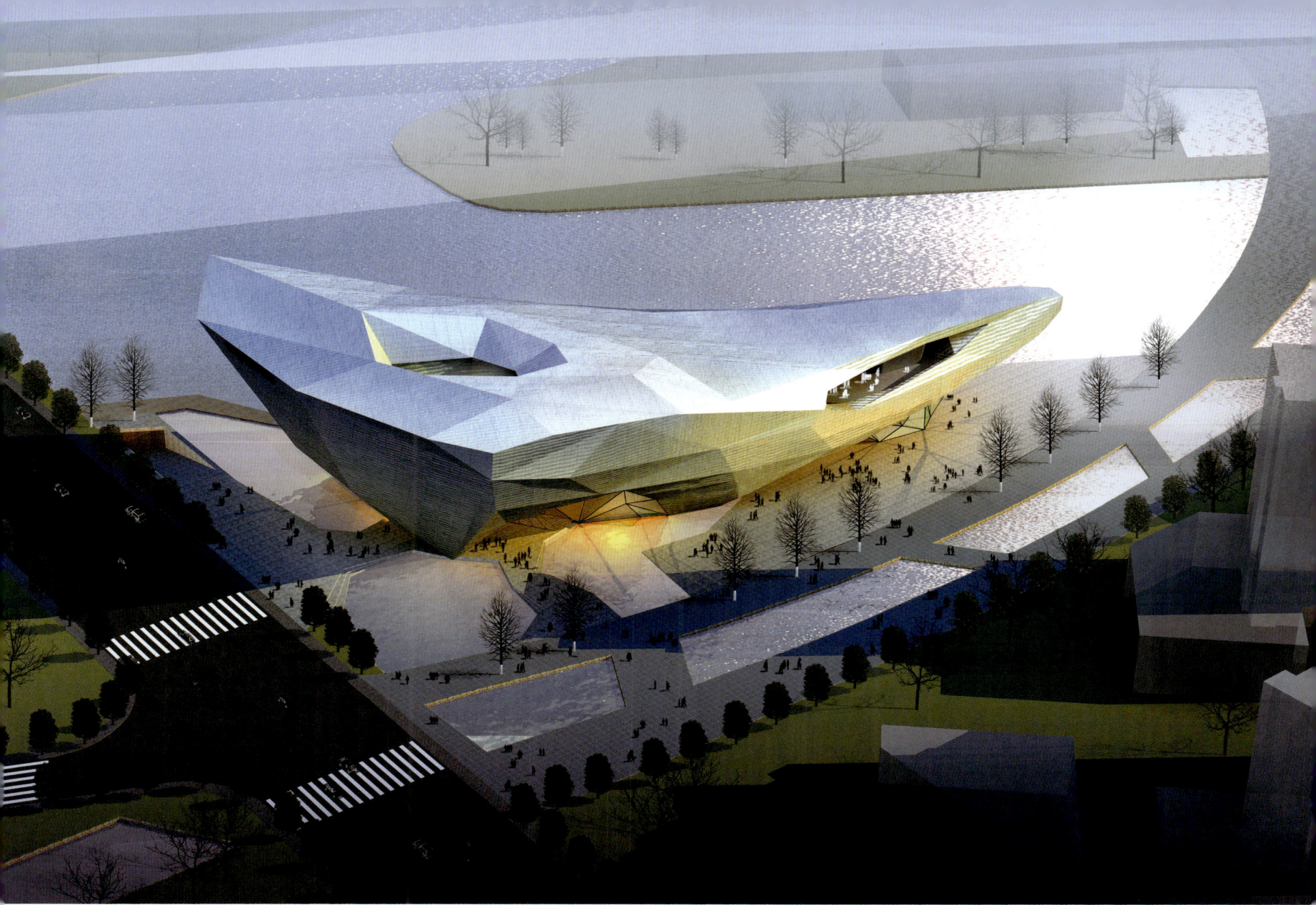

下图：建筑局部
对页：沿河透视图

参数化设计的运用，为我们表达非线性建筑造型提供了更为多样的手段，大大拓展了建筑的艺术表现力。

北立面图

东南立面图

0 10m

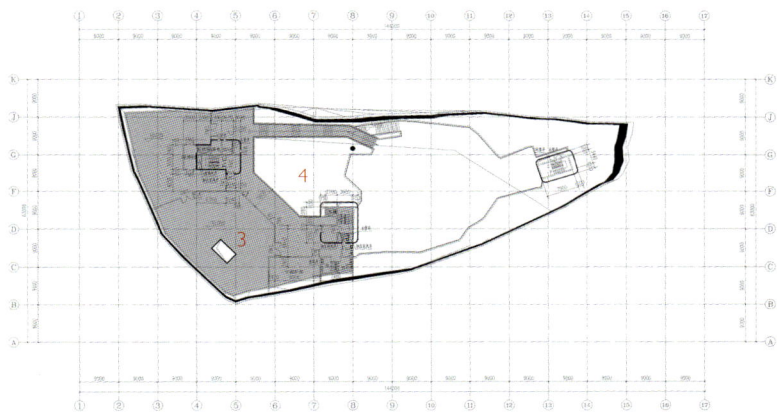

三层平面图

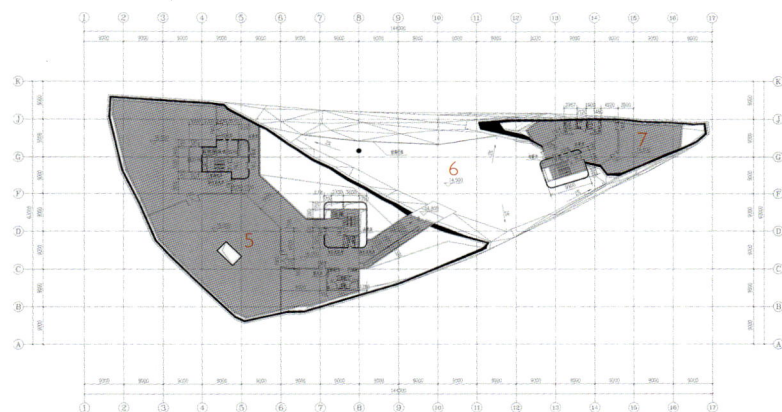

二层平面图

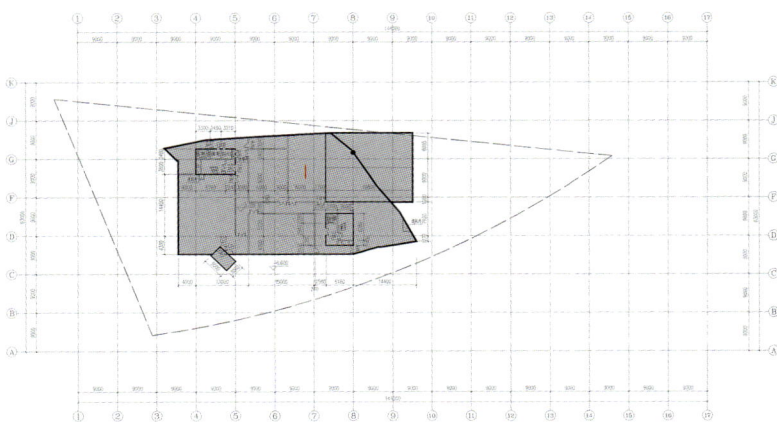

一层平面图

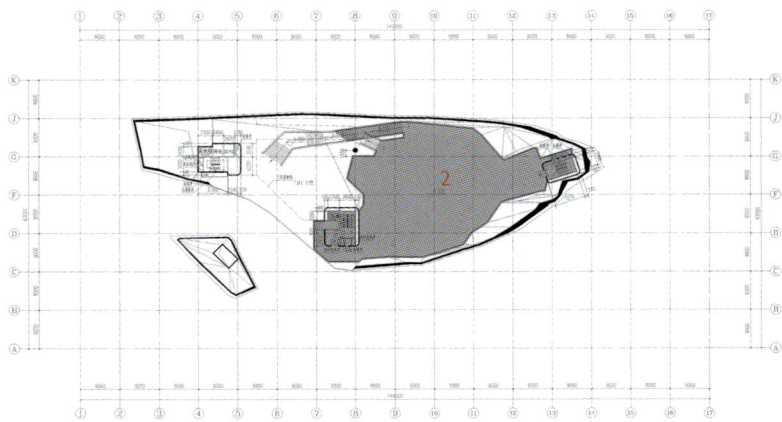

地下一层平面图

0　　　10m

**下图及对页：**丰富多样的室内展览空间

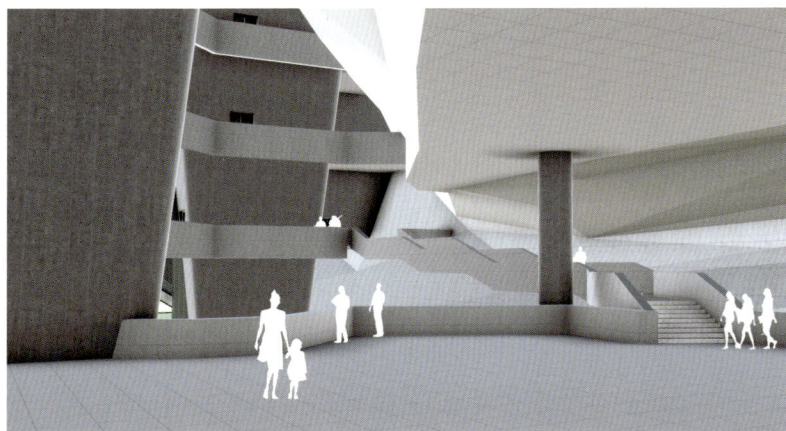

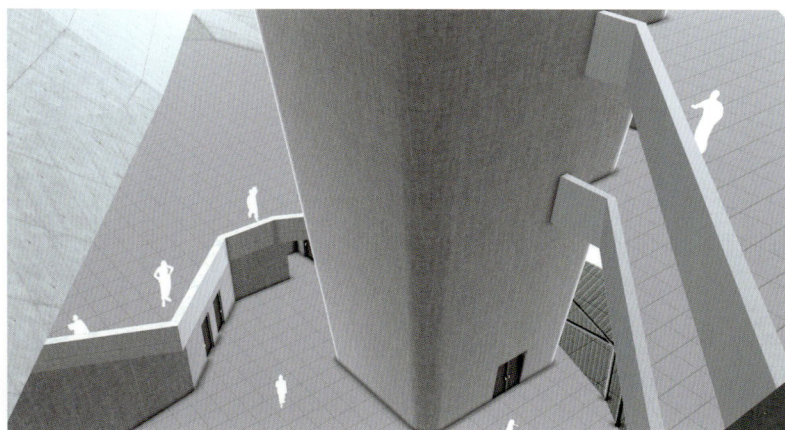

# 河姆渡遗址博物馆方案

**项目地点**／中国·浙江·余姚
**合作设计**／胡庆华、陆皓
**项目时间**／1990 年设计，国内竞赛参赛方案

　　河姆渡遗址是中国已发现的最早的新石器时期文化遗址之一，出土文物近7000件，为我们展示了5000年前灿烂的古代文化。

　　这个参赛方案被领导部门认为"不像建筑""没有坡顶""没有表现干栏式结构"而被否定。但我认为，建筑创作，特别是像河姆渡遗址博物馆这样一个基于厚重文化事实与底蕴的建筑，营造一种气氛、表达一种意境可能要比采用某种形式重要得多。久远的古代文化所产生的历史感与神秘感，发掘现场和出土文物所散发的原始而粗犷的气息，是我们希望可以借由建筑传递给人们的。

**左图：** 遗址挖掘实景
**对页：** 鸟瞰图

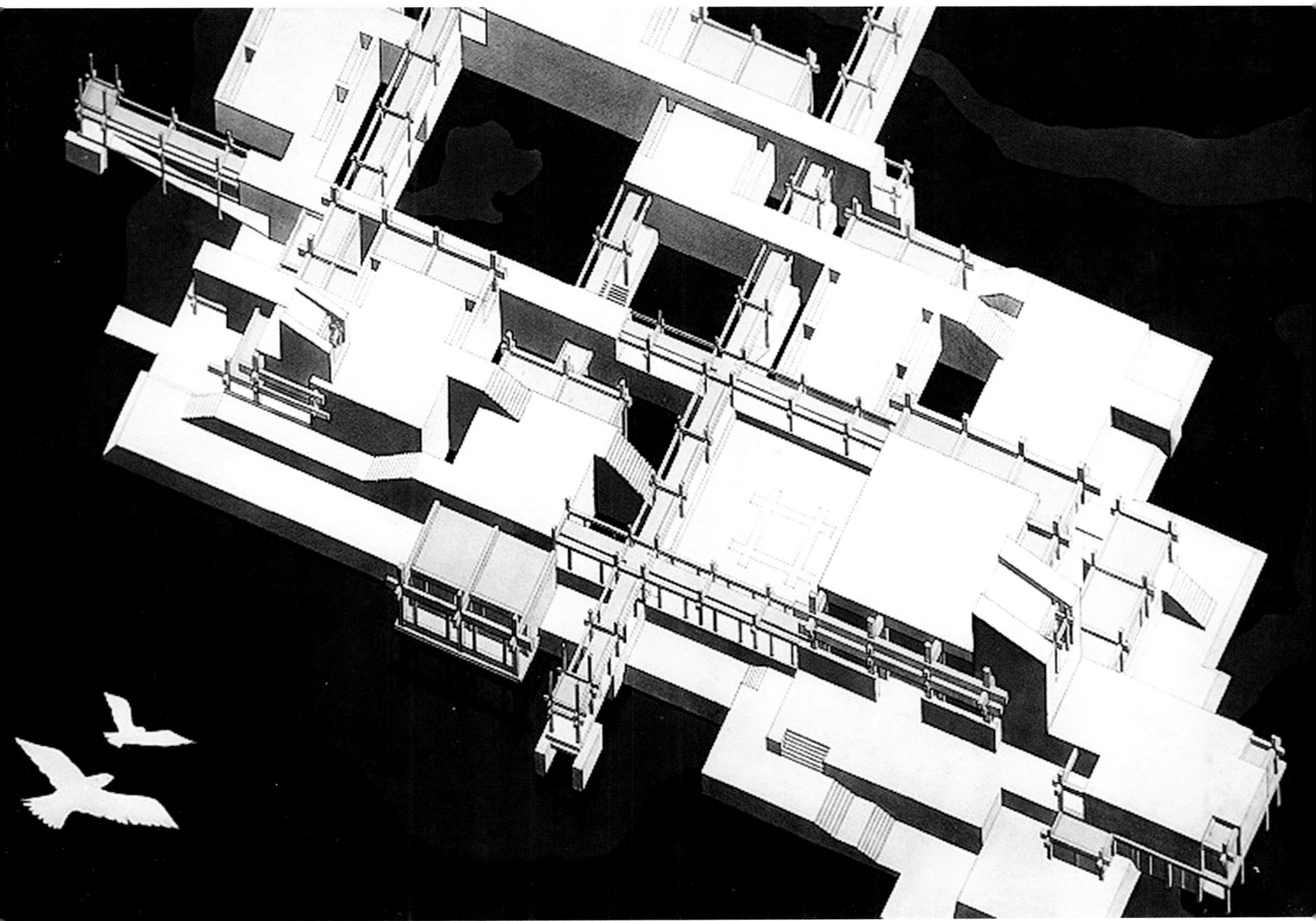

**下图：**主入口透视图
**对页：**整体鸟瞰图

在河姆渡遗址博物馆这个命题中，我认为重要的是遗址，而非博物馆。一张发掘现场的照片给予我们灵感：发掘坑有三层，逐层收进，并以斜道相连，在不同层次上挖掘出不同年代的工具、粮仓、木质构件。因此在设计中，我们将发掘现场的拓扑关系倒过来，形成了几个层面的台阶。在不同层面上，散落地镶嵌着尺度不大的构架建筑。纵横交错的构架走廊成为建筑的经纬，一个个不同标高的展室自由地"挂"在构架走廊上，这就形成了一个群落。

我想，适宜的尺度、自然而质朴的形体，是能够植根于姚江大地的。

下左图：草图
下右图：一层平面图
对页下左图：二层平面图
对页下右图：三层平面图

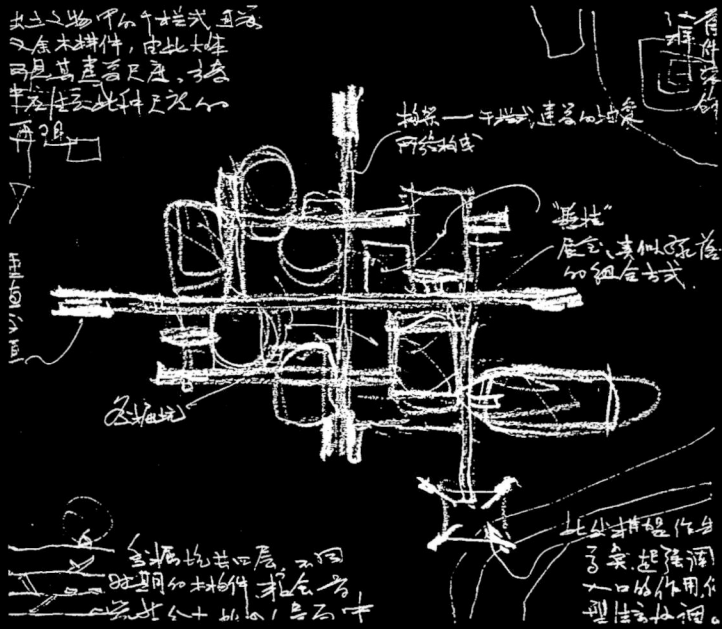

1 办公用房
2 库房
3 展厅
4 研究室
5 独立展厅
6 珍品库
7 接待室
8 展览平台

0　10m

**下图：**设计草图

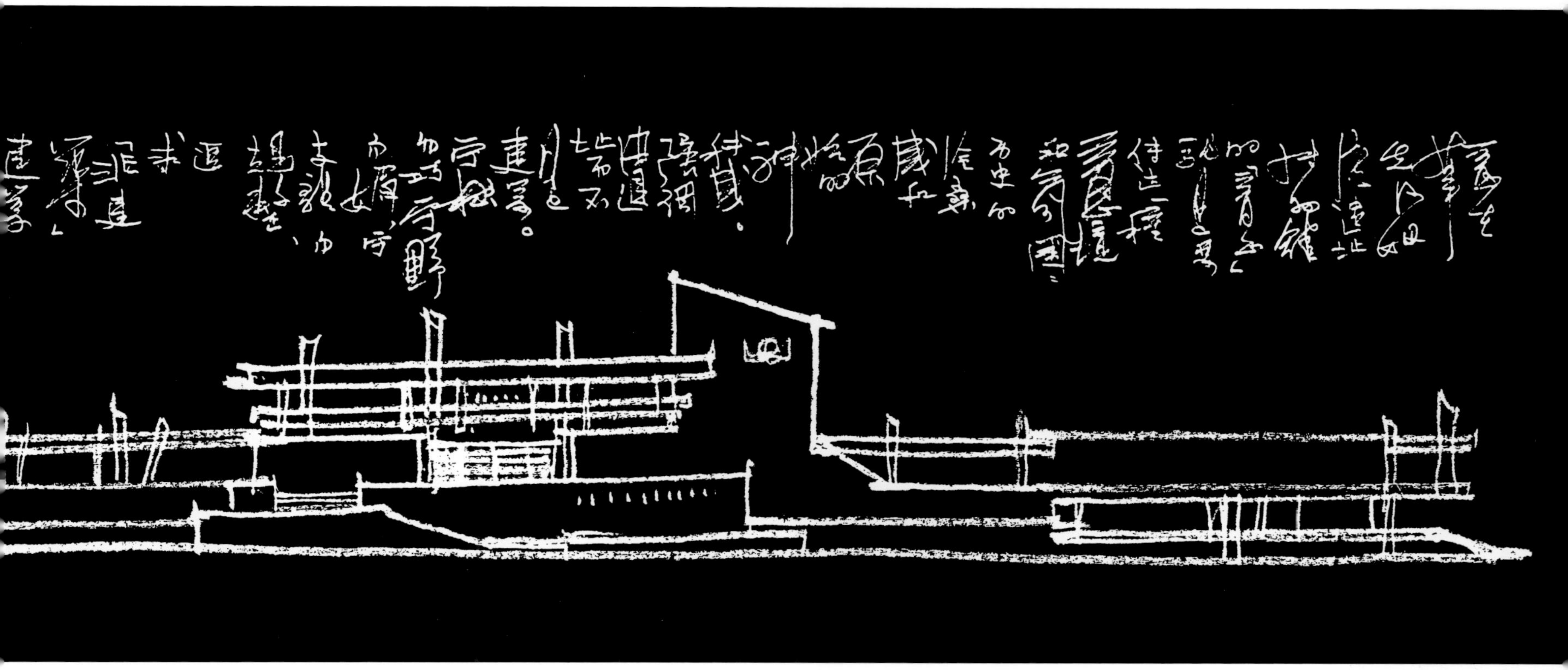

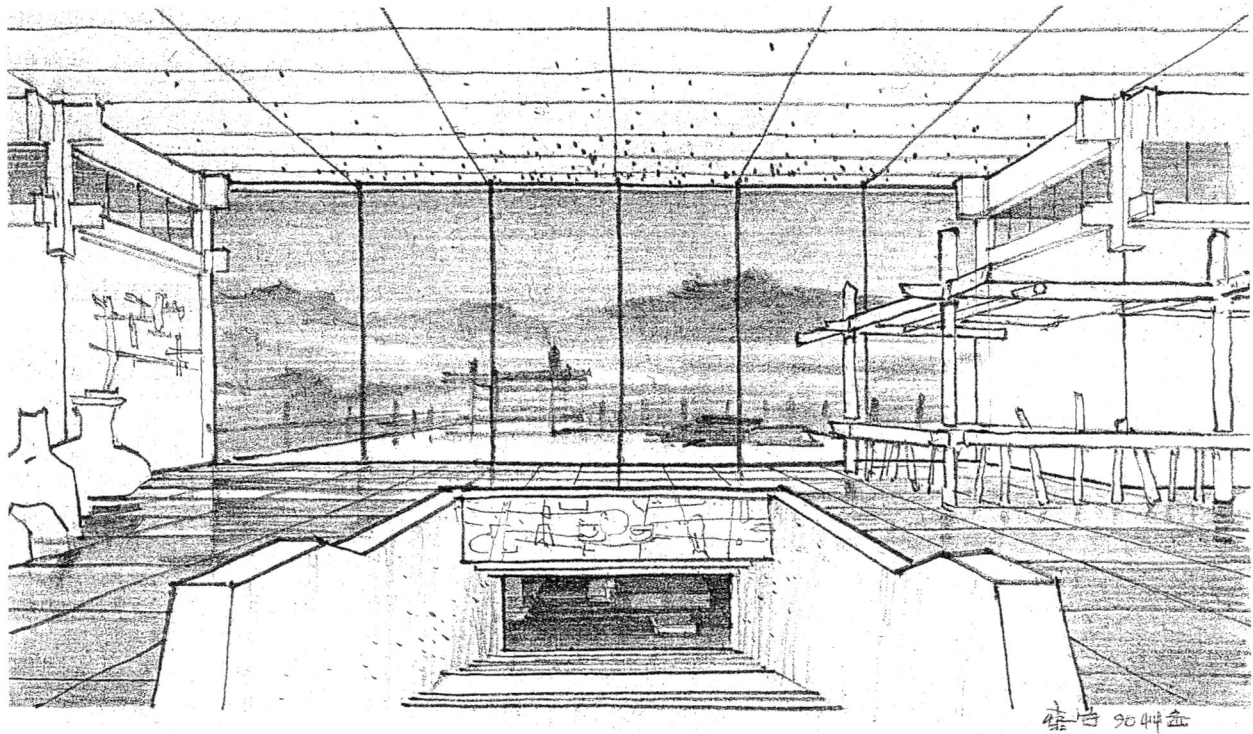

紫气 90年冬

# 西安大明宫遗址博物馆方案

**项目地点**／中国·陕西·西安
**项目规模**／101332 平方米
**合作设计**／薄宏涛、刘鹏飞、唐斌、于晨、蒋珂、单晓宇、应瑛、
　　　　　杨涛、徐勤力
**项目时间**／ 2009 年设计，未落实

　　大明宫遗址博物馆位于陕西省西安市大明宫国家遗址公园内，其东北侧即是含元殿遗址。项目包括博物馆、科技馆和电影馆三个部分。

　　为了减少对大明宫遗址的影响，在符合功能要求的前提下，我们通过提高覆盖率，压低建筑高度等手段，营造一种"出土的城"的印象，宛如地景，与遗址公园主题十分吻合。

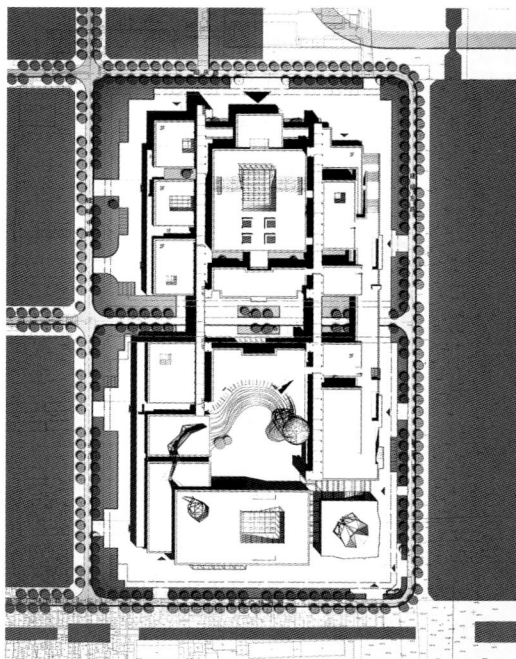

0　30m

**左图：** 总平面图
**对页：** 鸟瞰图

**下图：**屋顶高度透视图

在总平面布局上，我们将整块用地分成南北两区块，博物馆设于用地的北侧，科技馆和电影馆整合一体，设于用地的南侧。两条贯穿南北区块的交通连廊将三馆有机连接起来，流线清晰，分区合理。

**左上图及右上图：** 主展厅
**左下图：** 内庭院与走廊
**右下图：** 曲线展廊
**对页：** 草图

# 杭州铁路新客站

**项目地点**／中国・浙江・杭州
**项目规模**／110000 平方米
**合作单位**／中铁第四勘察设计院集团有限公司
　　　　　　浙江省建筑设计研究院
**合作设计**／叶湘菡、钟承霞、陆皓、丁洸、夏宗阳、尹军、刘学军、
　　　　　　李晨
**项目时间**／1991 年设计，1999 年竣工

观念更新是做好这次设计的关键。

随着铁路交通、城市交通的不断发展，铁路客站已不仅仅是传统意义的"城市大门"，而是整合城市铁路、长途客运、公交、地铁等各类交通方式的综合换乘点，是城市对内对外的重要交通枢纽。因此，如何实现多类交通的"零换乘"，保证旅客安全、高效、便捷地进出站，是此次杭州铁路新客站重建设计须解决的基本问题。

本设计入选1999年国际建协第20届大会——"当代中国建筑艺术展"，并获"建筑艺术创作成就奖"。2004年入选"20世纪中国百年建筑经典"。

**左图：** 设计草图
**对页：** 建筑外景

**下图：** 总平面图
**对页：** 新客站是城市多种交通方式的综合换乘点

1　大客车停车场
2　公交车下车站
3　公交车上车站
4　小汽车及出租车下客点
5　公交车及大客车临时停靠点
6　行李广场
7　已有建筑
8　上坡道
9　通地下广场

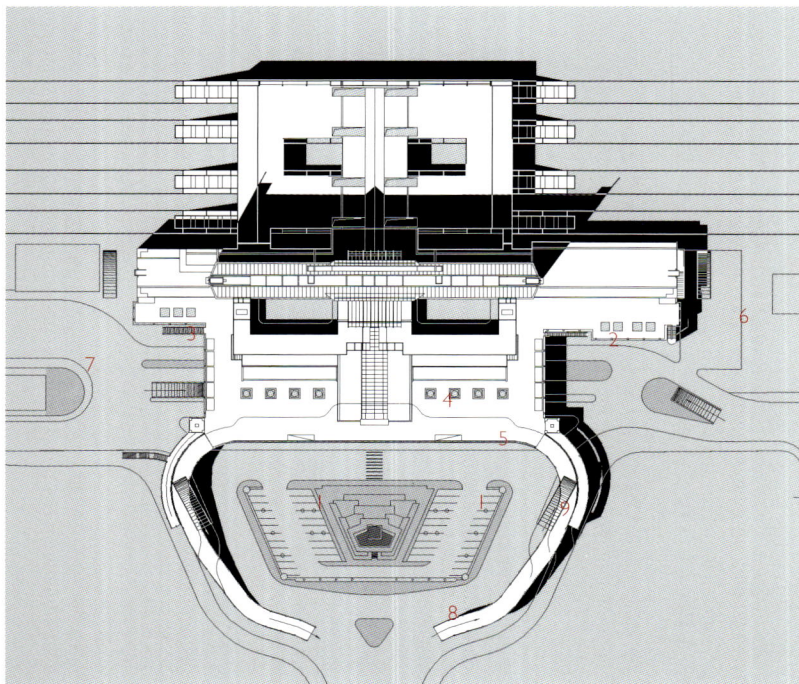

0　10m

**下图：**流线分析

设计将站房、站场、广场作为一个有机整体，创建整合了地下、地面、高架三个层面的"立体化"车站。立体化交通帮助车站充分利用地上、地面与地下空间，缓解场地因"进深窄、面积小"带来的容量问题。在不同层面的"各行其道"，也基本实现了人车分流，避免多种流线交叉的混乱与安全隐患。这种三个层面"立体化"的流线组织，在国内属首次。

1 进站大厅与候车人流
2 地下交通与轻轨人流
3 出站大厅人流

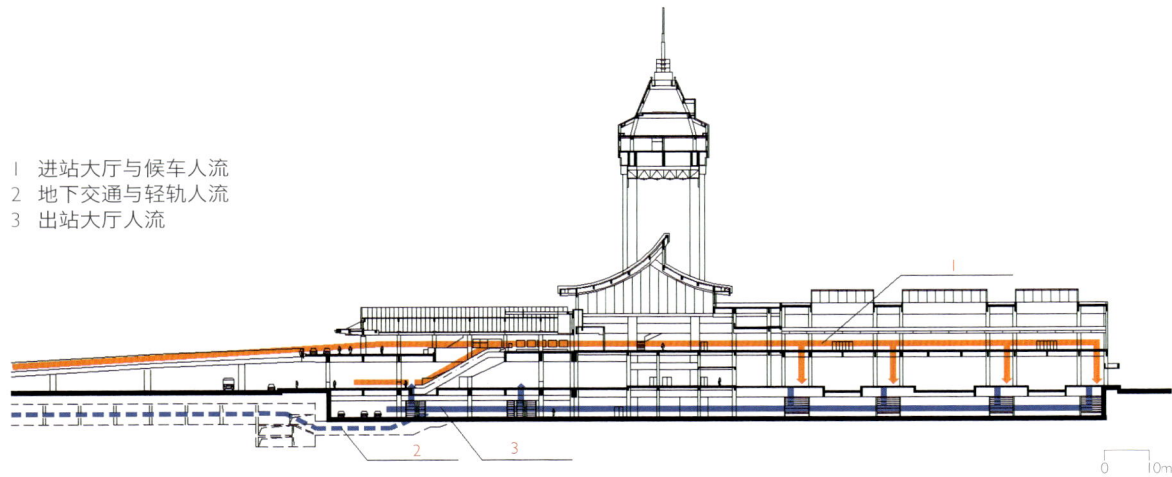

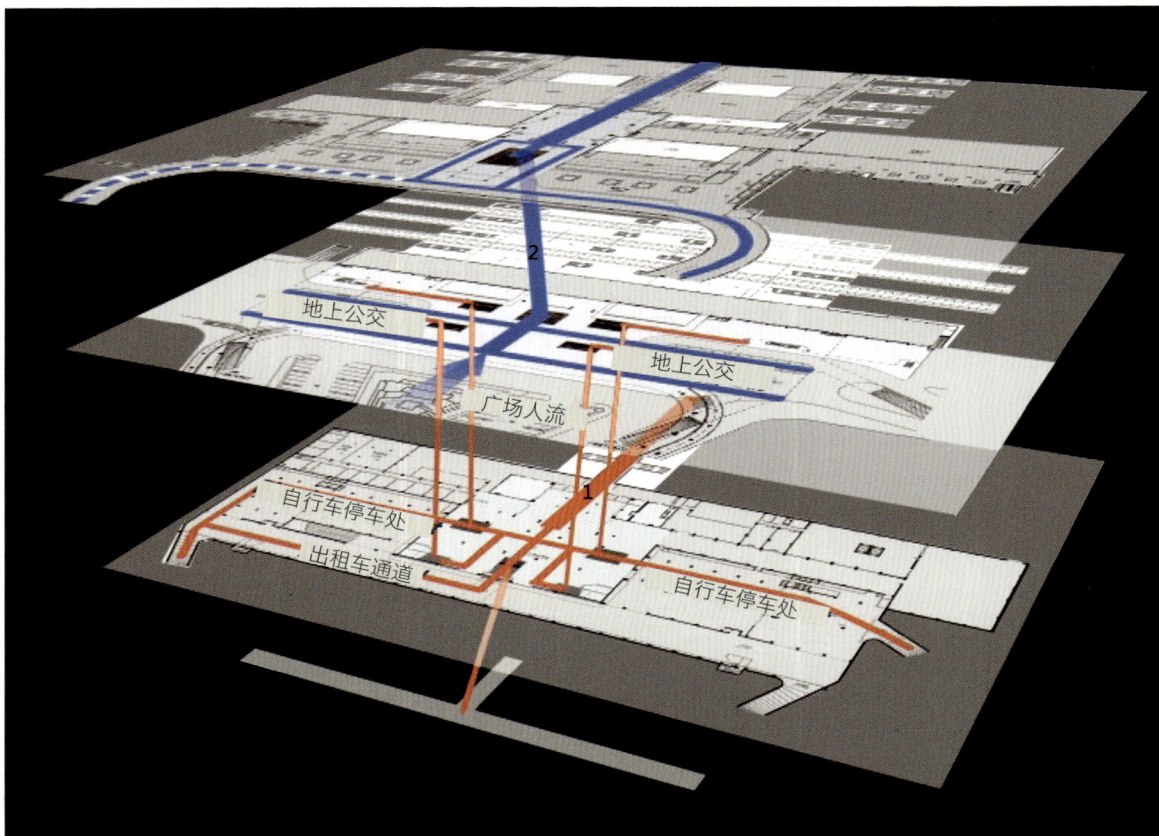

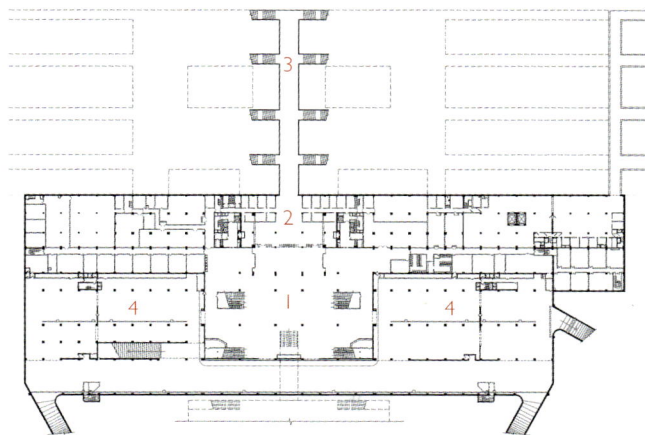

**地下一层平面图**
1　地下出站广场
2　出站大厅
3　出站通道
4　自备车停车场

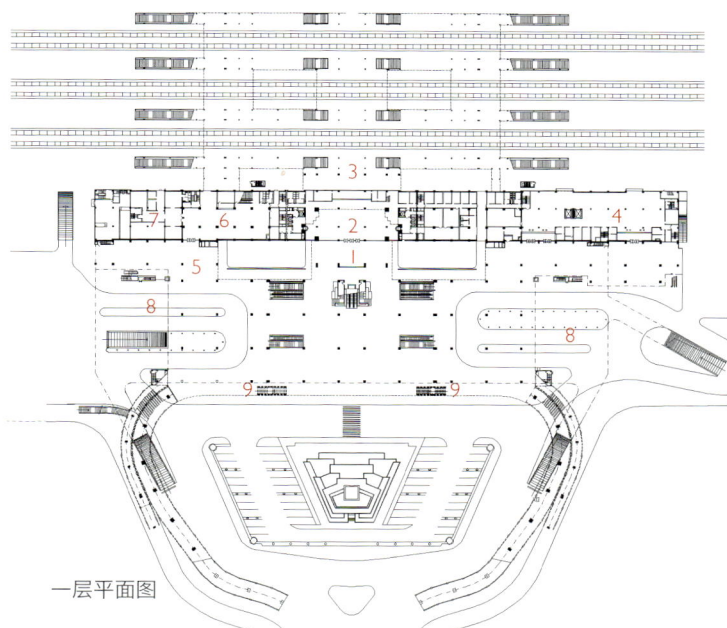

**一层平面图**
1　综合楼宾馆入口
2　综合楼大堂
3　基本站台
4　行包仓库
5　软席，贵宾入口
6　软席候车区
7　贵宾候车区
8　公交车站
9　轻轨站隧道位置

**二层平面图**
1　进站通道
2　进站大厅
3　中央通道
4　高架广场
5　商场
6　旅客商场
7　食街
8　售票大厅
9　售票室
10　高架候车室

**三层平面图**
1　进站大厅
2　餐厅
3　售票大厅
4　商场
5　高架候车

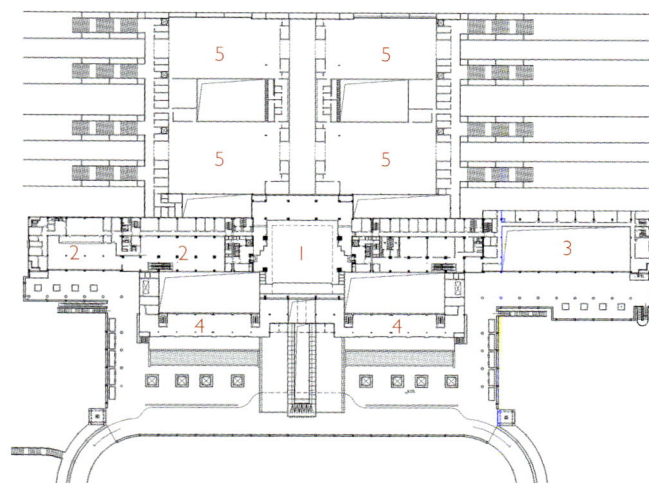

一层平面图

三层平面图

地下一层平面图

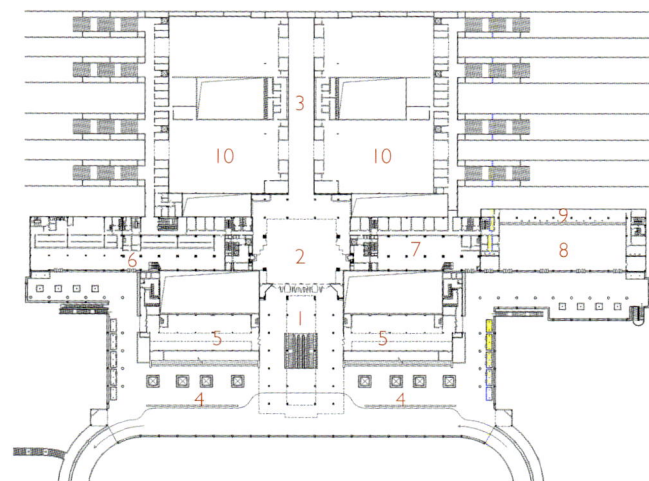

二层平面图

0　10m

下图：站台
对页：站房全景图

穿插组合的深色坡顶与白色墙面，含蓄地表达着江南建筑的书卷气，但又不失现代感，传达出朴素、典雅而精致的文化品位，使车站建筑形象与作为风景旅游城市和历史文化名城的杭州相适应，并和其他城市车站明显地区分开来。

左图：进站交通
右上图：进站入口
右下图：公交车站
对页：进站主楼梯一侧

为了将作为交通枢纽的杭州铁路新客站融入城市交通体系，我们主动要求与杭州市规划院合作，先后编制了杭州铁路新客站地区的详细规划及城市设计方案，调整了与杭州站关联的城市道路系统，设计了高架广场与周边商业建筑连接的高架人行系统，确保车站的高效性、开放性与公共性。

**下图：**屋顶与墙面局部
**对页：**主入口夜景

右图：夜景

# 常熟理工学院逸夫图书馆

**项目地点**／中国·江苏·苏州
**项目规模**／20000 平方米
**合作设计**／徐东平、吴妮娜、邱文晓
**项目时间**／2004 年设计，2007 年竣工

　　逸夫图书馆位于常熟理工学院校园中的轴线尽端，是校园内重要的核心建筑。图书馆东侧与昆承湖相接，景色十分优美。

　　设计依循现代图书馆设计理念，采用开放式布局。主要阅览室在一、二层，空间灵活分隔，便于变换使用。除在一层设置面积不大的书库外，大部分书库均与阅览室结合布置，采用"开架"式管理，提供更为自由、开放的图书阅览环境，借还图书也更为便捷高效。

　　建筑内部流线组织以中庭为中心，导向清楚，层次分明。与庭院结合设置的阅览空间环绕中庭四周，有着良好的自然采光与沉静安谧的空间氛围。

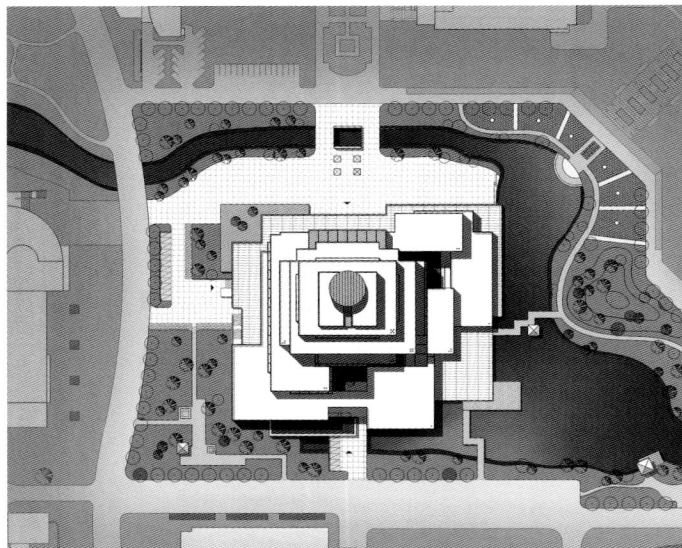

0　20m

**左图**：总平面图
**对页**：图书馆西北角

**下图：** 叠放的书本——知识需要积累，才有实力去攀登顶峰
**对页：** 主入口方向全景

图书馆采用层层退台的建筑造型，恰似不经意叠放的书本，建筑风格带有厚重的文化气息。东侧层层跌落，营造舒适的公共交流、休憩平台。特别是一、二层平台与水面、绿化、挑空廊道相结合，使图书馆融合在优美的校园环境之中。

**对页：沿湖面方面透视**

**一层平面图**
1　入口平台
2　门厅
3　借阅室
4　绿化庭院
5　中厅
6　报告厅
7　展示陈列室
8　水池
9　亲水平台
10　水景庭院
11　书库

**二层平面图**
1　中厅
2　自习区
3　借阅区
4　庭院
5　绿化观景平台

**三层平面图**
1　中厅
2　电子阅览室
3　信息检索室
4　庭院
5　绿化观景平台

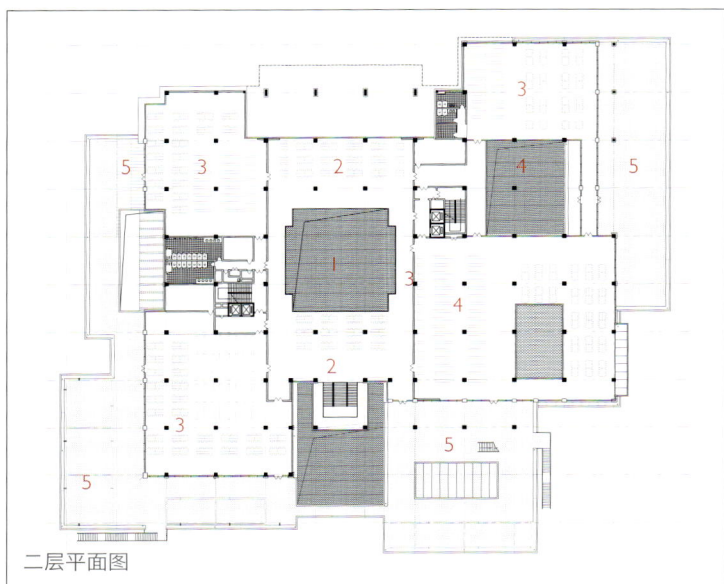

二层平面图

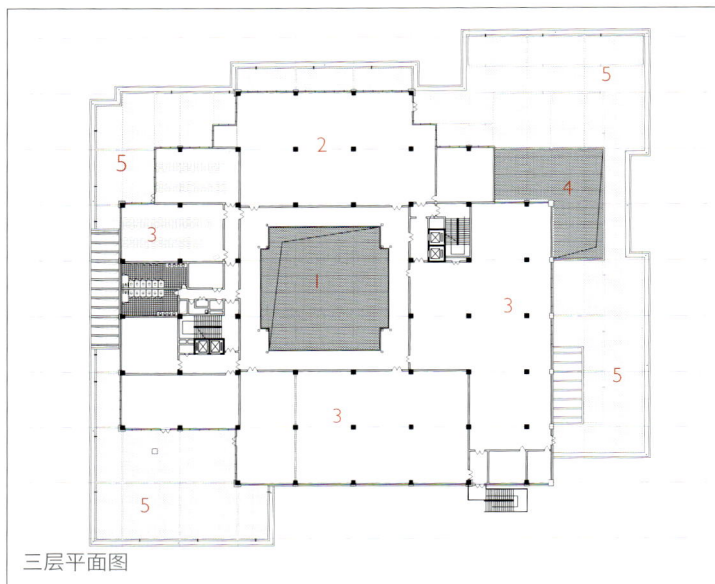

三层平面图

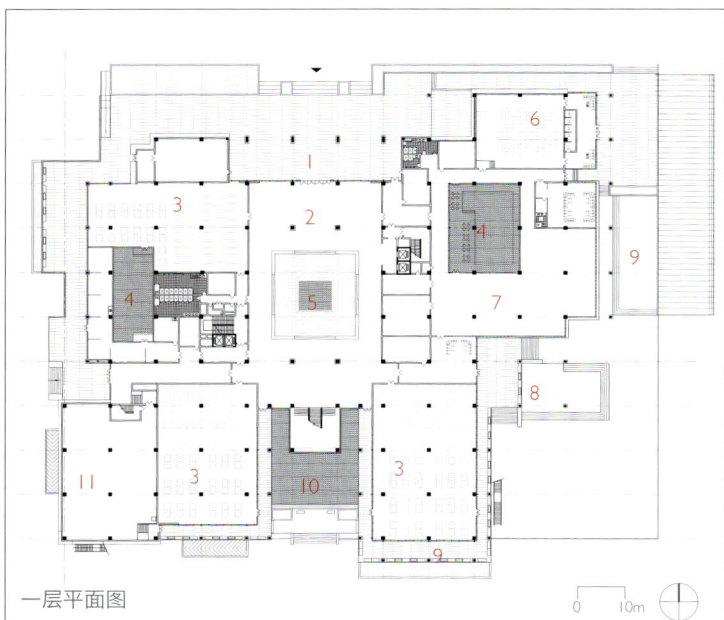

一层平面图　　　　0　10m

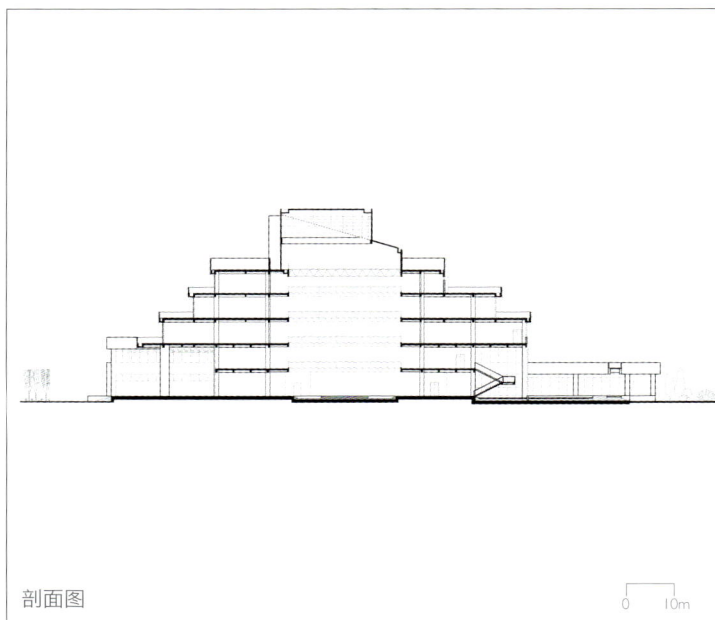

剖面图　　　　0　10m

# 浙江大学新校区第三组团

**项目地点**／中国・浙江・杭州
**项目规模**／60000 平方米
**合作设计**／王幼芬、徐佳、胡庆华
**项目时间**／2001 年设计，2002 年竣工

　　浙江大学新校区第三组团位于浙江大学紫金港校区中部，整个组团分为南部教学区与北部实验区两大独立区块，包含教学楼、实验楼、专用教室、阶梯教室以及工程结构设计实验教学基地五个部分。

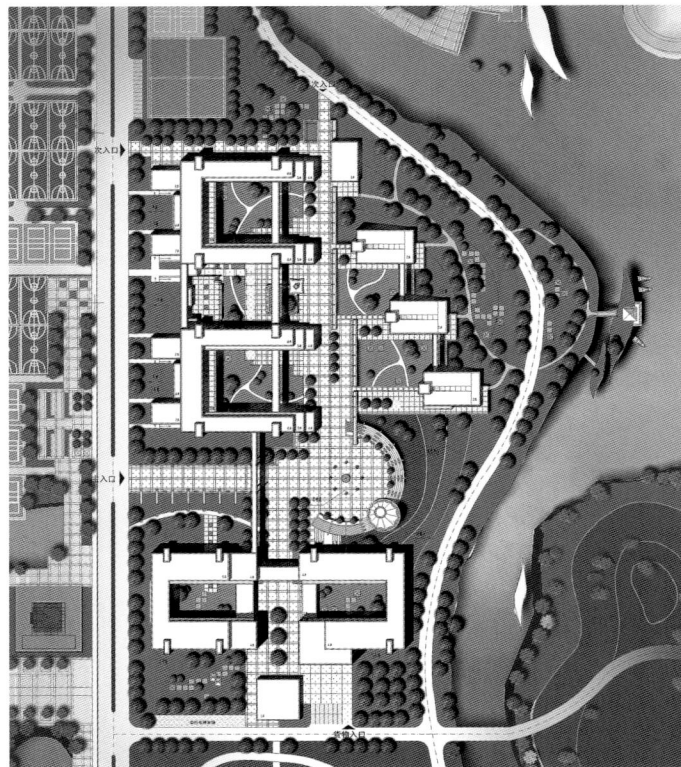

0　20m

**左图：**总平面图
**对页：**湖面方向鸟瞰

场地内组团的总平面布局有机整体：作为主导体量的教学楼和实验楼平面规整，其余三组建筑的布置则较为灵活自由，从而形成了聚合有序、错落多变的空间布局。建筑体量保持向北侧水面跌落的趋势，岸边大片的软质草坡柔化了人造景观与自然景观之间的边界，营造出和谐宁静的空间氛围。

**下图：**艺术教室
**对页：**构架走廊

# 黄龙饭店

**项目地点**／中国 · 浙江 · 杭州
**项目规模**／40000 平方米
**合作单位**／许李严建筑事务有限公司，柏诚（亚洲）有限公司
　　　　　　杭州园林设计院股份有限公司
**合作设计**／胡岩良、徐东平
**项目时间**／1984 年设计，1986 年竣工

　　黄龙饭店选址于西湖风景区与杭州老城区之间，如何处理好建筑与环境以及功能相互间的复杂关系，是设计须要解决的主要矛盾，也为方案构思提供了契机。

　　设计从大环境出发，在总平面布置上借鉴中国绘画的"留白"手法，使场地南侧的西湖和宝石山自然环境与北侧的城市空间渗透融合，追求整体气韵的连贯。同时，设计注重空间氛围与意境的营造：当宾客在华灯初上时分进入大堂，透过通长的落地窗看到庭院后灯火辉煌的餐厅，仿若欣赏一幅立体而有现代气息的"夜宴图"长卷；宝石山色随移步换景在塔楼间时隐时现，传递着传统水墨山水的朦胧韵致。这些无形形态的营造，强化了建筑空间的艺术魅力。

**左图**：设计草图
**对页**：鸟瞰

**下图：** 设计草图
**对页：** 建筑西面实景
**下页：** 从宝石山看建筑

平面布置采用构成手法，将580间客房分为3组6个单元，在统一的柱网网格中加以组合，形成一个既便于施工、又符合现代化酒店规范管理要求的平面框架。

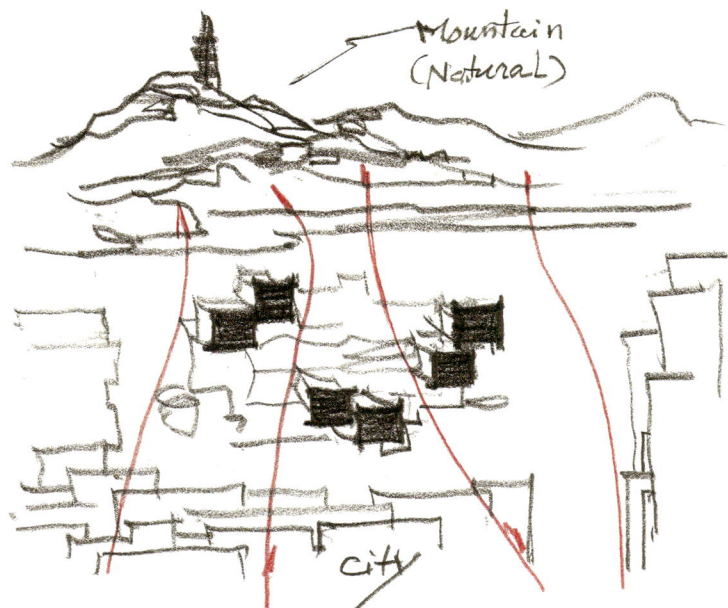

**下图：** 由二层平台看宝石山，山色与庭院景色融合

**对页：** 陶渊明诗："悠然见南山"

**对页下图：** 由城市方向穿过黄龙饭店看宝石山，建筑成
为城市与风景区的过渡

对页：内庭院与建筑

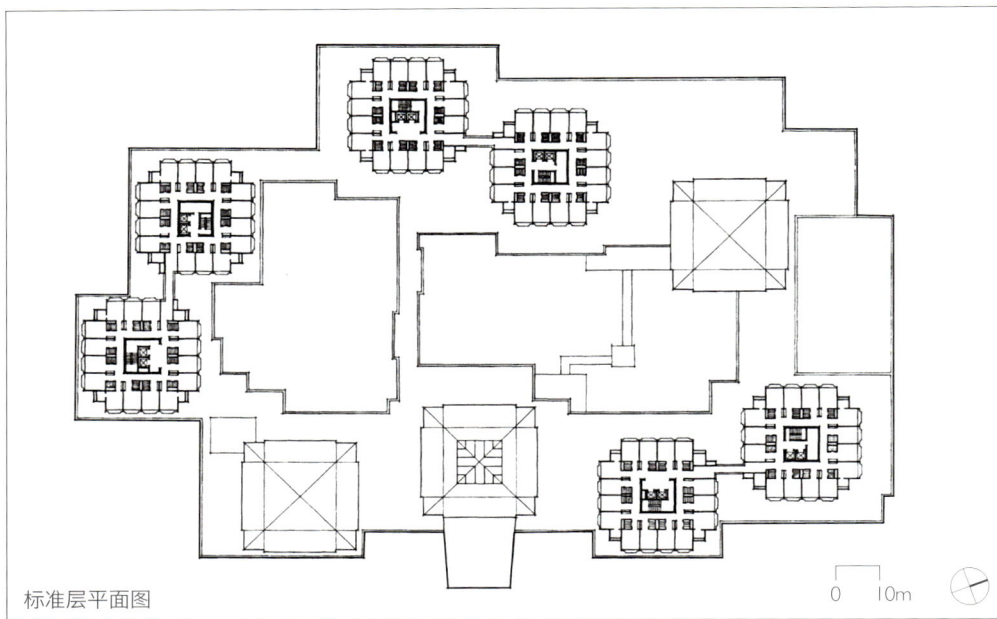

标准层平面图

0    10m

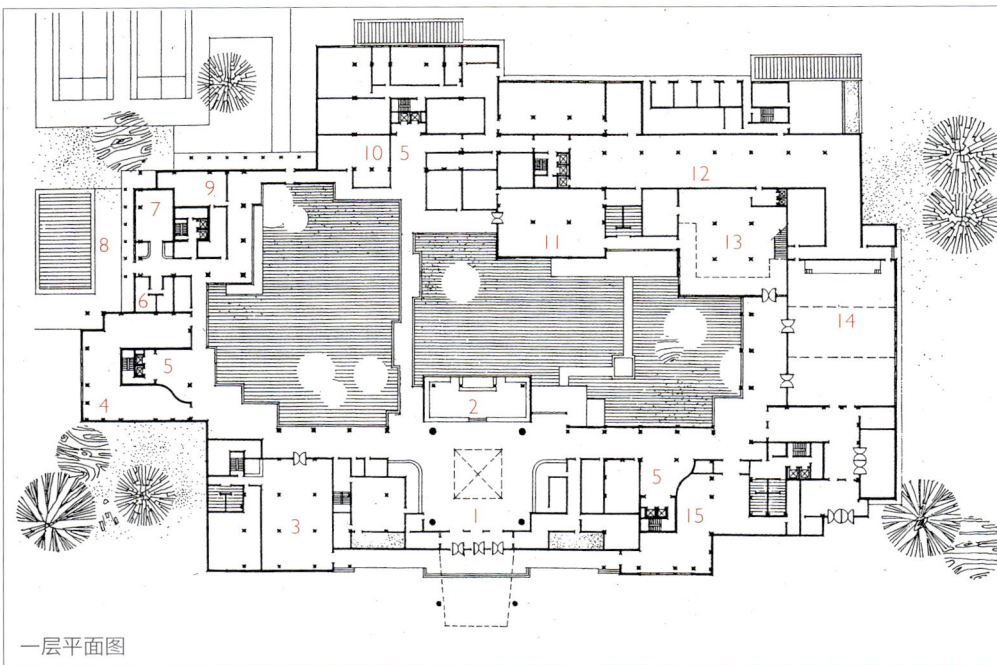

一层平面图

1  大堂
2  大堂酒吧
3  西餐厅
4  商店
5  塔楼入口
6  桑拿浴
7  健身房
8  游泳池
9  台球室
10 商务中心
11 风味餐厅
12 厨房
13 中餐厅
14 多功能厅
15 舞厅

**下图：** 由主入口看向远山
**对页：** 水院

下图：中餐厅室内实景
对页下图：餐厅与庭院

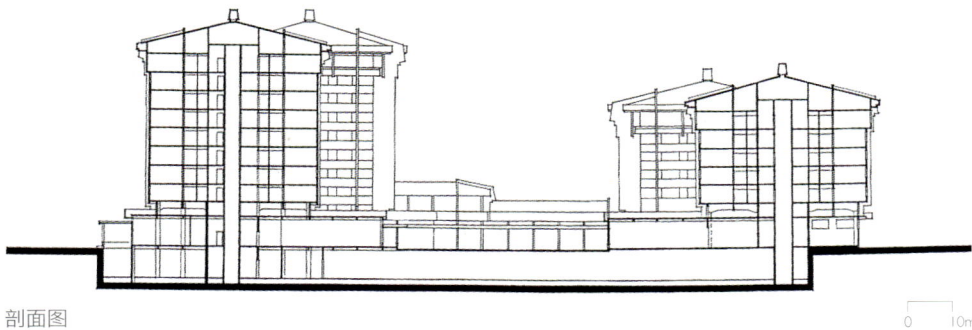

剖面图

0    10m

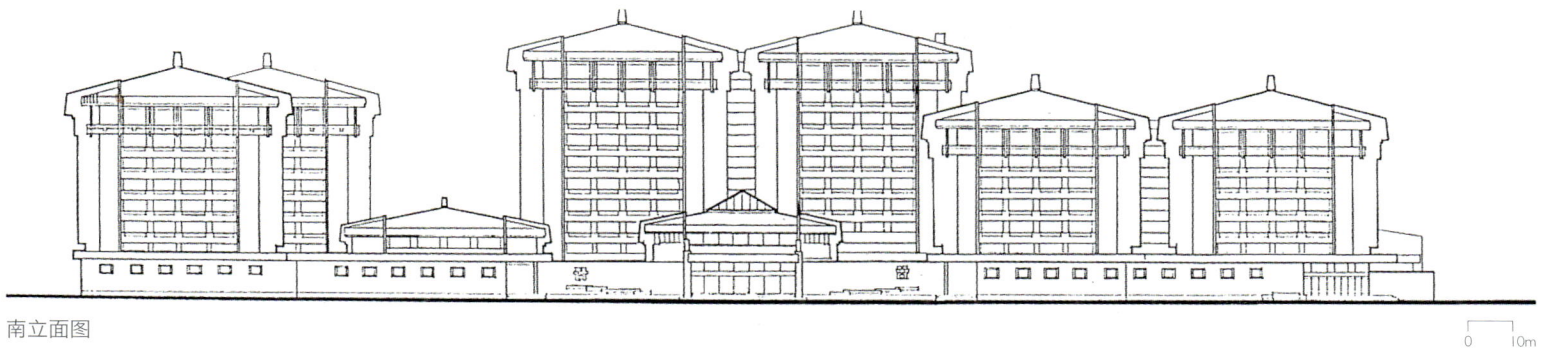

南立面图

0　10m

**上图：** 屋顶架构
**下图：** 水院景色向酒店大堂内渗透
**对页：** 酒店大堂实景

# 浙江宾馆商务别墅

**项目地点／**中国・浙江・杭州
**项目规模／**6500 平方米
**合作设计／**钱伯霖、徐雄、王大鹏、吕令强、杨振宇、郑茂恩、
　　　　　　程跃文、黄银秋、吴妮娜
**项目时间／**2004 年设计，2007 年竣工

　　项目场地位于西湖风景区内，17栋商务别墅及1座会馆是浙江宾馆扩建工程的一部分。建筑用地地形起伏变化较大，而绿化条件极好，因此，分散布置在A、B、C、D4个片区中的建筑，既需适应地形，又不能破坏树木，就"生成"出不同的建筑形态。

　　建筑造型在江南建筑传统语言的基础上做出现代性的转换创新。坡屋顶与退台式跌落的建筑体形适应于坡地地形，垂直交通简体伸出青灰瓦面坡屋顶，与粉白墙体相映成趣，在密林间时隐时现。

**左图：**商业别墅鸟瞰模型
**对页：**A5型商务别墅实景

对页：A5型商务别墅主入口

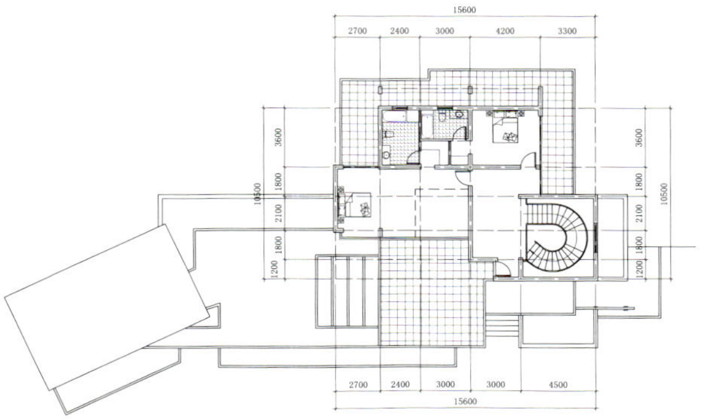

二层平面图（A5）

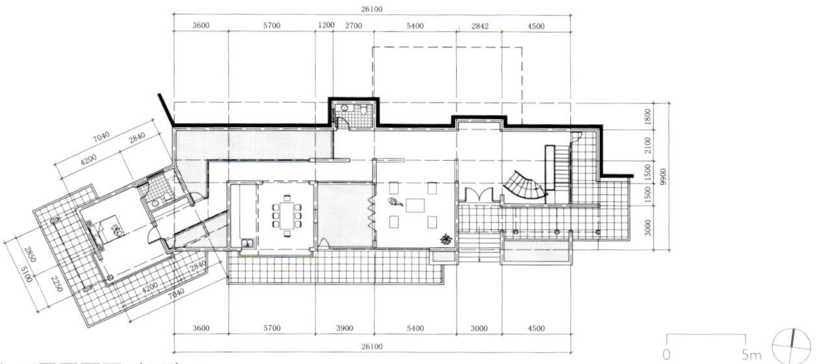

入口层平面图（A5））

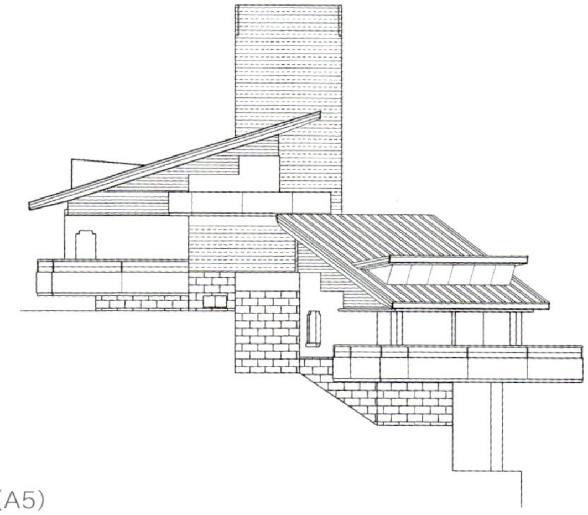

0　　　5m

立面图（A5）

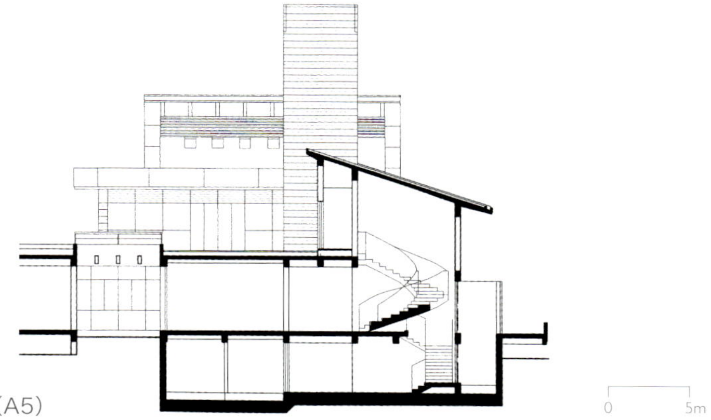

剖面图（A5）

0　　　5m

下左图：A区总平面图
下右图：B区总平面图
对页下左图：C区总平面图
对页下右图：D区总平面图

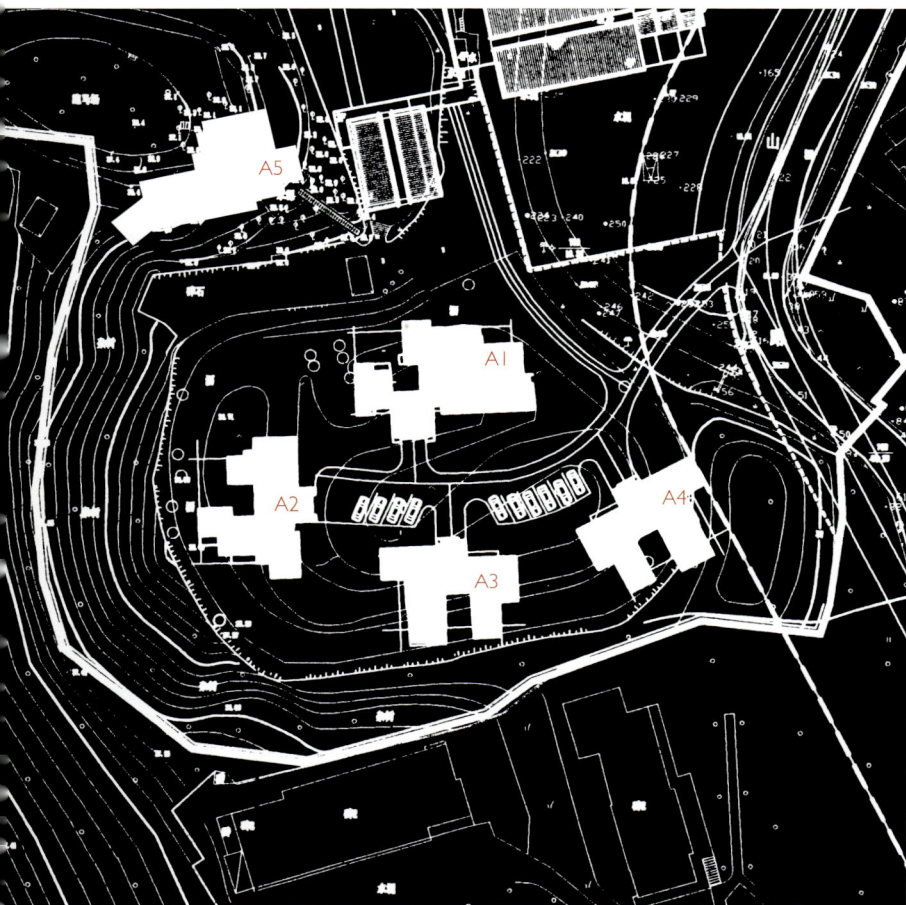

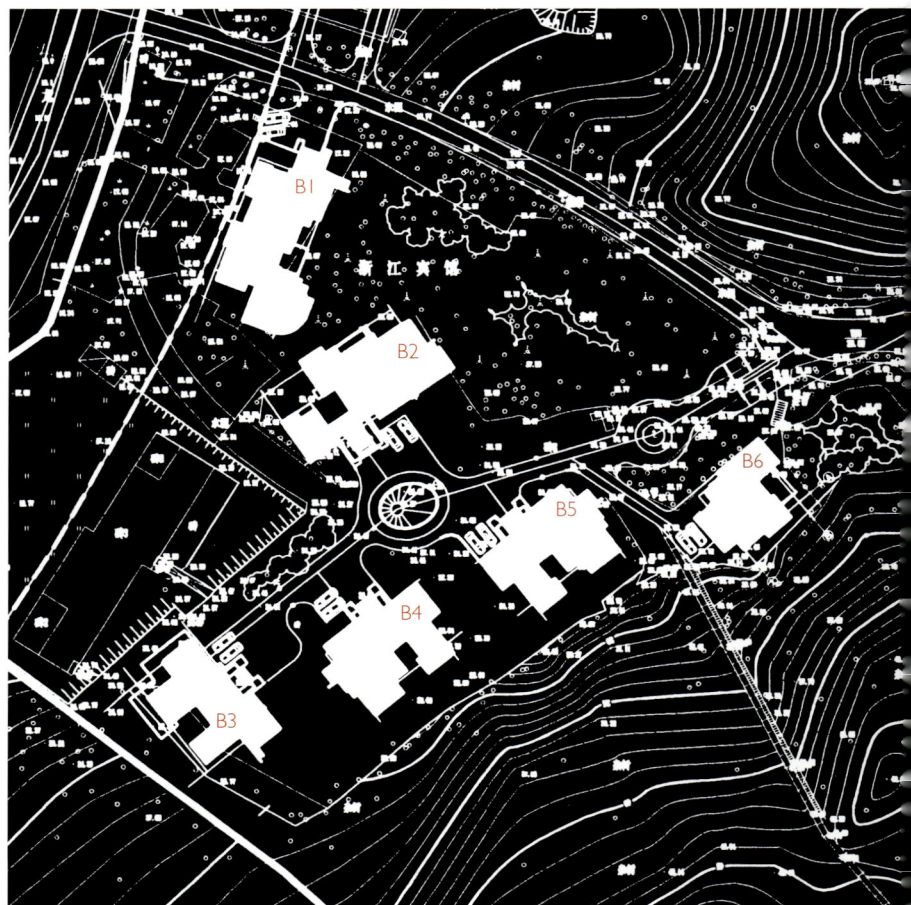

**下图：**草图
**对页上左图：**B2型别墅外景
**对页上中图：**C2型别墅入口
**对页上右图：**C5型别墅外景
**对页下图：**B2型别墅入口

# 悦海湾酒店

**项目地点**／中国·福建·厦门
**项目规模**／90635 平方米
**合作单位**／中国建筑东北设计研究院有限公司
**合作设计**／殷建栋、吴妮娜、杨涛、庄允峰、闵杰、周逸、朱文婧、
　　　　　　裘昉、袁越、陈鑫、刘翔华、曾德鑫、郑建国、郑克卿、
　　　　　　周慧
**项目时间**／2012 年设计，施工中

　　悦海湾酒店位于福建省厦门市，基地地处厦门本岛西南岸边，与著名景点鼓浪屿岛隔海相望。

　　设计意在打造一个与大海相邻，与环境相融的城市景观，以展示"鹭起鸥落，云卷云舒，鳞次栉比，相依相携"的设计理念，达到"天人无二，不必言"的境界。

　　建筑塔楼的弧形板式平面最大限度地争取了一线海景，建筑造型灵动而优美，在与相邻两栋300米高层取得和谐过渡的同时，塑造了一个具有独特性和标志性的建筑形象。

**下图：** 草图
**对页：** 鸟瞰图

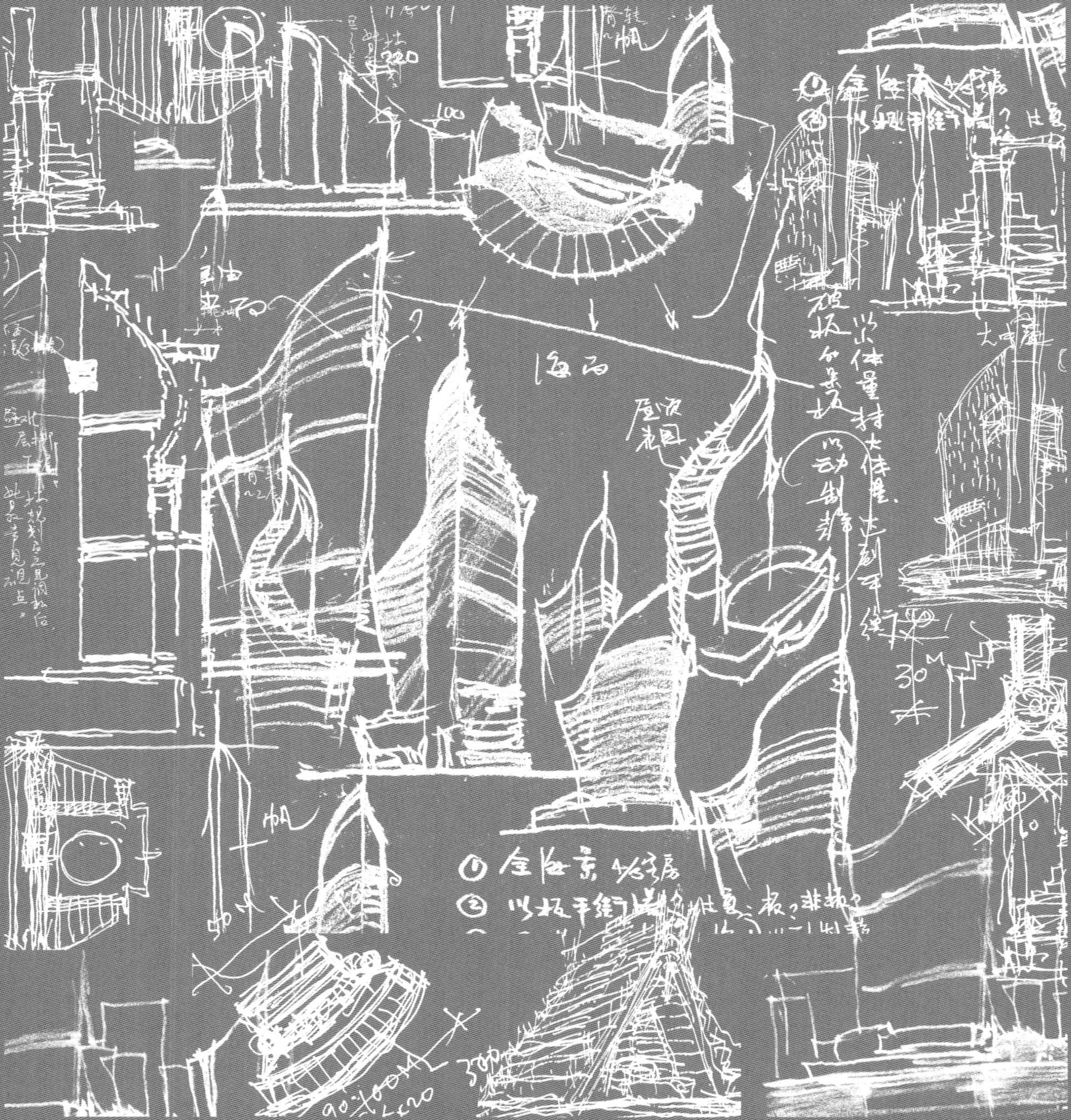

**下图:** 建筑与场地环境
**对页:** 海面方向鸟瞰图

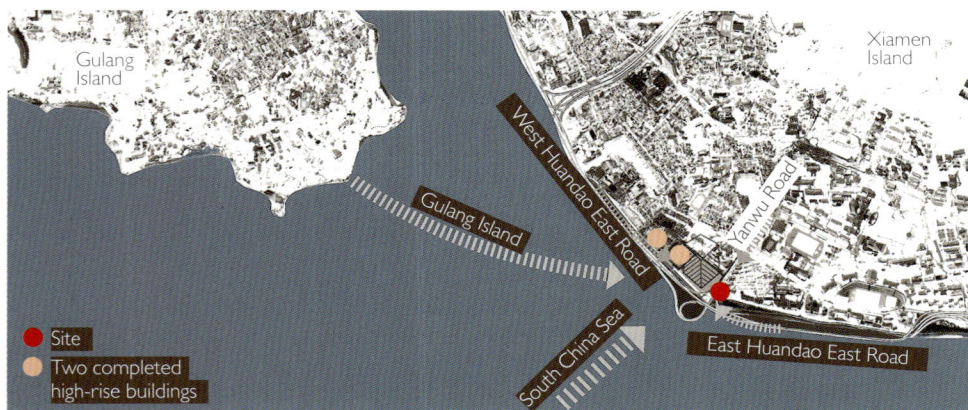

Gulang Island

Xiamen Island

West Huandao East Road

Yanwu Road

Gulang Island

South China Sea

East Huandao East Road

● Site
● Two completed high-rise buildings

对页：环岛路透视图

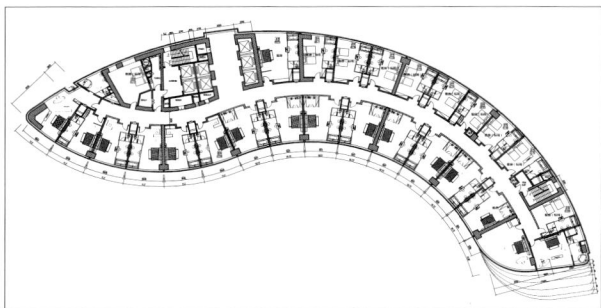

酒店客房层平面图

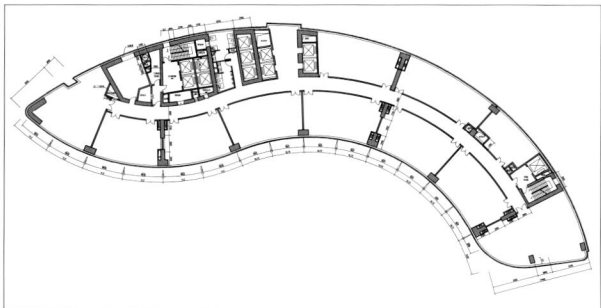

办公标准层平面图

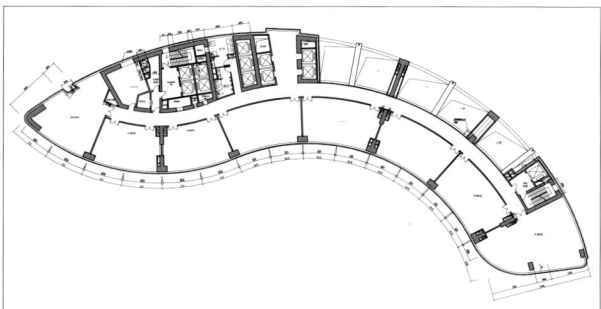

架空层平面图

0    20m

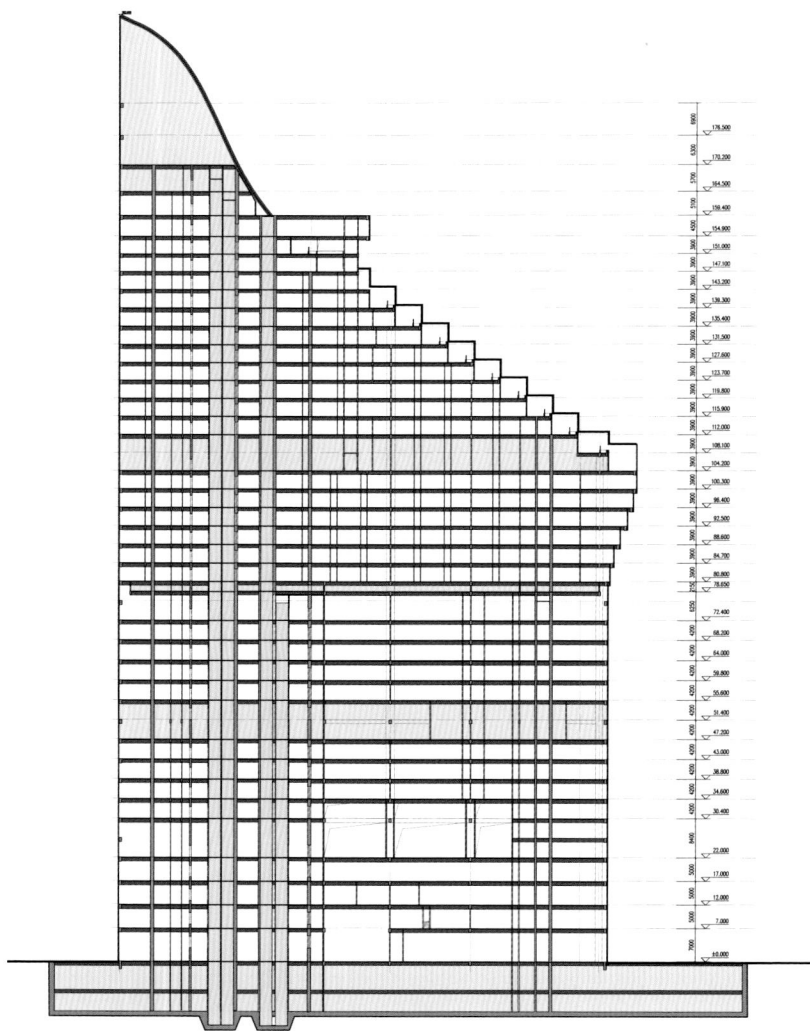

剖面图

**下图：**建筑局部
**对页：**环岛路透视图

# 元华广场

**项目地点**／中国·浙江·杭州
**项目规模**／130000 平方米
**合作设计**／丁洸、凌建、杜立明、陈玲
**项目时间**／1998 年设计，2002 年竣工

元华广场位于浙江省杭州市西湖湖滨。

在风景秀美的西湖湖滨建设这样大规模的商业综合体，必须谨慎地处理好建筑与西湖湖滨的环境关系，将其对西湖景观的负面影响降到最低限度。因此，我们将建筑体量分解，临湖一面的商场、公寓采用台阶式的体形，以层层跌落的平台绿化与沿湖绿带相连接，并完成湖滨景区至城市空间的过渡。

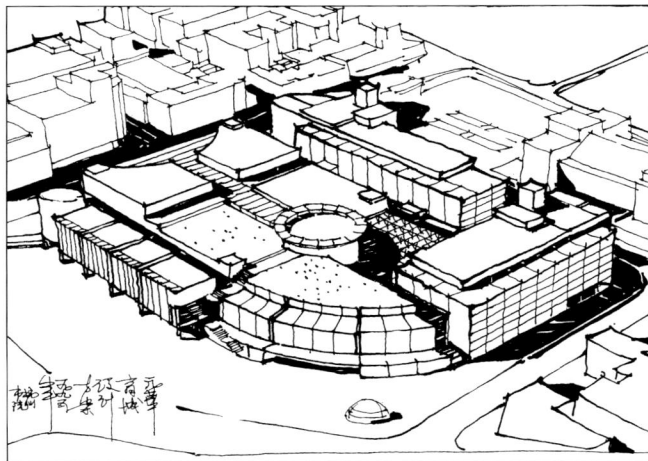

**左图：** 鸟瞰草图
**对页：** 主入口

**对页：** 中庭环廊

1 商场主入口门厅
2 公寓楼入口门厅
3 办公楼入口门厅
4 专卖店
5 商场

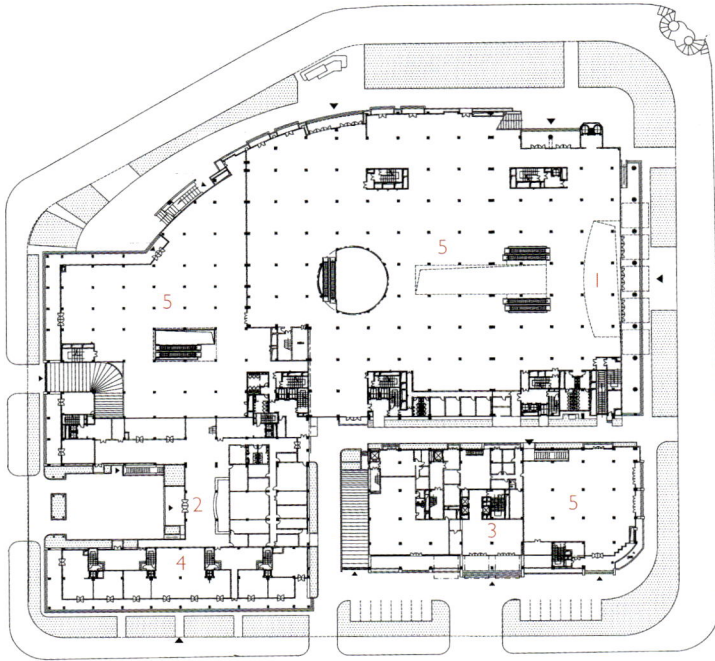

一层平面图

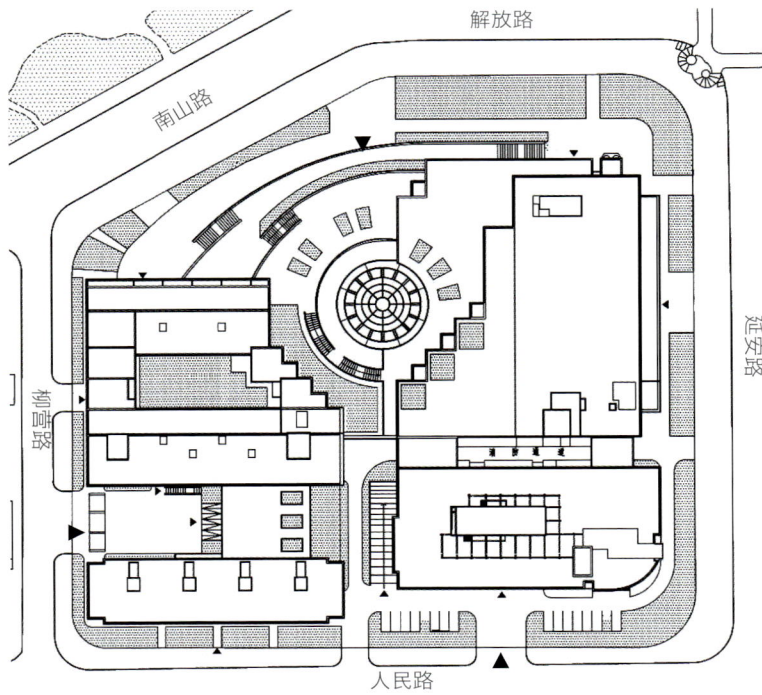

解放路

南山路

延安路

人民路

总平面图

0　10m

# 南浔行政中心

**项目地点**／中国·浙江·湖州
**项目规模**／57320 平方米
**合作设计**／薄宏涛、 郑庆丰、陈玲、于晨、朱凯、张朋军、陈悦、
孙晓玲
**项目时间**／2006 年设计，2011 年竣工

　　南浔古镇历史久远，文化底蕴深厚。如何使古朴的江南传统文化
与行政建筑开放庄重的气质完美结合，是设计中的核心问题。

　　当下之所谓"新中式建筑"，基本仍停留在手法主义的层面上。
实际上，传统建筑空间更加注重的是与建筑功能相联系的意境表达；
特别是中国传统建筑，基本上不存在单体建筑的概念，侧重的是群体
建筑空间体系的建立。同时一个空间体系又包含在一个更大的体系之
中，由单体到群体其实是一个"自相似性"的生长结构，建筑单体与
群体的设计概念和寓意其实是同根同源的。

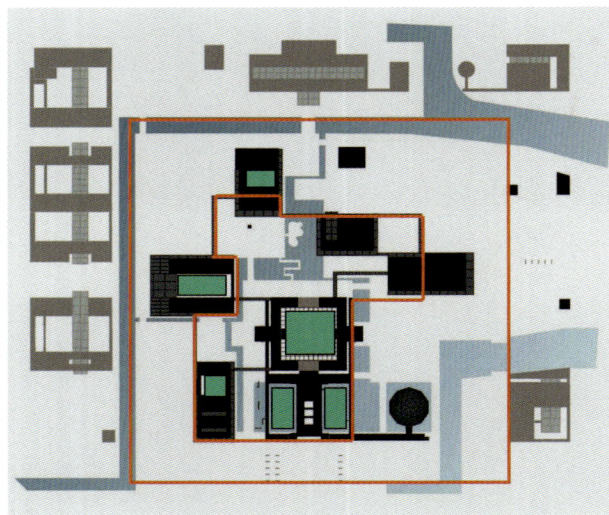

**左图：** 总平面——场地空
间的三个层级
**对页：** 建筑外景
*（摄影：曹阳）*

对页：主入口

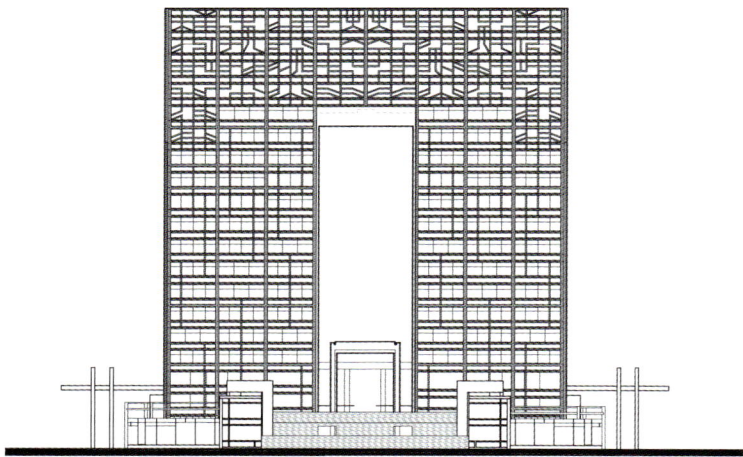

南立面图

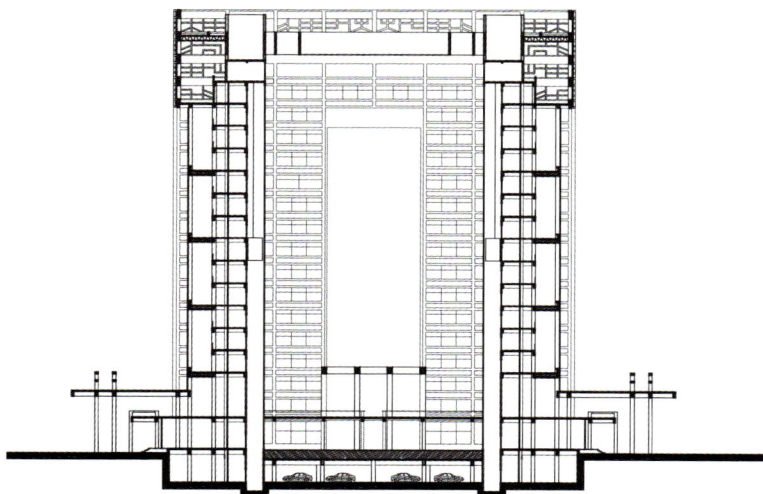

剖面图

0    10m

对页：回廊、水院与建筑

院落萦回，空间环绕，玻璃、钢构等一系列现代材料的引入，又为建筑平添了一种生机盎然的时代感。
中国园林的意境就在"似与不似之间"如画卷般展开……

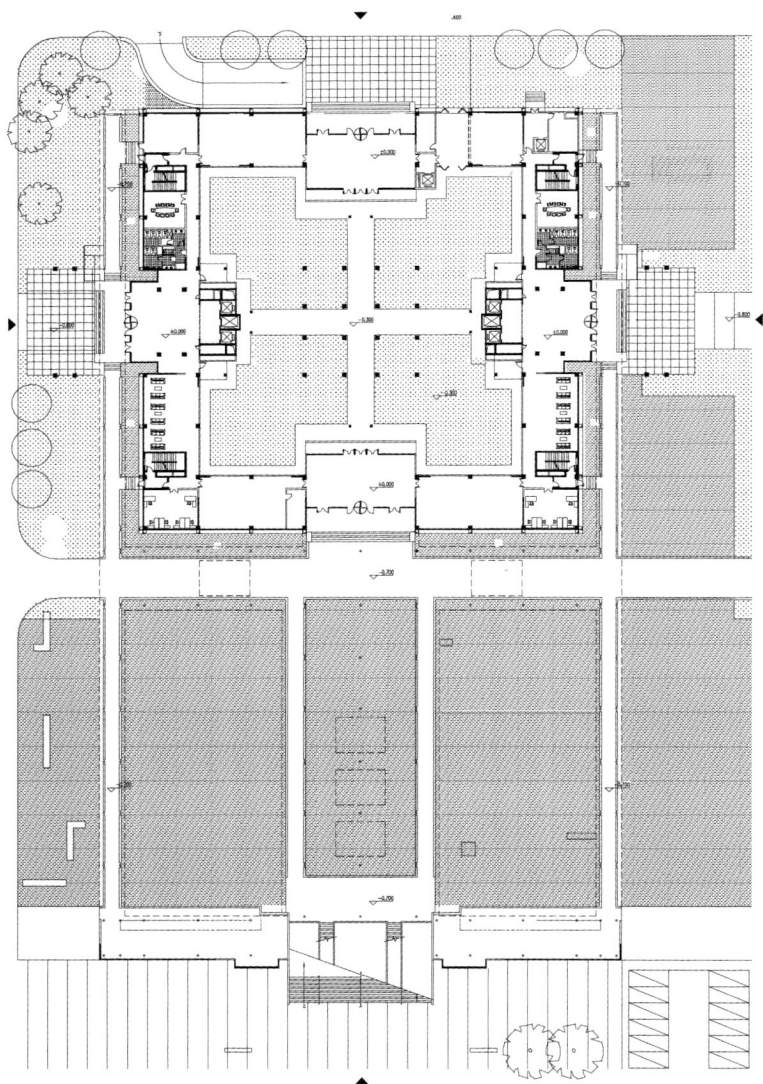

入口层平面图

0    10m

**下图：** 水院景观 *（摄影：曹阳）*
**对页：** 二层景观平台

**下图：** 丰富的庭院空间 *（摄影：曹阳）*
**对页：** 建筑内隐匿的主轴线

# 湛江文化艺术中心

**项目地点**／中国·广东·湛江
**项目规模**／200000 平方米
**合作设计**／王大鹏、金坤、杨涛、刘翔华、朱周胤、胡蓓蓓、沈一凡、
　　　　　　孙铭、吕思扬、刘鹤群
**项目时间**／2014 年设计，国际竞赛中标

　　湛江文化艺术中心位于广东省湛江市调顺岛，建设用地面积约为
166667平方米。文化艺术中心集图书馆、美术馆、文化艺术馆、大
剧院、海洋馆等于一体。

　　建筑面临出海口，视野宽阔。方案以扬帆起航为创意，四组建筑
采用异体同构的方式，组成了跌宕起伏而又十分整体的天际线，与城
市环境相融，又提升了城市环境的品质。

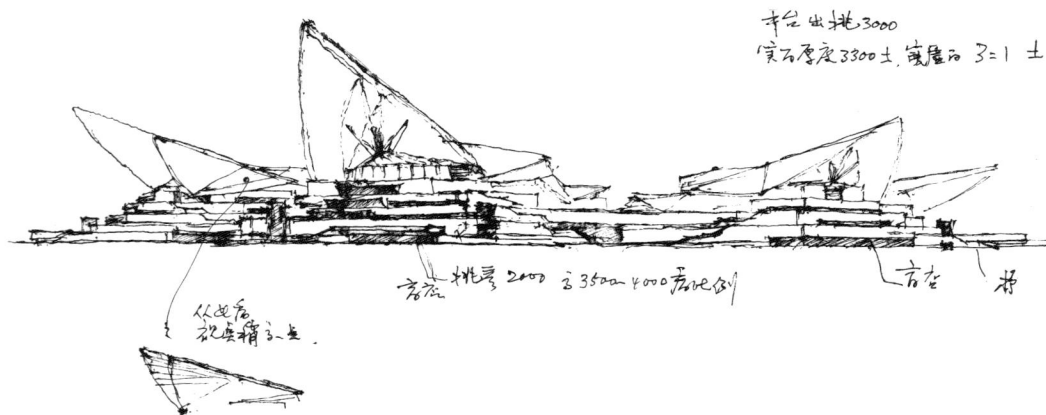

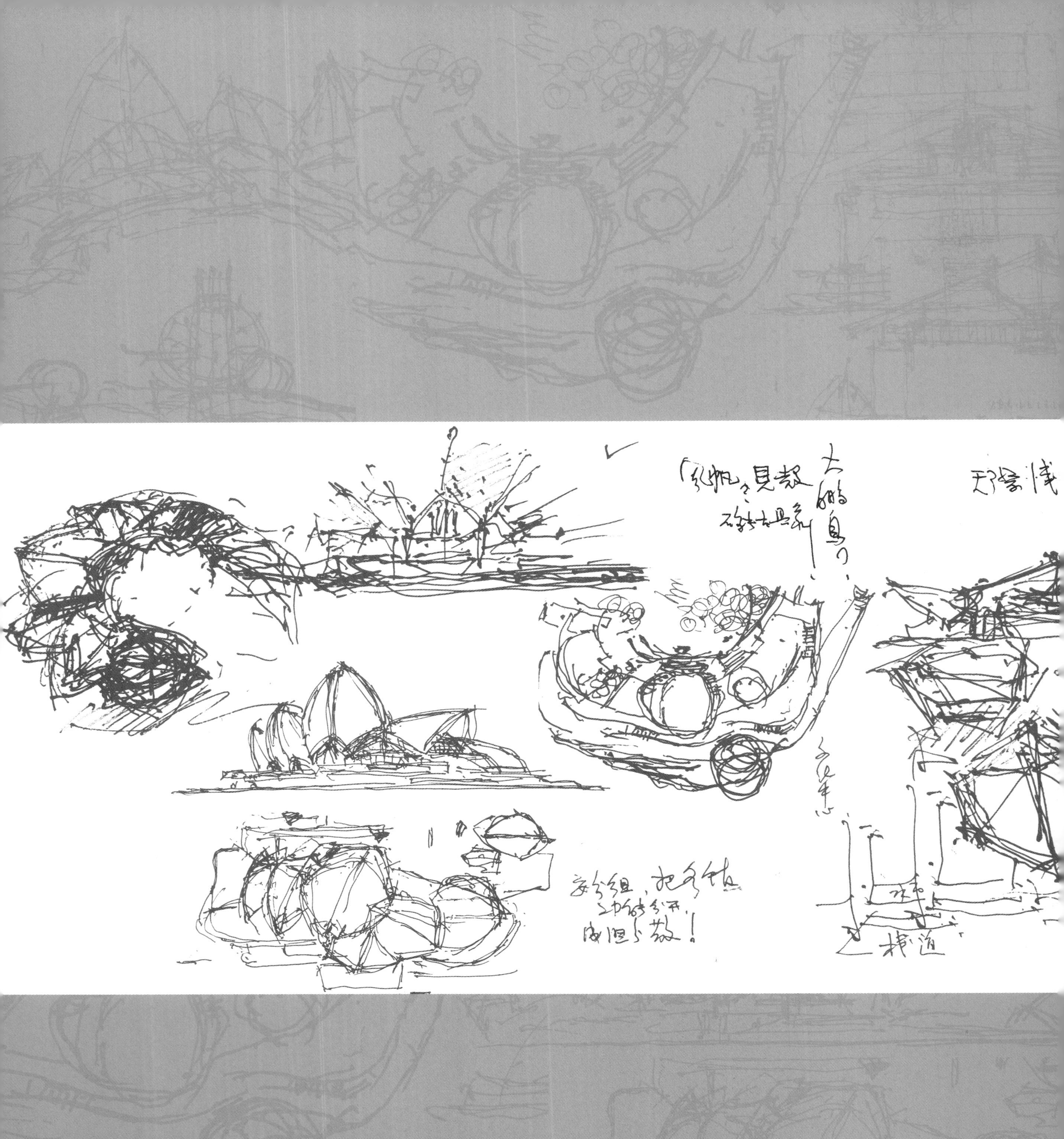

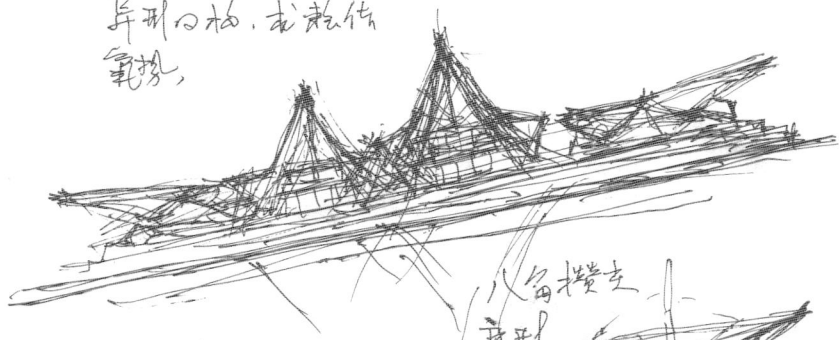

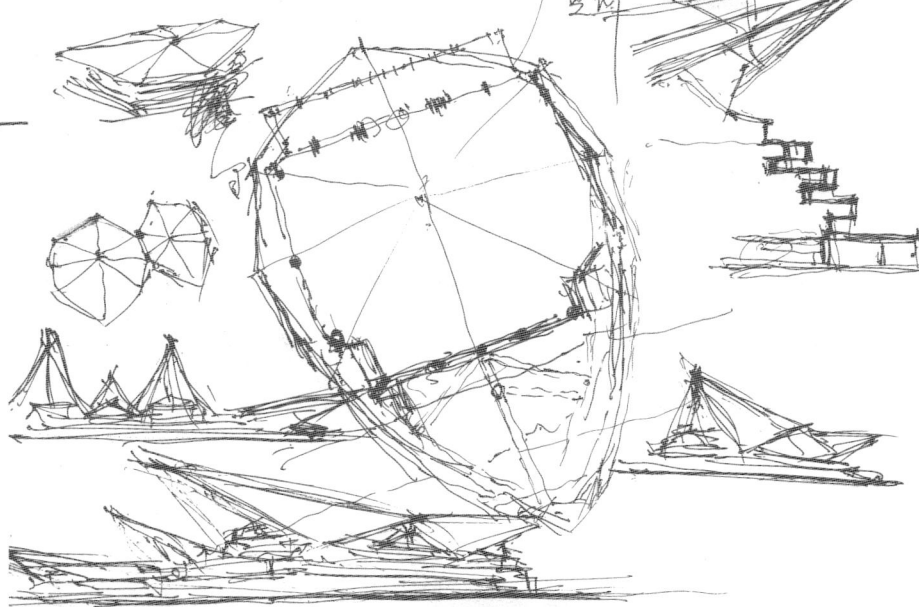

**下图**：场地区位
**对页**：总平面图

设计将五个主要功能场馆分立而设，整体朝向海面发散，底层由层层跌落的台基相连，使各单体功能流线既相互独立又有联系。同时，设计强调北侧市民广场与南侧滨海休闲文化广场的互动延伸，结合建筑围合而成的灰空间，使得室内外公共空间相互交融、渗透，将滨海的活力和景观充分地引入到整个场地之中。

1  大剧院
2  文化艺术中心
3  美术馆
4  图书馆
5  博物馆
6  商业
7  住宅
8  海洋游乐园
9  滨海休闲文化广场
10  观众台
11  水上剧场

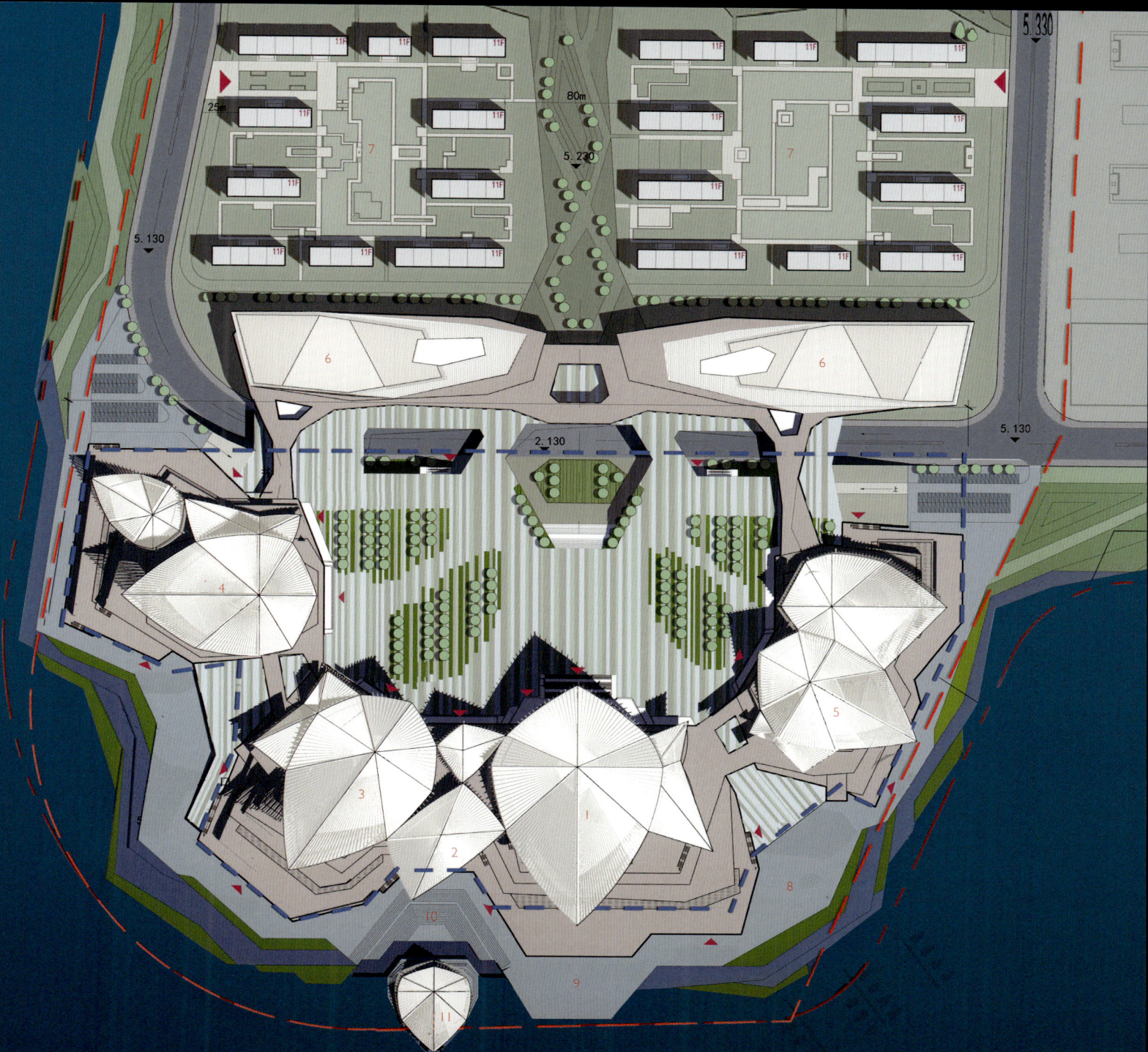

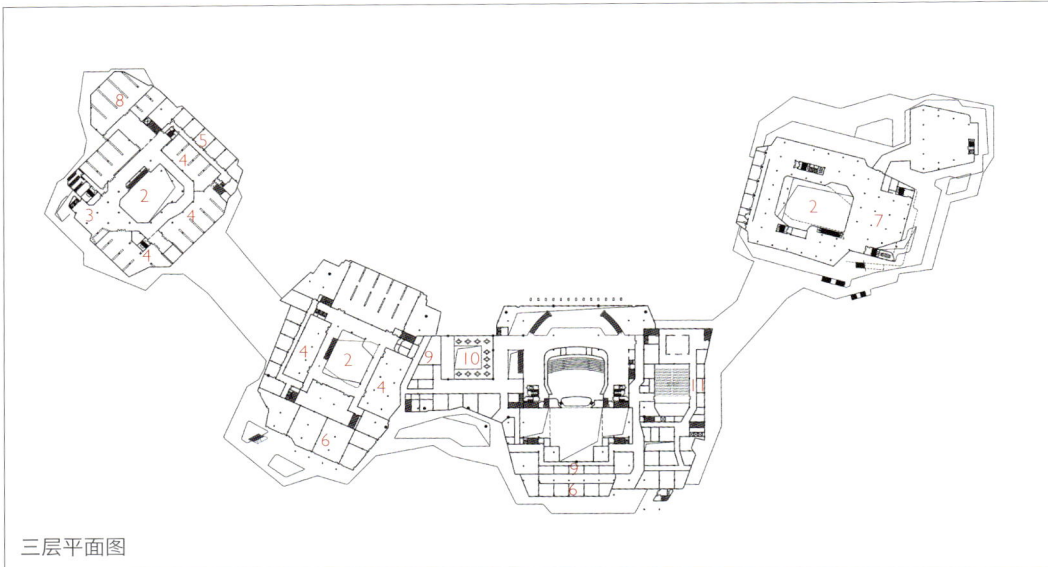

三层平面图

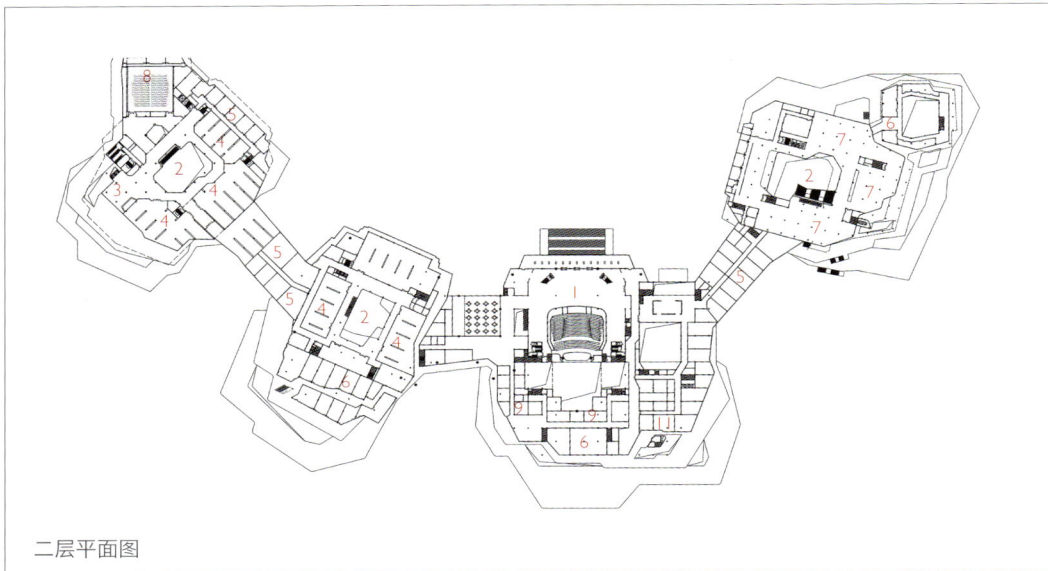

二层平面图

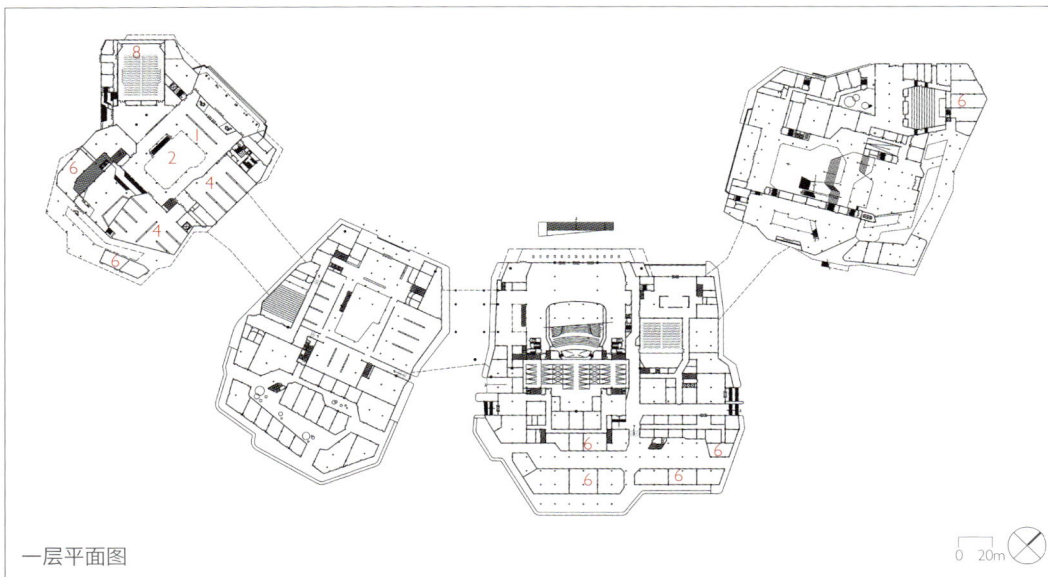

一层平面图

0  20m

1  门厅
2  中庭
3  休息厅
4  展厅
5  业务用户
6  商业
7  阅览室
8  报告厅
9  化装间
10  表演厅
11  培训用房

**下图及对页：**大剧院夜景

多层级的露台、下沉庭院与伞状的屋顶相互穿插渗透，为滨海游客提供了层次丰富的休闲空间，合理的交通组织将不同标高的平台串联起来，使得游客可以全方位多层次地欣赏海湾美景。

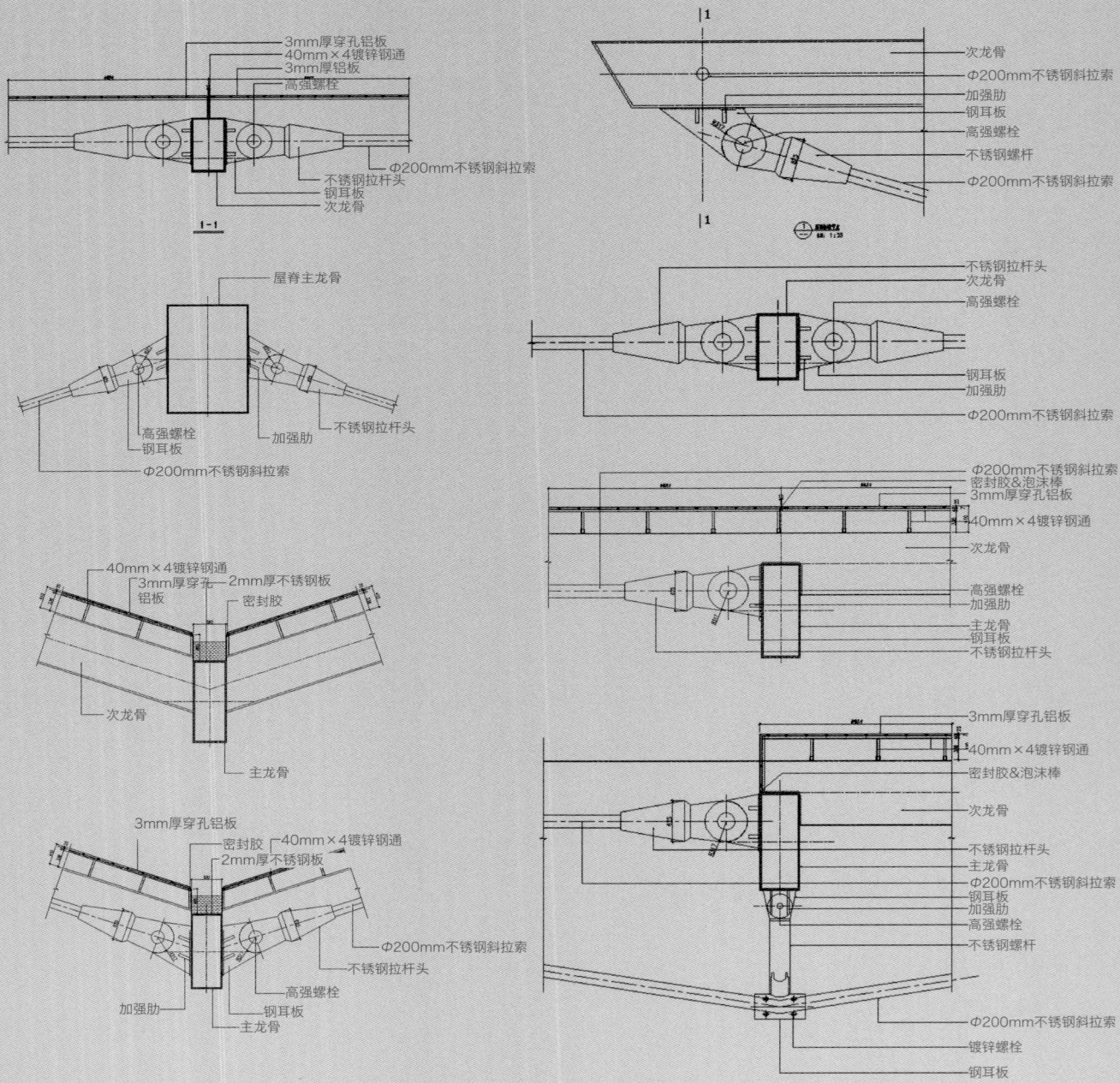

3mm厚穿孔铝板
40mm×4镀锌钢通
3mm厚铝板
高强螺栓

不锈钢拉杆头
钢耳板
次龙骨

Φ200mm不锈钢斜拉索

1-1

屋脊主龙骨

高强螺栓
钢耳板
加强肋
不锈钢拉杆头

Φ200mm不锈钢斜拉索

40mm×4镀锌钢通
3mm厚穿孔铝板
2mm厚不锈钢板
密封胶

次龙骨

主龙骨

3mm厚穿孔铝板
密封胶
40mm×4镀锌钢通
2mm厚不锈钢板

Φ200mm不锈钢斜拉索
不锈钢拉杆头
高强螺栓
钢耳板
主龙骨
加强肋

次龙骨
Φ200mm不锈钢斜拉索
加强肋
钢耳板
高强螺栓
不锈钢螺杆
Φ200mm不锈钢斜拉索

1
1
比例 1:30

不锈钢拉杆头
次龙骨
高强螺栓

钢耳板
加强肋
Φ200mm不锈钢斜拉索

Φ200mm不锈钢斜拉索
密封胶&泡沫棒
3mm厚穿孔铝板
40mm×4镀锌钢通

次龙骨

高强螺栓
加强肋
主龙骨
钢耳板
不锈钢拉杆头

3mm厚穿孔铝板
40mm×4镀锌钢通
密封胶&泡沫棒

次龙骨

不锈钢拉杆头
主龙骨
Φ200mm不锈钢斜拉索
钢耳板
加强肋
高强螺栓
不锈钢螺杆

Φ200mm不锈钢斜拉索
镀锌螺栓

钢耳板

设计细节

湛江曾有最大风力18级台风的记录，防风设计也是我们工作的要点。经过程序计算与三维模型假定，在满足风压要求的同时，最终确定了建筑构建体量、尺寸以及各屋面的起翘方式与坡度。

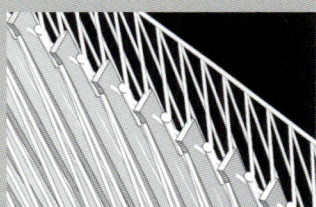

1 顶部屋架系统
2 主要结构杆件
3 次要结构杆件
4 外部围护结构
5 底部支撑杆件
6 外部围护结构

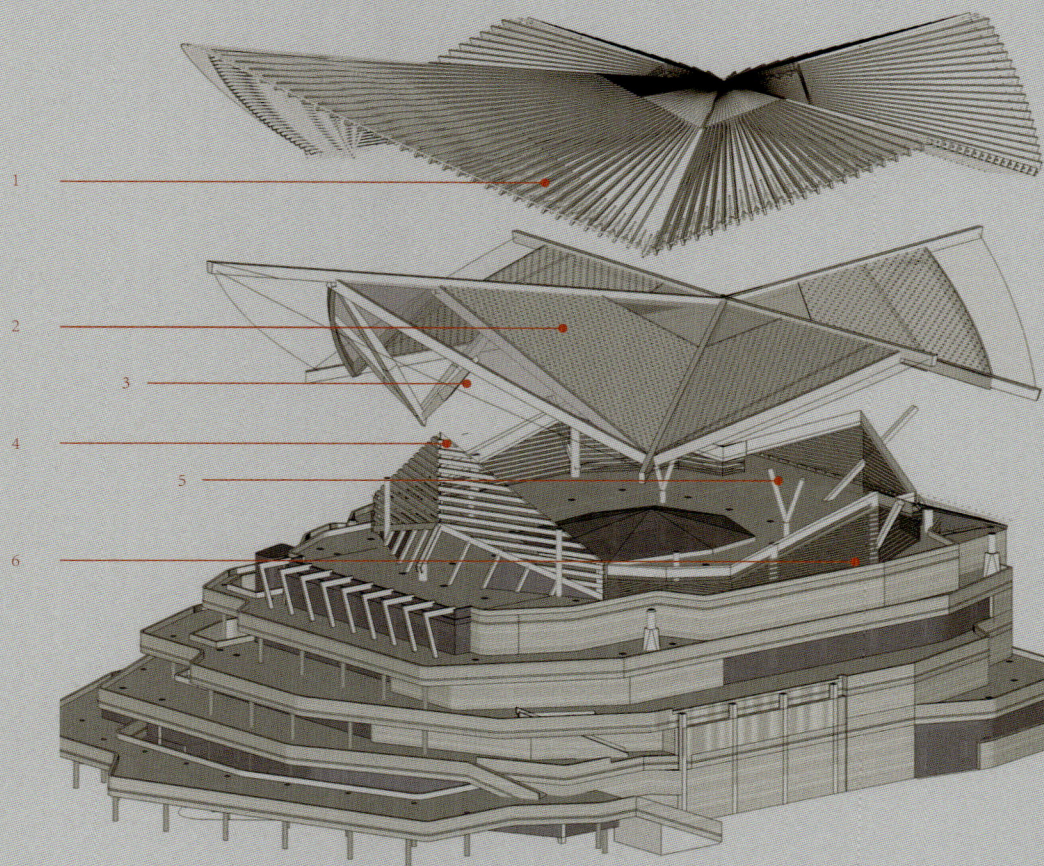

**下图：** 公共活动空间分析
**对页上左图：** 大屋面下的公共活动空间
**对页上右图：** 逐级跌落的活动平台
**对页下图：** 大剧院顶层的屋顶花园

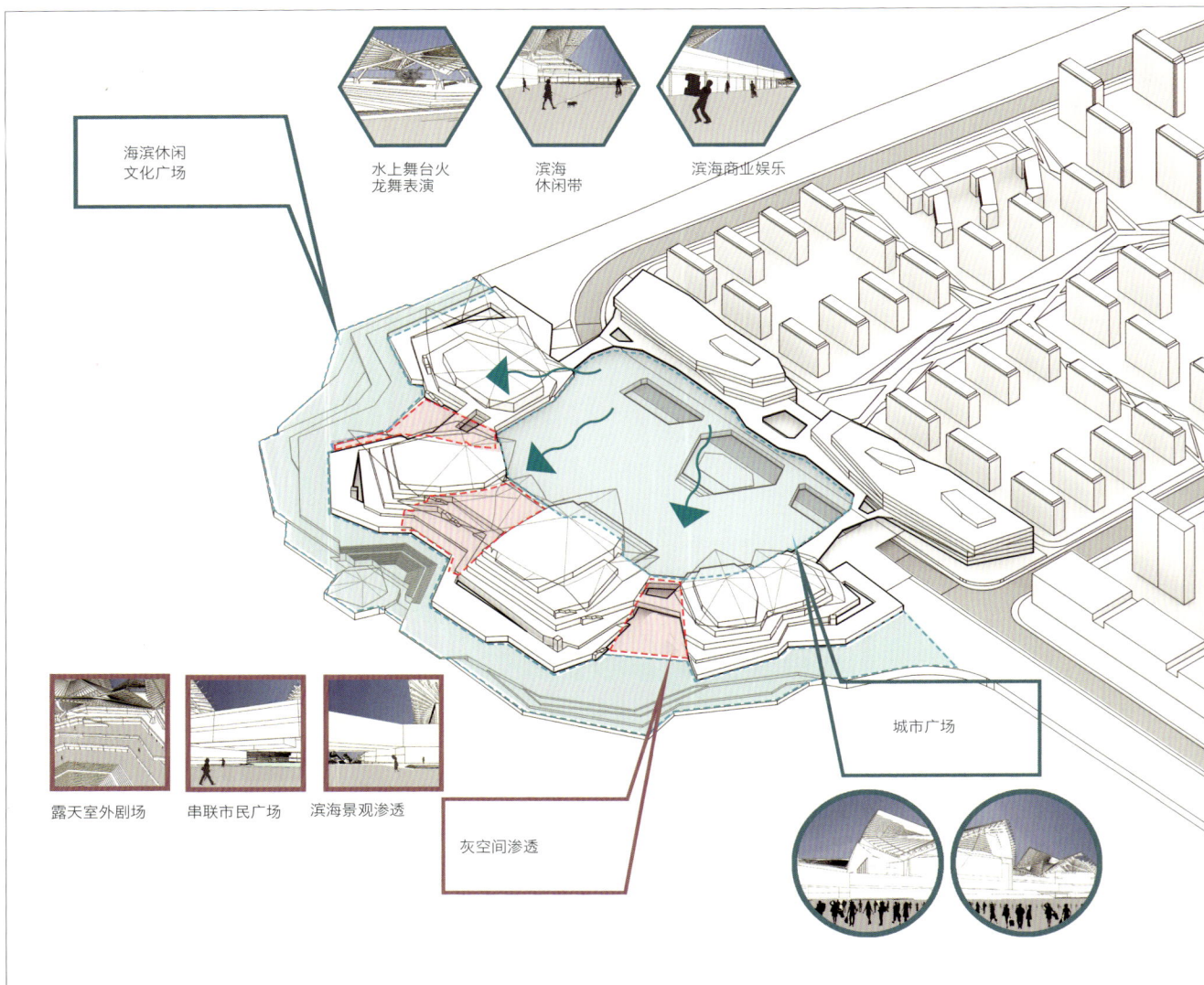

水上舞台火
龙舞表演

滨海
休闲带

滨海商业娱乐

海滨休闲
文化广场

城市广场

灰空间渗透

露天室外剧场　　串联市民广场　　滨海景观渗透

# 天津美术学院方案

**项目地点**／中国·天津
**项目规模**／200000 平方米（保留建筑 100000 平方米）
**合作设计**／周旭宏、郑庆丰、邱杰、杨嘉、余新民、藤超
**项目时间**／2015 年参加国际投标 / 未定

　　天津美术学院项目包括校区扩建规划及单体建筑设计两个部分。我们秉持着"包容开放、中西交融、与时俱进"的天津城市精神，以"行走城市"为设计理念，希望在延续天津城市传统风貌并完成新旧美院间的空间过渡的同时，调整沿海河城市天际线，更新沿岸城市空间，使新的城市空间变得有机整体、富有活力。

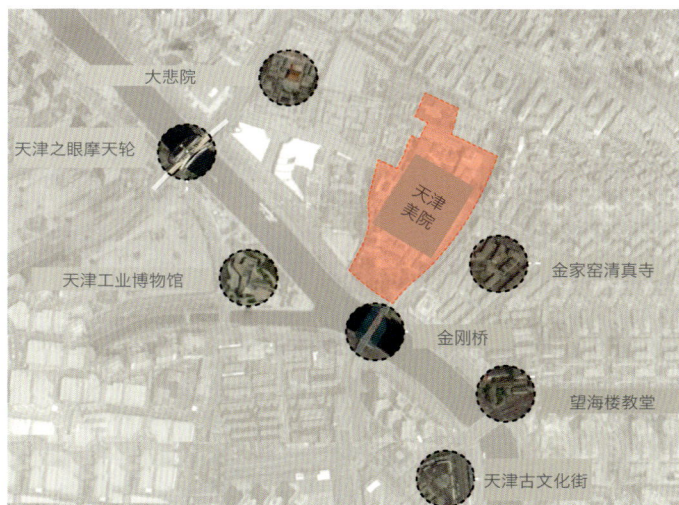

**左图**：周边文化节点分析
**对页**：鸟瞰图

**下图：**总平面图
**对页：**沿海河建筑天际线

区别于传统校园规划"高度低、面积大"的平铺模式，设计充分考虑建筑的高低关系和沿河城市天际线，将主要的教学、行政、办公等功能整合于几个高大体量建筑，错落有致地镶嵌在沿海河的城市空间之中，丰富了河北岸城市空间形态，完善了沿河建筑天际线。

1  报告厅
2  教学楼
3  共享实验楼
4  学生活动中心
5  美术馆

**下图：** 绿坡与城市公共空间融为一体
**对页：** "海河畔的美院"草图

设计将新校区抬升一层，形成一片连续屋顶平台与海河边的绿坡相连，完成城市空间到校园空间的无缝衔接。市民可以从海河边经由绿坡走上台地，并在此休憩，眺览海河，强化了建筑的开放性与整体性。

# 青岛（红岛）铁路客站

**项目地点**／中国·山东·青岛
**项目规模**／407380 平方米
**合作单位**／铁道第三勘察设计院集团有限公司
**合作设计**／于晨，金智洋，郭磊，严彦舟，戚东炳，江畅，刘辛，
　　　　　　孙铭，方炀，李嘉蓉，江钗，蒋美锋
**项目时间**／2016 年设计 / 设计深化中

　　青岛（红岛）铁路客站是济青高铁与青连铁路的始发站，未来将有四条线路通过，成为山东省东部的铁路枢纽。

　　此次设计的愿景是：

　　利用站房的地下通廊、高架步道、铁路上盖商业中心的立体空间系统，将站房南北广场衔接，"缝合"因铁路而割裂的城市空间；

　　将各个交通的换乘地点整合在一个交通枢纽里，实现"零换乘"；

　　打造以高铁站房为主体的城市大型综合体；

　　通过对周边建筑高度的控制以及空间轴线的塑造，让旅客饱览胶州湾美丽的海洋风光；

　　以海浪为造型意象，表达滨海城市的气质特征。

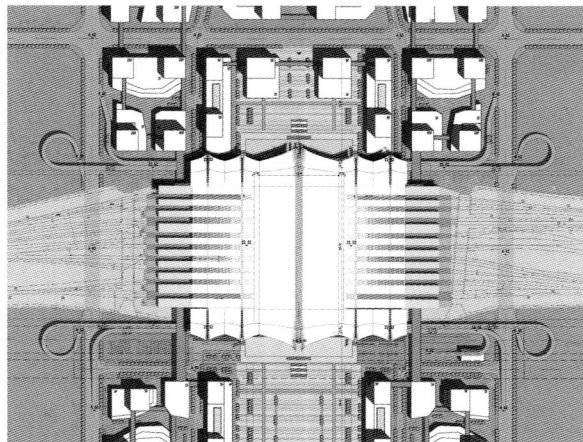

0　100m

**左图：** 总平面图
**对页：** 入口透视图

**下图：**设计草图——"梦由浪花，幻若飞檐"
**对页：**草图

**上图：** 流线分析
**中图：** 缝合城市
**下图：** 商业整合
**对页上图：** 区位分析
**对页下图：** 主立面

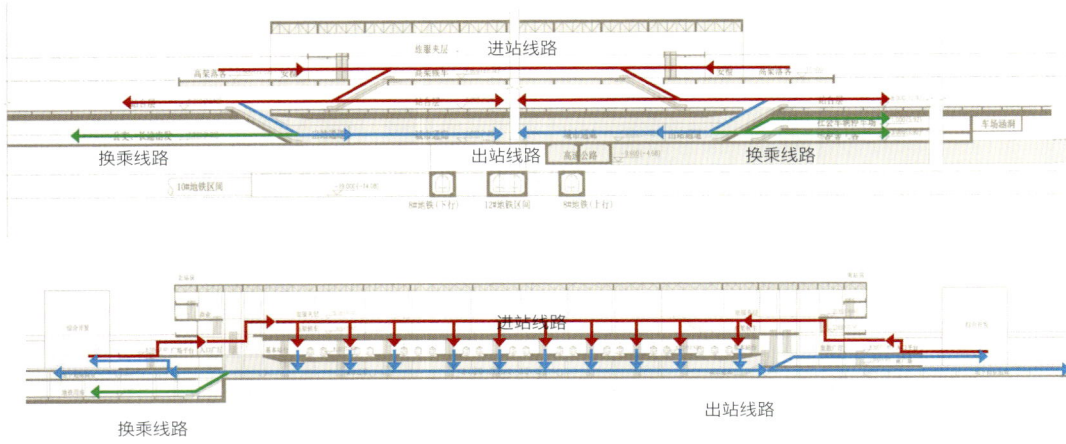

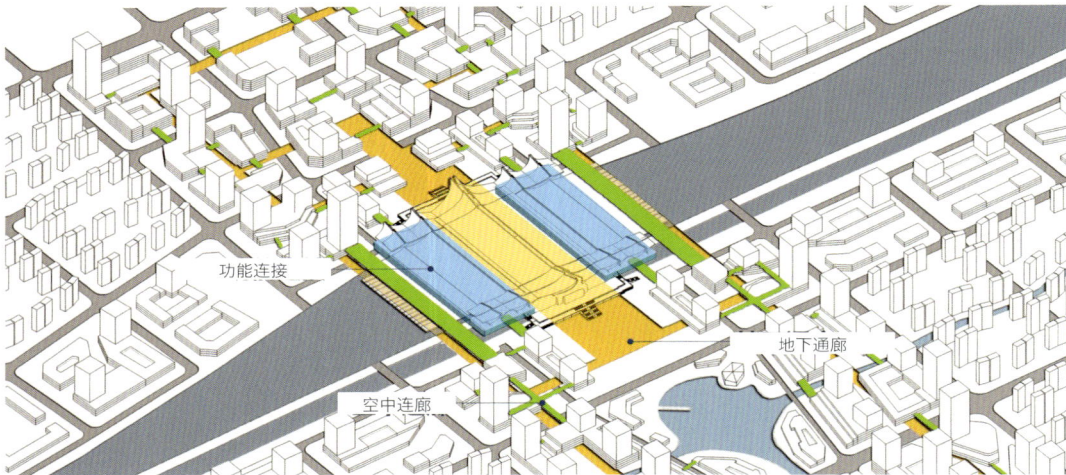

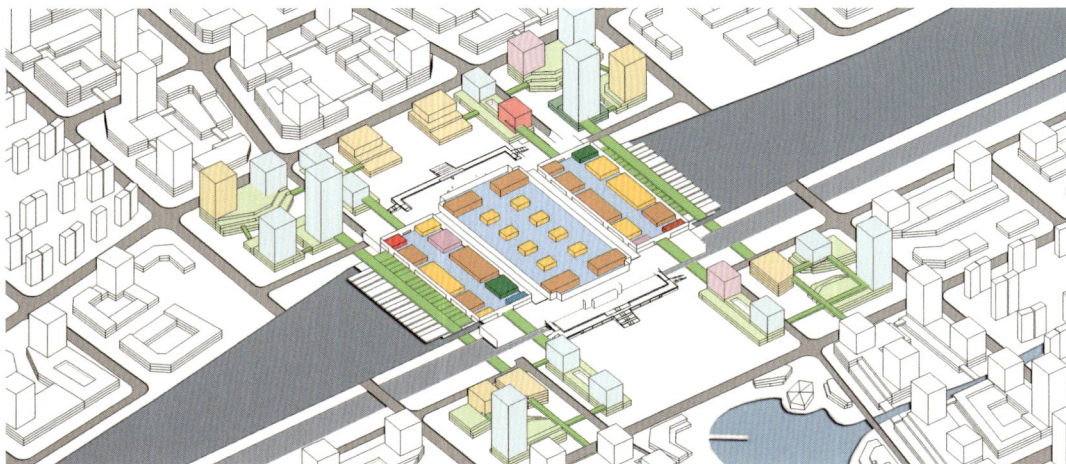

建成后的青岛（红岛）铁路客站将以复合完善的功能、大气舒展的造型，展现"城站一体"的现代化高铁站新形象。

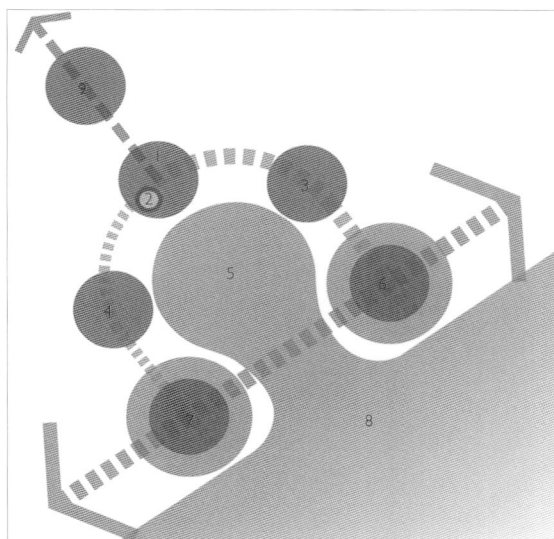

1 红岛新区
2 红岛站
3 城阳城区
4 滨海新城
5 胶州湾
6 东岸都心
7 西岸都心
8 黄海
9 空港新城

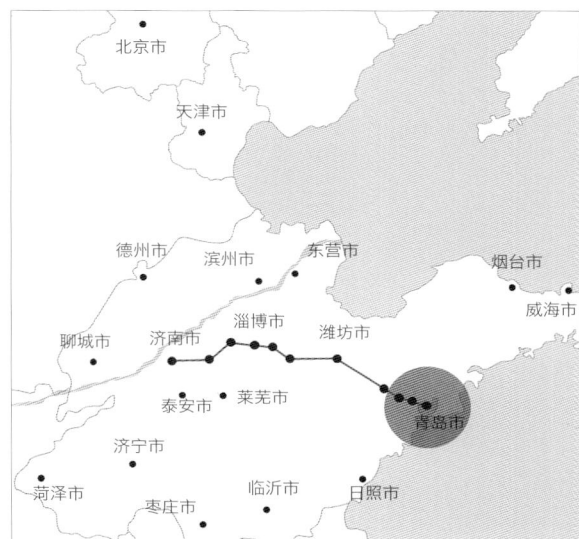

1 地铁入口
2 出租车上客区
3 公交发车区
4 社会车辆停放
5 集散广厅
6 商业开发

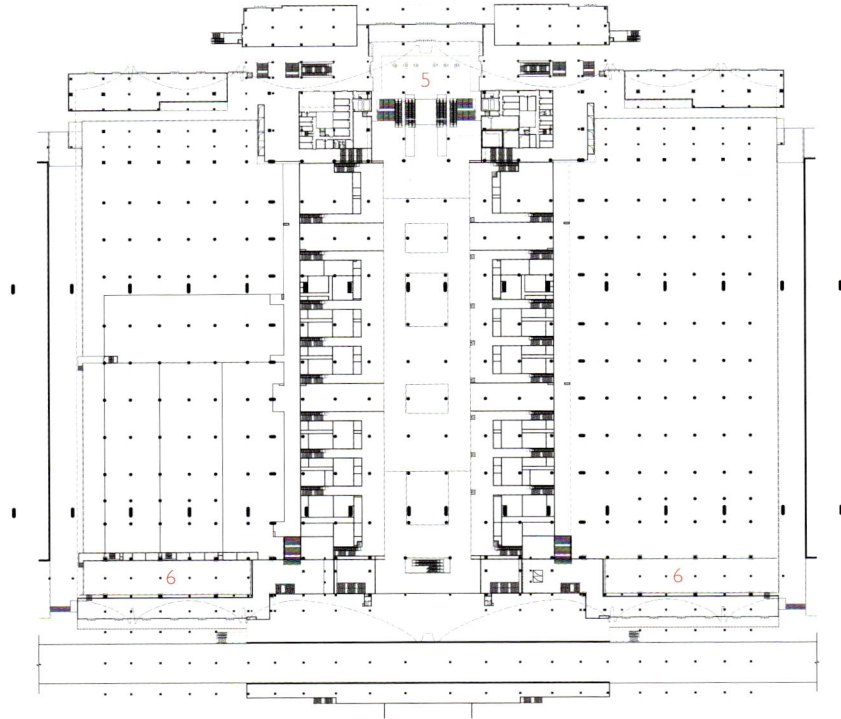

-7米平面图

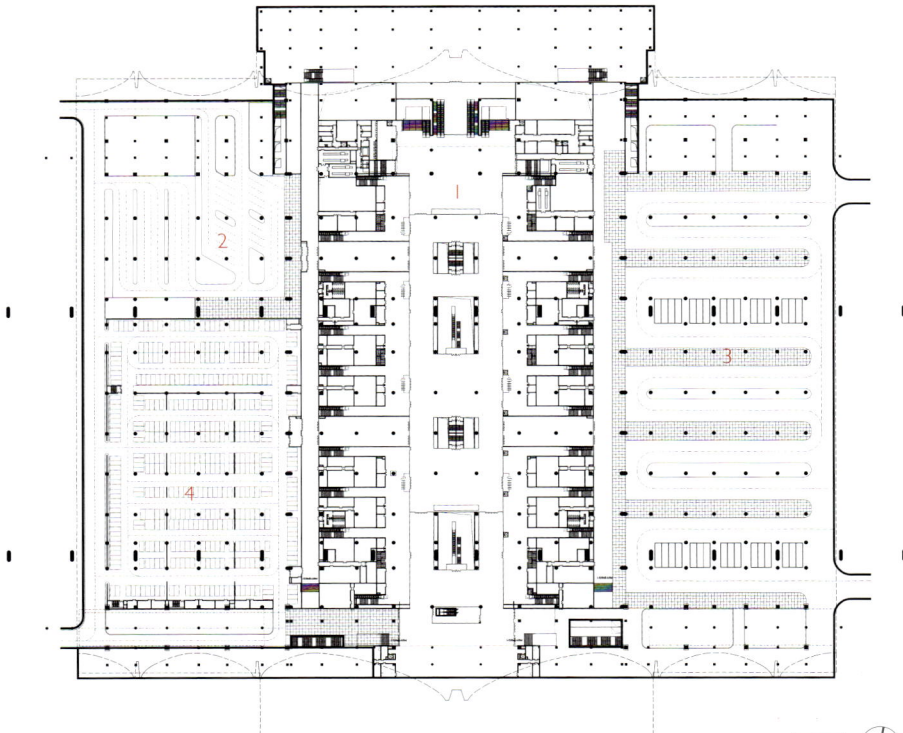

-12米平面图

0　25m

**下图：** 站内透视图
**对页：** 候车大厅透视图

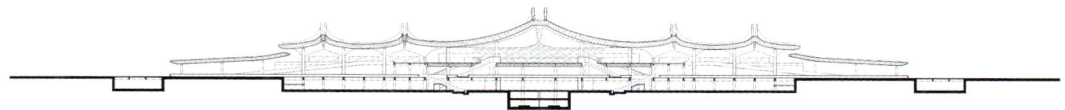

剖面图

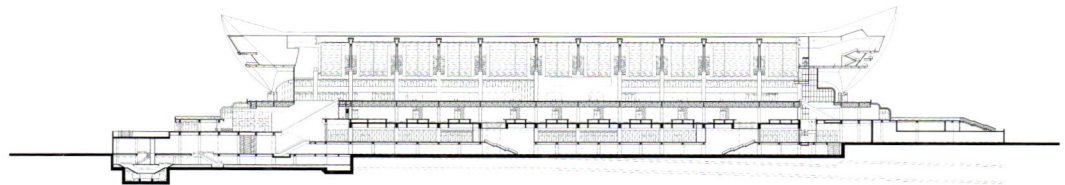

剖面图

0    10m

# 南京美术馆新馆

**项目地点**／中国·江苏·南京
**项目规模**／84624 平方米
**合作设计**／王大鹏、柴敬、刘翔华、汪毅、蒋美锋、毛磊、肖华杰、
　　　　　　孟祥健
**项目时间**／国际设计竞赛中标，设计深化中

　　南京市美术馆新馆位于国家级江北新区商业核心区，北望老山，
南眺长江，是江北地区青龙绿带上的一颗璀璨明珠。

　　打破传统"艺术殿堂"的高冷形象，强调功能复合，加强美术馆
的开放性，是当代文博类建筑的发展趋势。本设计充分考虑这一特
点，打造了一个能吸引广大市民的充满活力的公共空间。

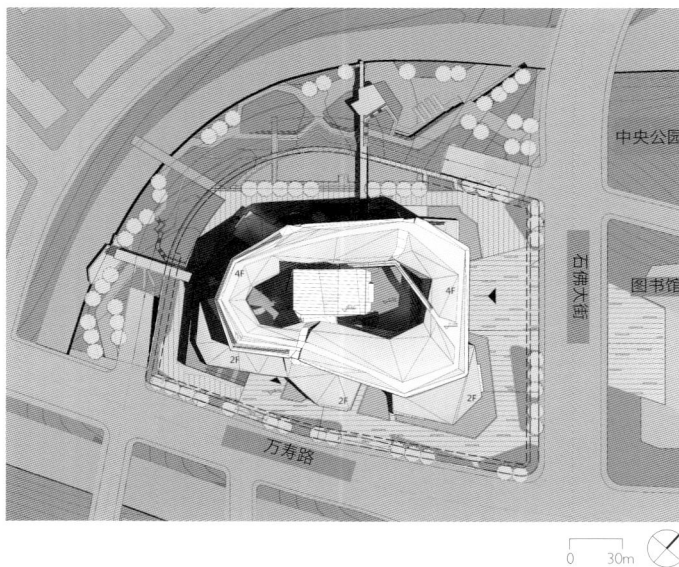

**左图：**总平面图
**对页：**鸟瞰图

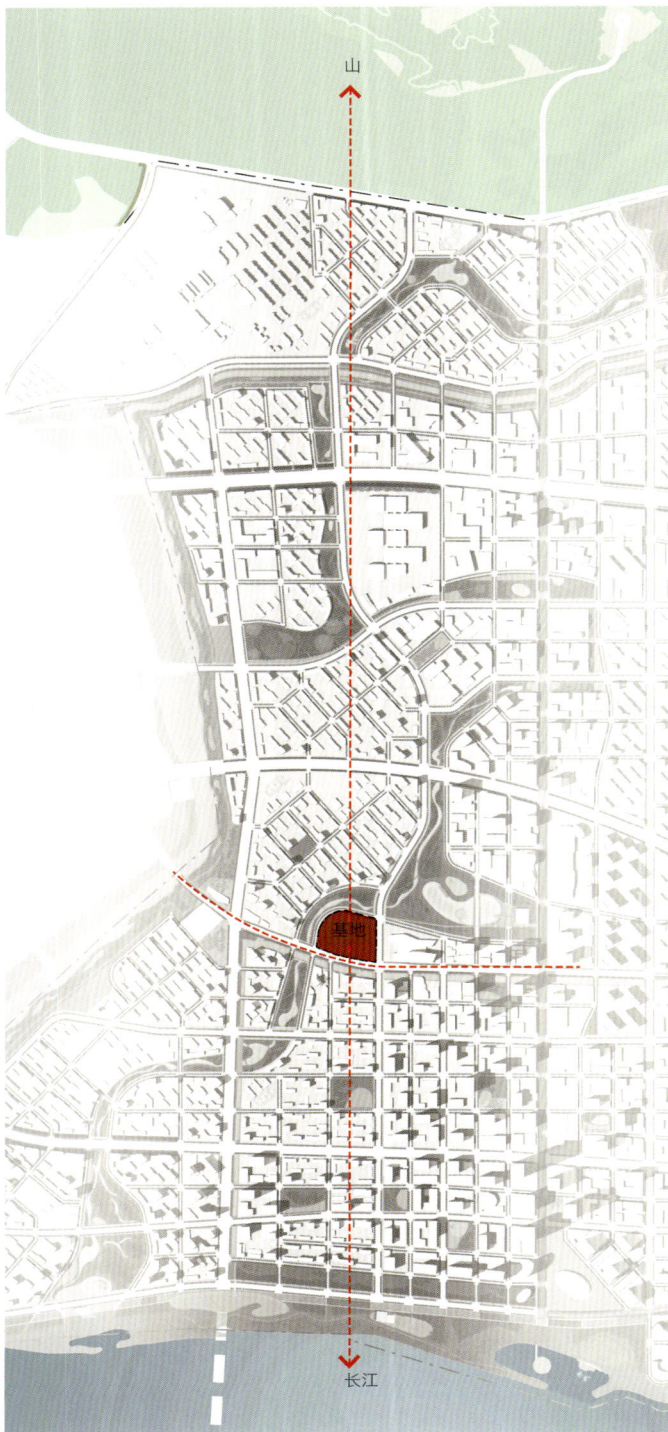

设计中，美术馆距基座18米架空，最大限度地引入了自然山水与城市景观，建筑成为全方位对外开放的立体园林。这一立体园林与以水墨画为意象的中央大厅的彩釉玻璃外墙，准确地表达了美术馆的艺术形象，更体现了一种"中国调性"。

山

基地

长江

中央花园

基地

绿龙绿化带

丁山街新区中轴线

基地

南绿化带景观轴

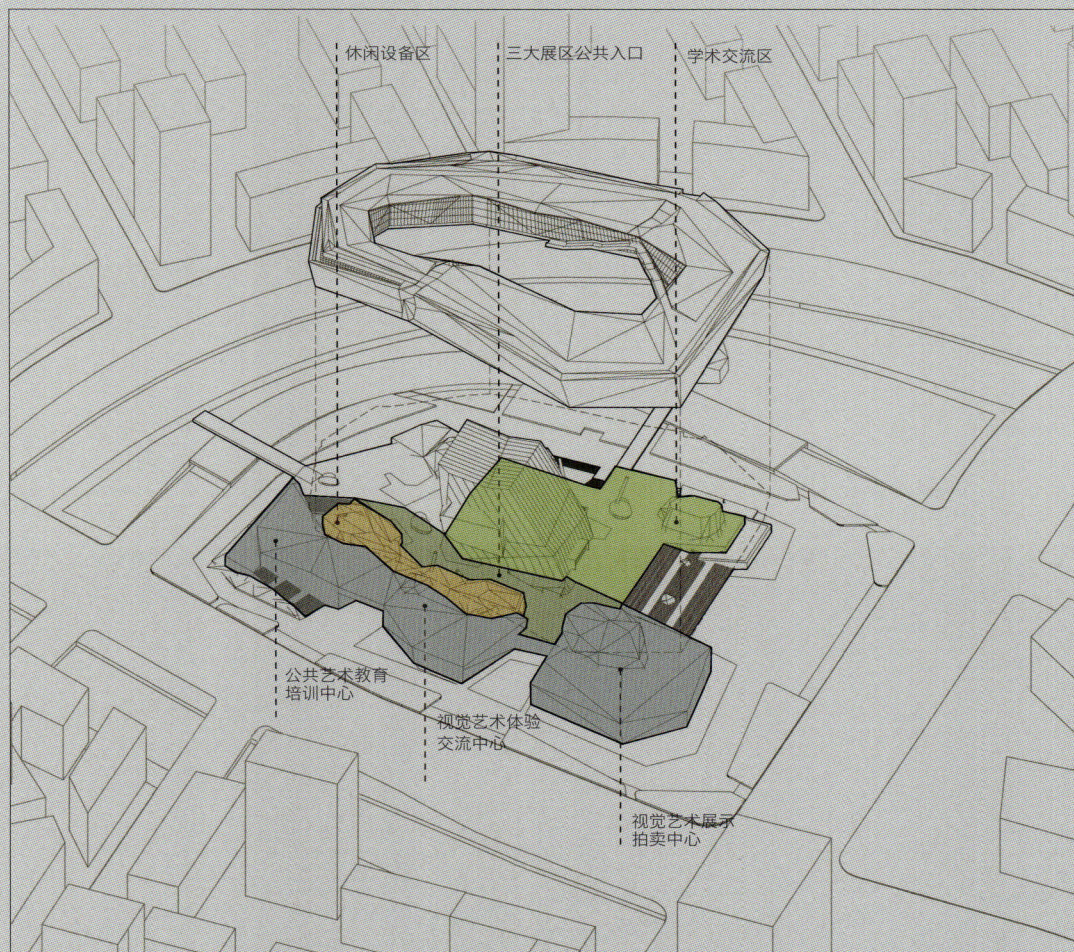

休闲设备区　三大展区公共入口　学术交流区

公共艺术教育
培训中心

视览艺术体验
交流中心

视览艺术展示
拍卖中心

**下图：**根系金陵传统，面向江北未来，打造中国现代
建筑新形象
**对页：**向绿地水面开放，与城市中轴连接，融入环境，
点亮城市

白绿地水面开放
与城市中轴连接
融入环境
点亮城市

上图：夜景透视图
右图：2-2剖面图
对页下图：1-1剖面图

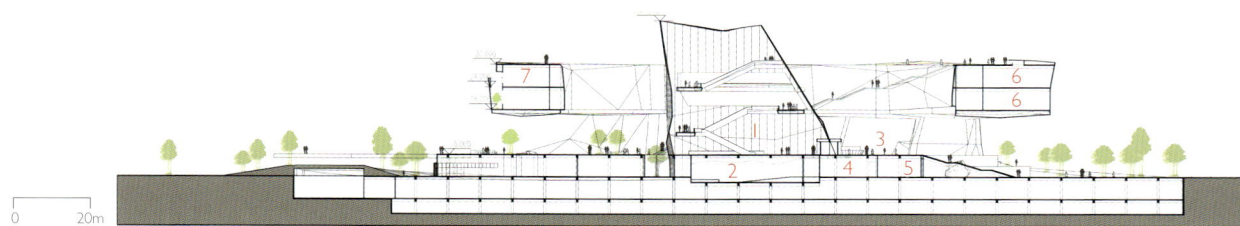

0    20m

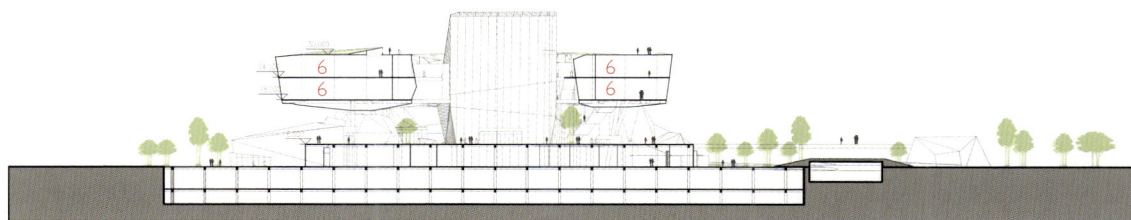

1 中央大厅
2 美术馆
3 画家工作室及办公室
4 视觉艺术展示拍卖中心
5 视觉艺术体验交流中心
6 公共艺术教育培训中心
7 二层开放共享平台

一层平面图

0　20m

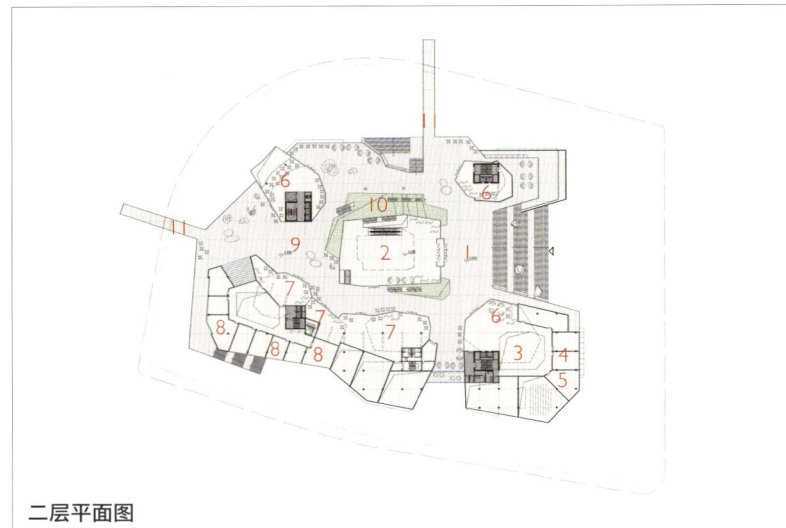

二层平面图

| | | | |
|---|---|---|---|
| 1 门厅 | 6 视觉艺术展示拍卖中心 | 11 餐厅 | |
| 2 教育培训中心 | 7 拍卖厅 | 12 教室 | |
| 3 商店 | 8 报告厅 | 13 库房 | |
| 4 视觉艺术体验交流中心 | 9 会议室 | 14 下沉广场 | |
| 5 展厅 | 10 门厅 | | |

| | |
|---|---|
| 1 主入口 | 7 美术馆商业 |
| 2 中央大厅 | 8 培训教室 |
| 3 视觉艺术展示拍卖中心 | 9 共享平台 |
| 4 办公室 | 10 下沉广场上空 |
| 5 库房 | 11 景观廊桥 |
| 6 休闲吧 | |

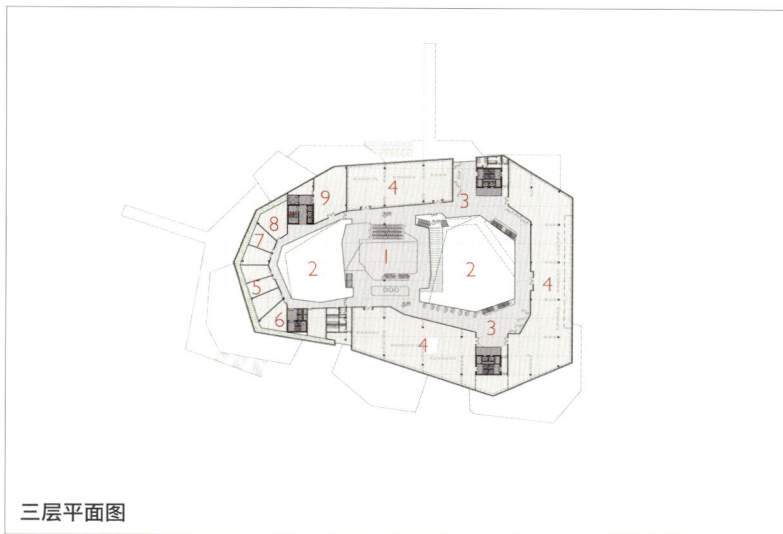

**三层平面图**

| | | | |
|---|---|---|---|
| 1 | 中央大厅上空 | 6 | 馆长室 |
| 2 | 上空 | 7 | 会议室 |
| 3 | 公共展廊 | 8 | 接待室 |
| 4 | 展厅 | 9 | 库房 |
| 5 | 办公室 | | |

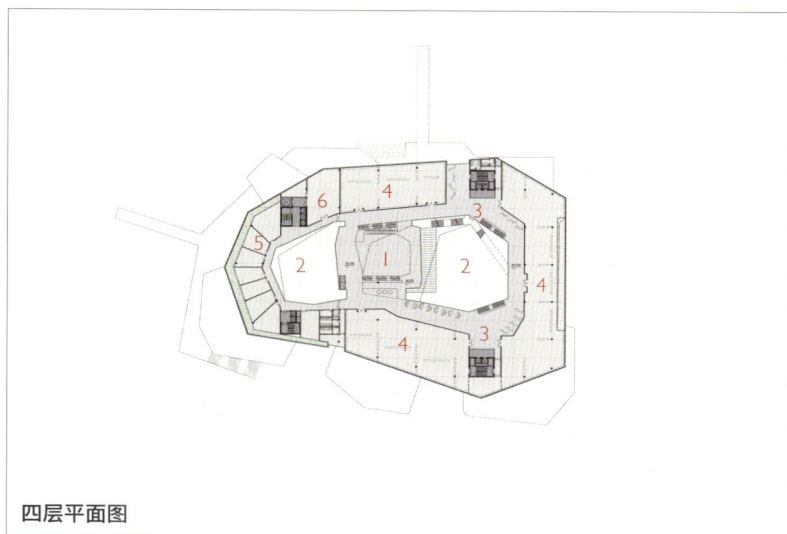

**四层平面图**

| | | | |
|---|---|---|---|
| 1 | 中央大厅上空 | 4 | 展厅 |
| 2 | 上空 | 5 | 画家工作室 |
| 3 | 公共展廊 | 6 | 库房 |

**上图：** 休闲平台
**下图：** 商业空间
**对页上图：** 观景平台
**对页下图：** 入口广场

散落布置在高架平台及下沉小广场中的文化休闲与商业服务设施，为观众和市民在此停留休憩创造了条件。功能复合，使美术馆具有更大的吸引力。

**下图：**艺术殿堂与市民的文化生活紧密相连，方能引爆
城市客厅的活力
**对页：**入口大厅透视图

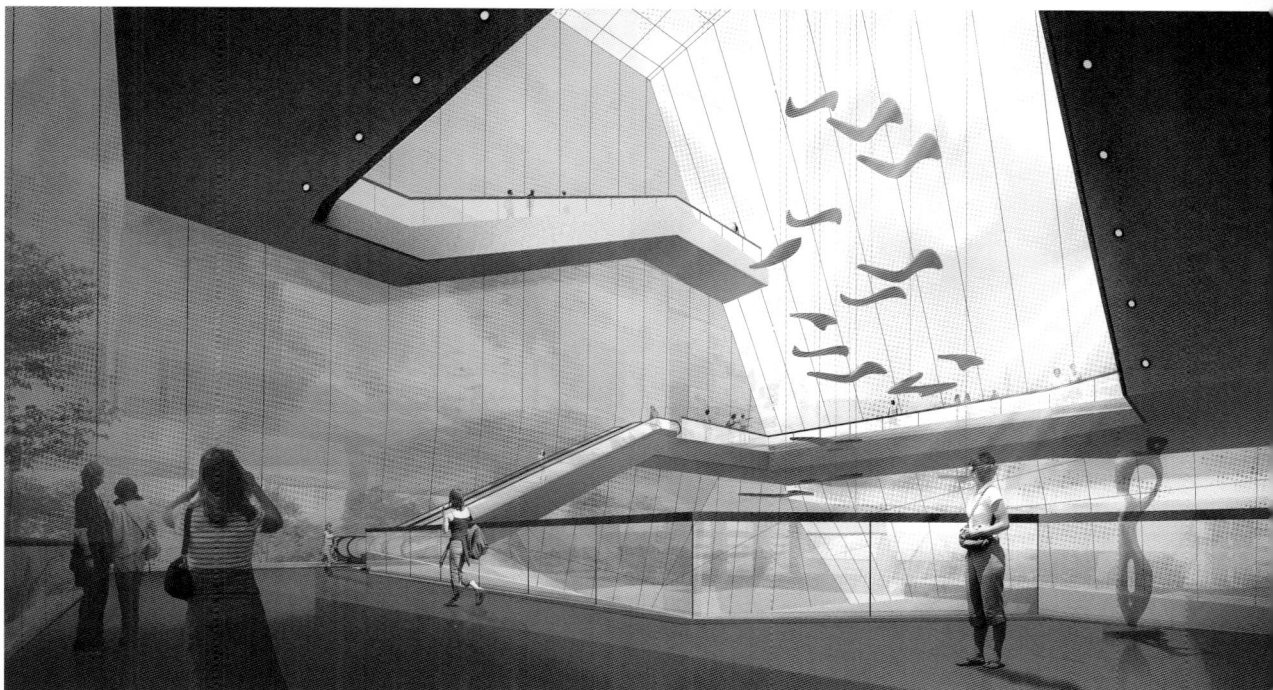

意境 · 建筑创作的情感表达

"意境"，是一种东方的审美特征和美学观念，它聚焦于人，关注包括建筑在内的外部世界对内心的冲击、感受与体验。相较于西方美学以视觉体验为中心的语言和形式表达，东方美学则致力于"情境交融"的意境营造，追求"情境合一"的审美理想。

　　意境营造重在对意象的捕捉。对于人的思维活动而言，意象是基于素养和经验认知的片段闪现，它介于有形与无形之间，"恍兮惚兮，其中有象；恍兮惚兮，其中有物"[1]，这种恍惚与模糊意象的产生，常源自非理性的"通感"、直觉、潜意识等具有创造性的思维活动。

　　"意境"是一种不同于形式、语言的审美层次。意境美比语言美具有更深刻、更持久的艺术感染力。在追求"视觉刺激、景观化、图象化"艺术思潮泛滥的当下，我们提出研究，并在创作实践中探寻"意境"这一东方式的审美特征，有着非常积极的意义。

1 老子《道德经》

# 建川博物馆·战俘馆

**项目地点**／中国·四川·安仁
**项目规模**／1000 平方米
**合作设计**／郑茂恩、胡洋
**项目时间**／2003 年设计，2006 年竣工

　　建川博物馆聚落共有抗战、民俗、红色年代等主题分馆30余座，分别邀请了国内外多位建筑师进行设计。战俘馆位于博物馆聚落群南端，是世界唯一以战俘为主题的独立博物馆。

　　在"语言"运用上，我们争取做到"无今无古、无中无外、能入能出、能放能收"。设计借鉴自然山石在外力作用下产生皱褶、绽裂，却仍然保持方正锋锐的形态，以隐喻战俘不屈的坚贞品格。

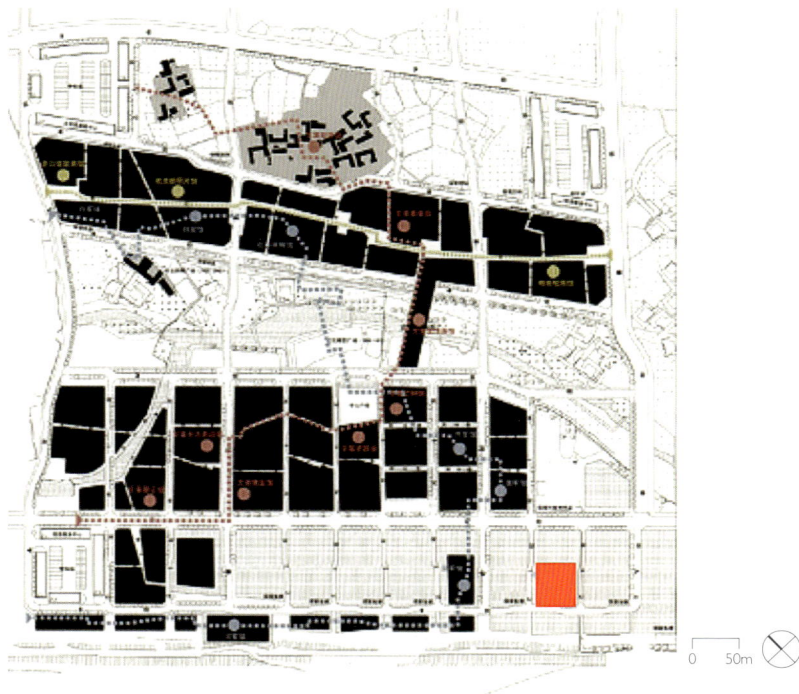

0　50m

**左图：**项目位置
**对页：**鸟瞰图

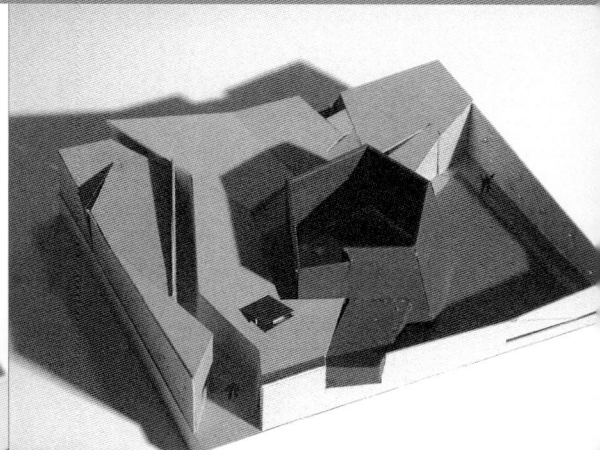

**下图：**项目模型
**对页：**主入口实景图

但仅有形式是不够的，作为建筑师，我希望调用一切有形、无形的手段来营造更有艺术感染力的意境和氛围。40米×34米的长方形平面被不规则切割为实体展厅和虚体水院两个部分，其间以有墙无顶的放风院过渡。高墙夹峙的入口通道、迂回曲折的展览流线、扭曲的展室空间、不加修饰的混凝土墙面、压抑的光环境……这一切与陈列照片相结合，营造出沉重、压抑的意境与氛围，令不少游览者动情泪下。

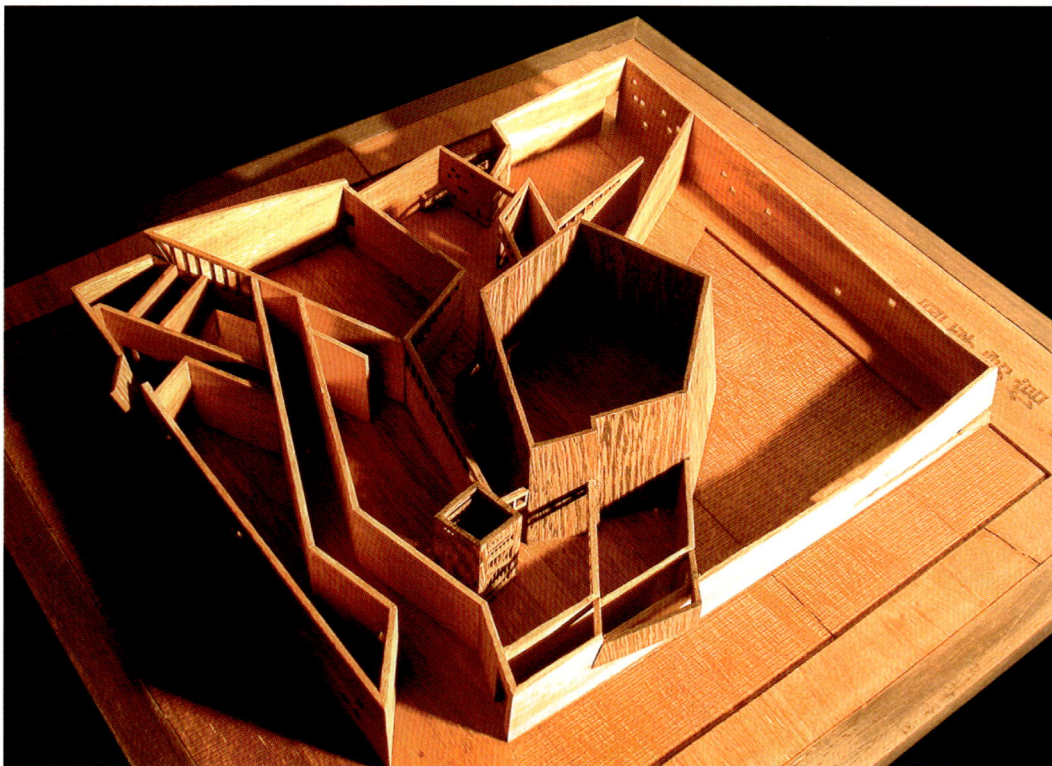

右下图由上至下依次为：东立面图；南立面图；西立面图；北立面图

一层平面图
1 入口
2 大厅
3 办公室
4 展览室
5 囚室
6 放风院
7 水院

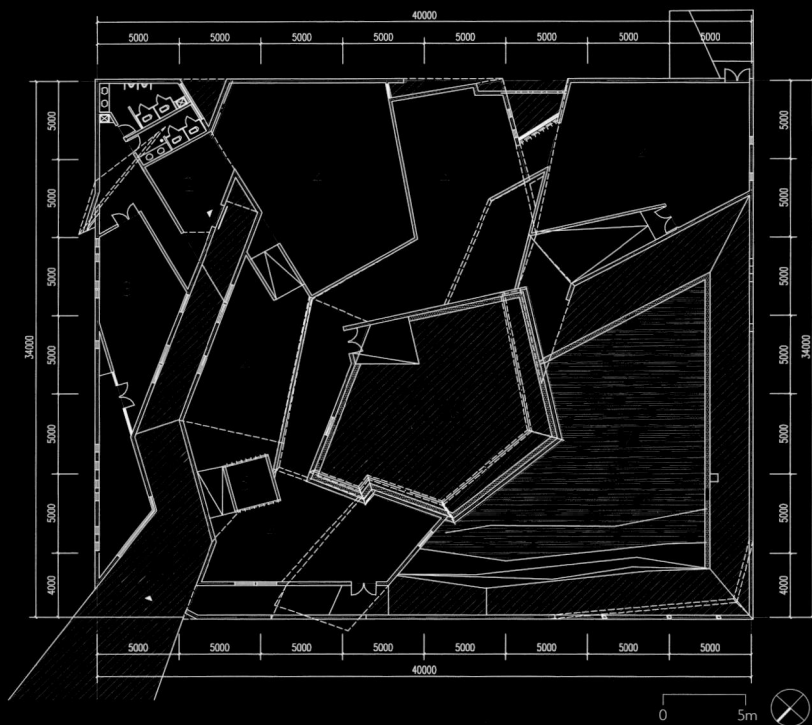

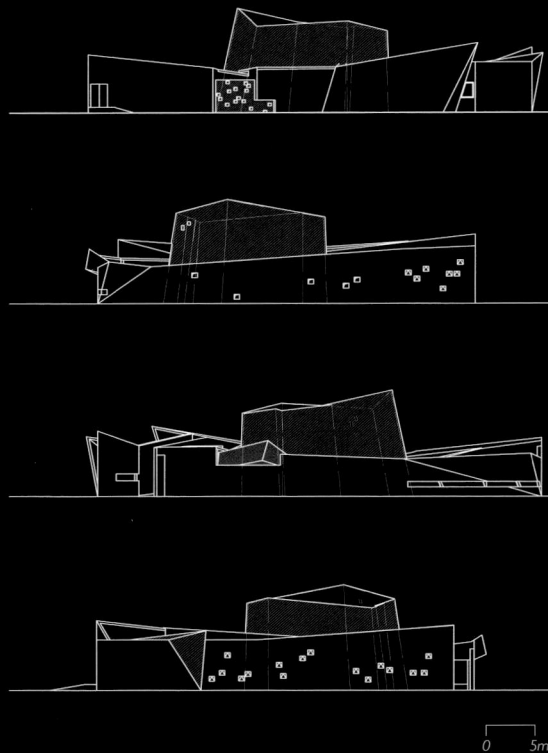

**下图：** 昏暗的灯光与粗糙的墙面
**对页：** 展厅内景

被捕抗日女兵的
现在您的眼前，您会

The Ro
When the heroic bearin
women soldiers are u
thinking of?

**下图及对页：** 仅有天光的"放风院"

# 弘一大师纪念馆

**项目地点**／中国·浙江·平湖
**项目规模**／2800 平方米
**合作设计**／梁擎天、邱文晓
**项目时间**／2001 年设计，2004 年竣工

弘一大师纪念馆位于浙江省平湖市东湖风景区内。基地三面临水，纪念馆突出岛外，成为整个东湖风景区的中心。

李叔同在文学艺术领域造诣深厚，于中年遁入空门，法号"弘一"。他辛苦修持，受到人们的广泛崇敬，世称"弘一大师"，在我国及日本、东南亚有较大影响。当地领导希望突出他特定的佛教文化背景，打造一张"城市名片"。设计采用了隐喻的手法，用"水上清莲"的建筑造型传递佛教文化特点，并体现大师的人格与精神，给人以深刻的印象。

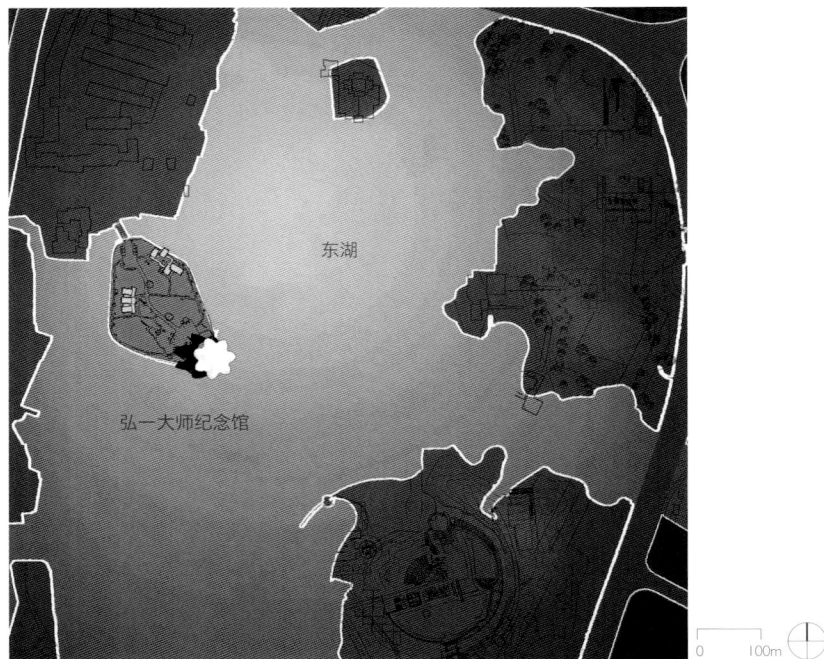

东湖

弘一大师纪念馆

0　　100m

**左图**：场地位置
**对页**：建筑全景
——出水清莲

**对页：从公园方向看建筑**

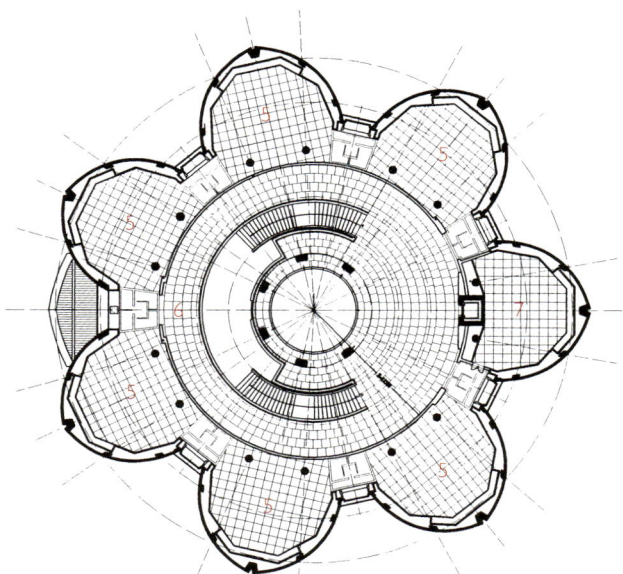

二层平面图

0　　10m

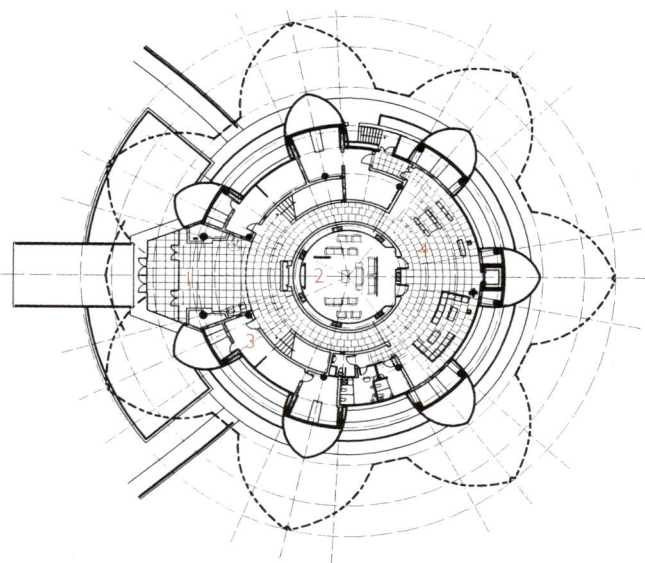

一层平面图

| | | | |
|---|---|---|---|
| 1 | 展厅 | 5 | 展厅 |
| 2 | 影视厅 | 6 | 环廊 |
| 3 | 管理用房 | 7 | 真迹室 |
| 4 | 休息厅 | | |

这朵"水上清莲"的建筑与环境尺度是我们研究的要点，体形过大将影响整体环境，过小则似小品而不似建筑。因此，纪念馆莲花造型的外径长度与高度设置，考虑到与基地内树木的树冠高度及周围用地环境尺度的相互关系。最终，"水上清莲"与郁郁葱葱的树林相互映衬，有很好的景观效果。

晚风拂柳笛声残
夕阳山外山
李叔同·送别

下图：晚风拂柳笛声残，夕阳山外山。——李叔同
对页下图：问余何适，廓而忘言。华枝春满，天心月圆。——弘一大师

剖面图

北立面图

0    10m

左图：从入口处看东湖
对页：主入口

下图：大厅内景
对页：环形展廊

下图：展厅
对页：穹顶

# 绍兴鲁迅纪念馆

**项目地点**／中国·浙江·绍兴
**项目规模**／5495 平方米
**合作设计**／王峰、邱文晓、戴晓玲
**项目时间**／2002 年设计，2004 年竣工

　　绍兴鲁迅纪念馆位于浙江省绍兴市鲁迅故里，与鲁迅故居、三味书屋相邻而建。

　　纪念馆空间参照当地传统的"台门"——前院+建筑院落+后部水院——的总体布局方式。但通过旋转、错位以及将建筑化整为零，并以通廊相连接的手法，塑造了一系列不同特点的空间，实现传统与现代的融合。"老台门、新空间"，给人以新的审美感受。

　　上位规划要求纪念馆建筑风格与鲁迅故里传统建筑完全统一，但我们希望，在21世纪建造的鲁迅纪念馆不仅在功能上，而且在语言风格上也能体现相应的时代特征。我们一反传统的设计方法，将看似矛盾的传统与现代两种建筑语言"混杂"运用，共同营建充满传统意味的建筑形象。"老房子、新感觉"成为纪念馆建筑的一大特色。

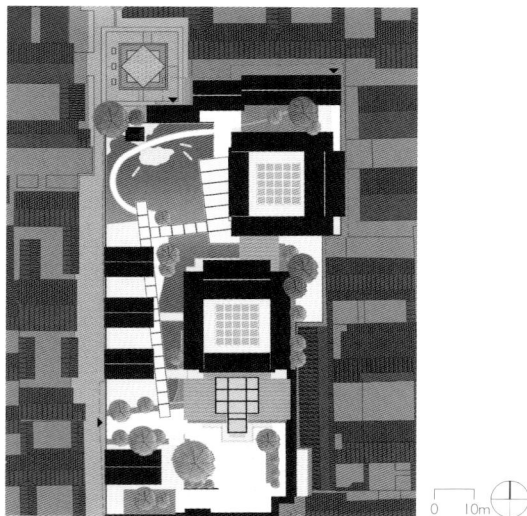

0　10m

**左图**：总平面图
**对页**：白墙黑瓦

对页：鸟瞰

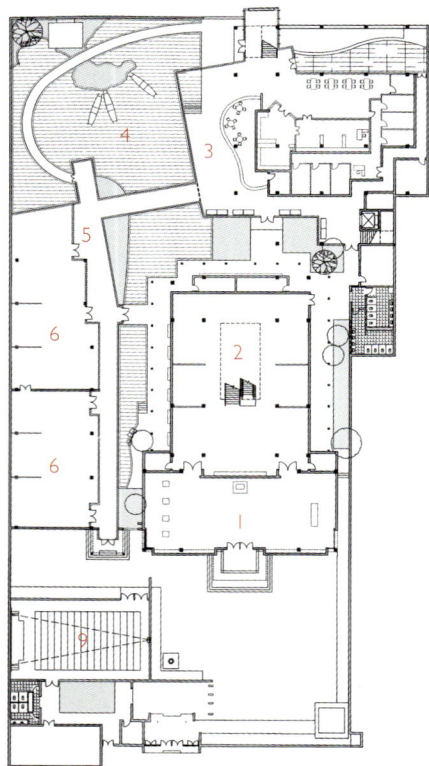

一层平面图　　　0　　　10m

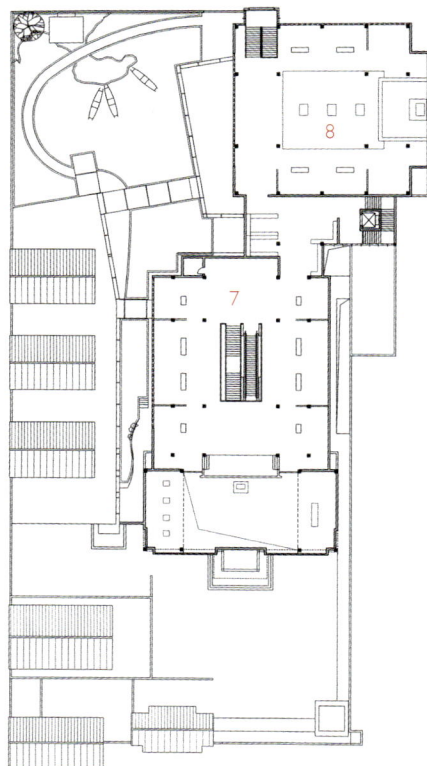

二层平面图

1　序厅
2　展厅
3　休息厅
4　水院
5　展廊
6　辅助展厅
7　主展厅
8　民族魂专题展厅
9　演讲厅

5000多片从旧建筑拆下来的瓦片被再次用于建筑二层屋顶，但"台门"以内的一层建筑全部采用现代材料。通过色彩和细部的推敲，使传统与现代的建筑语言得到高度融合，毫无违和感。

**下图：** 连续水院
**对页：** 展廊与水院

**下图及对页：**现代的玻璃走廊与传统庭院

**下图：** 由二层走廊看大厅
**对页：** 入口处的现代屋顶构架

# 苏步青纪念馆

**项目地点**／中国·浙江·平阳
**项目规模**／4611 平方米
**合作设计**／陈玲、刘辉瑜、王忠杰、朱文婧、张天均、宋一鸣、李照
**项目时间**／2011 年设计，2015 年竣工

　　苏步青纪念馆为纪念数学大师苏步青先生而建，建筑紧邻苏步青故居。

　　方案平面隐喻"几何学"：方、圆、弧线、三角等数个基本几何元素组合穿插，以圆锥形大厅为中心，自然形成了多个尺度、形状各异的庭院。它们与展示、办公等功能相结合，形成了内外相融、虚实相间的空间对比，并带来富于层次变化的观览体验。

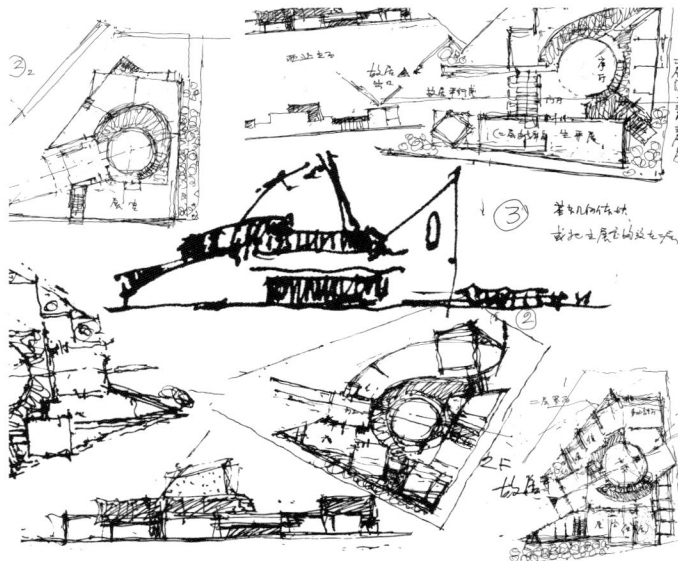

**左图：**设计草图
**对页：**鸟瞰——基本几何元素的整合

对页：主入口鸟瞰

1 门厅
2 大厅
3 中央大厅
4 走廊
5 庭院

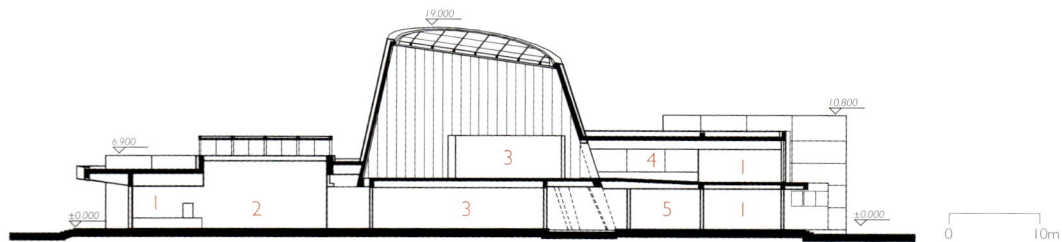

剖面图

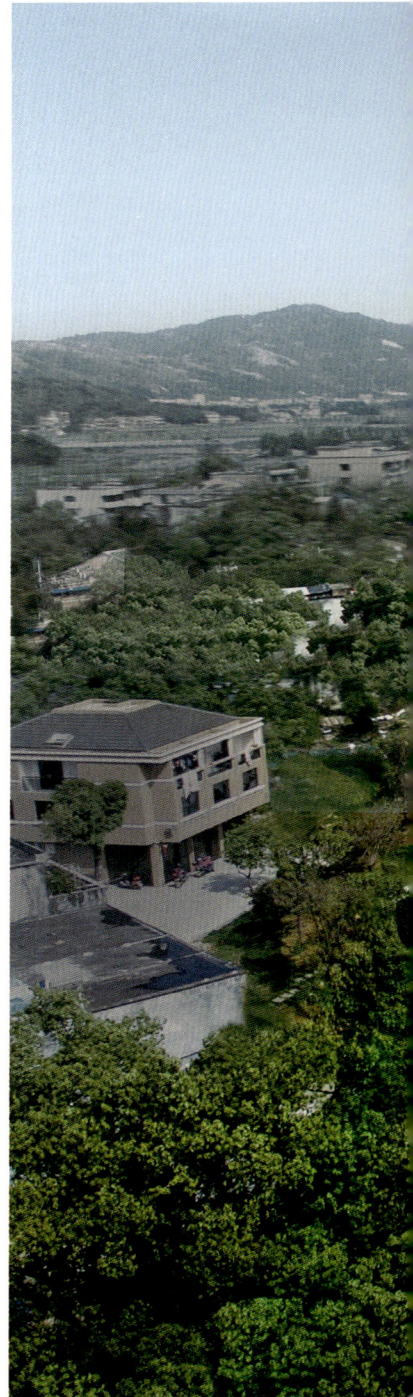

对页：建筑主入口

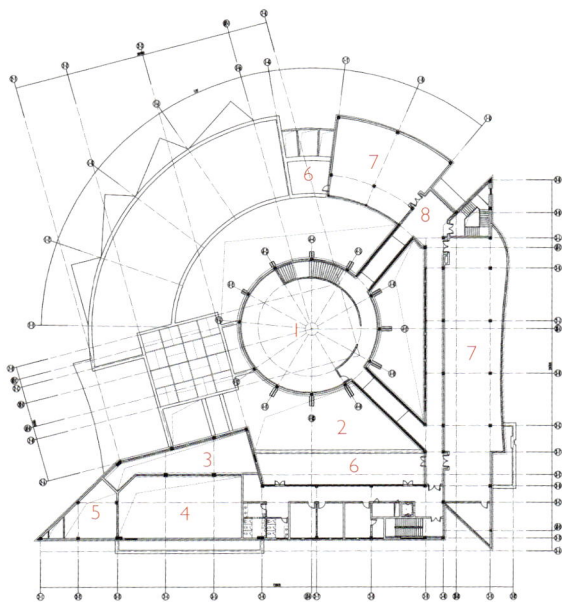

二层平面图

1　中央大厅
2　内庭院
3　休息厅
4　报告厅
5　接待室
6　屋顶花园
7　基本陈列室
8　休息厅

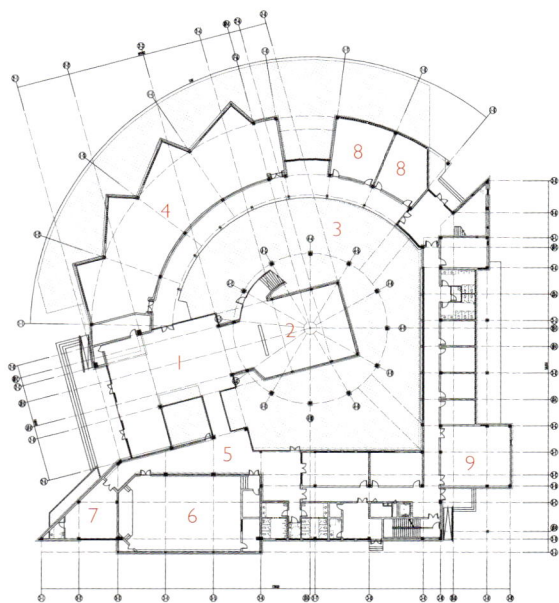

一层平面图

0　　　10m

1　门厅
2　中央大厅
3　内庭院
4　基本陈列室
5　休息厅
6　报告厅
7　接待室
8　教室
9　库房

**下图：** 直线、弧线交错与体块穿插
**对页：** 建筑次入口

**下图及对页：**空间丰富的庭院

**下图：** 中央大厅实景照片
**对页：** 中央大厅效果图

我们原本设想观览流线的尾声——中央大厅应是简洁、大气的氛围，在数米通高、顶光流散下的空间充满仪式感，厅中高大的苏步青雕像与周围世界数学伟人浮雕相呼应，表达先生对数学界的卓越贡献与我国数学发展的美好未来。由于没能和甲方达成统一意见，最终中央大厅呈现的实景与预想的效果有一定差距。

# 海宁博物馆

**项目地点**／中国·浙江·海宁
**项目规模**／4985 平方米
**合作设计**／鲁华、陈琳
**项目时间**／1999 年设计，2000 年竣工

　　设计注重"虚"（庭院）、"实"（建筑）空间的对话。在由用地形状确定的平面框架里，利用轴线的旋转和平面切割，着重营造空间转换中的对比和变化。圆与方、矩形与梯形、开敞与半开敞、地面与地下的对比，以及高墙、窄院和展室之间过渡空间的处理，产生了一种对比而和谐的"美"。特别是光线的明暗与投射方向的不同，使观众在参观过程中感受到不断变化的空间氛围。

　　立面构成借鉴中国绘画的布局特点，在大片浅色花岗石墙面上，深色的大门、雨棚、窗棂、雕塑等元素呈散点式布置，自然而灵动。青铜装饰构件似是"破墙而出"，突出了博物馆的特色。

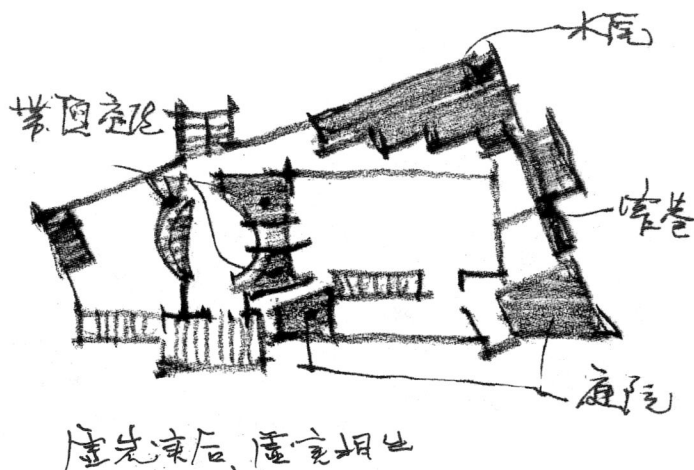

**左图：**设计草图
**对页：**建筑全景

对页上图：主入口
对页下图：建筑外景
后页：建筑细部
　　　从休息厅看水院

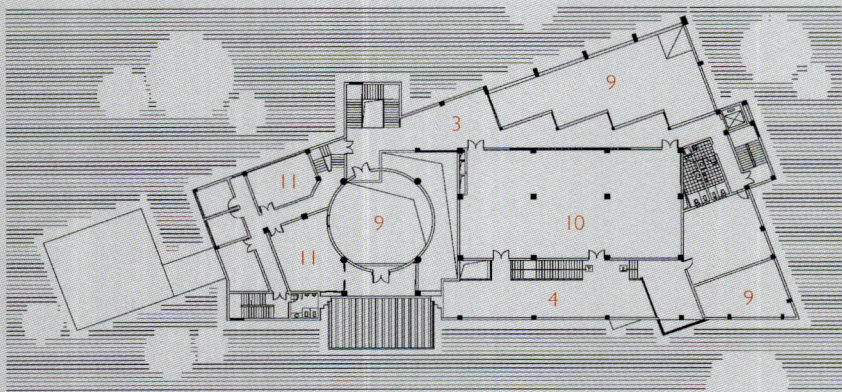

1　门厅
2　中庭
3　休息厅
4　展廊
5　临时展厅
6　书画展厅
7　水庭院
8　文艺及工艺品服务部
9　水院
10　自然标本馆
11　办公区

二层平面图

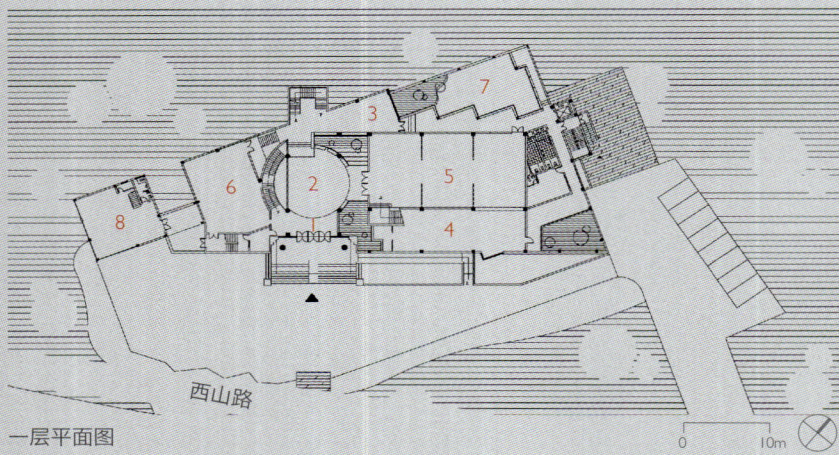

西山路

一层平面图

0　　　　10m

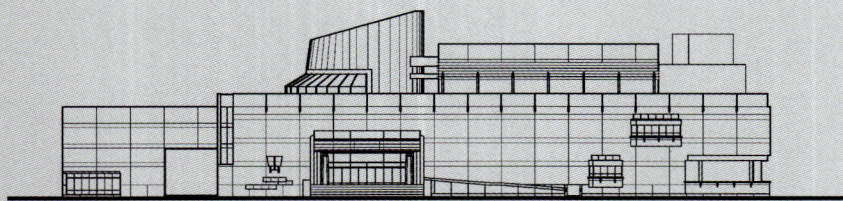

东南立面图

0　　　　10m

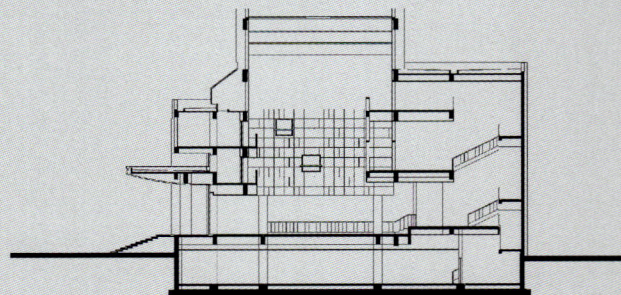

剖面图

0　　　　10m

**下图：**大厅天窗
**对页：** 大厅与内院

海宁博物馆

# 湘潭市博物馆及城市规划展览馆

**项目地点**／中国·湖南·湘潭
**项目规模**／38946 平方米
**合作单位**／湘潭市建筑设计院
**合作设计**／王大鹏、柴敬、言海燕、郭华香、王禾苗、杨思思、
　　　　　　胡晓明、叶俊
**项目时间**／2010 年设计，2014 年竣工

　　湘潭市博物馆及城市规划展览馆位于湘潭市新区核心地带，紧邻行政中心与梦泽湖景观，交通便捷，环境优美。建筑主要由博物馆、规划展示馆、规划局办公楼三部分组成。

　　设计创意立足于地理环境与人文历史，力图营造一个展品与环境、人与环境、人与展品以及人与人之间和谐互动交流的场所。建筑在色彩构成上分别使用了"韶山红"的基座、灰白色的墙面与黑色的构架。黑色的构架通廊同时使三幢建筑连贯整体，并形成了与环境相结合的公共空间。

**左图：**设计草图
**对页：**主入口

**下图**：总平面图
**对页**：建筑全景

T字形公共通廊既分隔了三个功能不同的建筑体量，又使市民能由城市道路穿过建筑，与北面的公园联系起来，为市民提供了观赏湖景的稳定空间，突出了建筑的开放性和公共性。

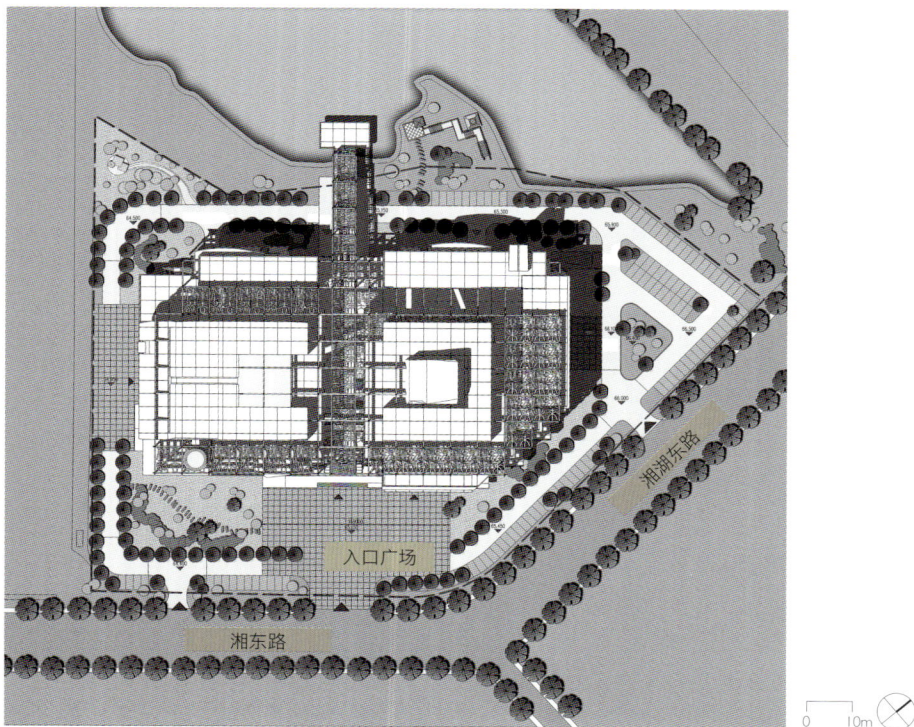

**下图：**博物馆主入口
**对页：**城市规划展览馆主入口

**对页：**通向博物馆的通廊

**一层平面图**

| | |
|---|---|
| 1 门厅 | 6 中央通道 |
| 2 大厅 | 7 文化交流中心 |
| 3 绿化庭院 | 8 中庭 |
| 4 临时展厅 | 9 休闲茶座 |
| 5 基本展厅 | |

**二层平面图**

1 架空层活动平台
2 架空层展厅
3 架空层庭院
4 架空层门厅
5 架空层大厅

**三层平面图**

1 活动平台
2 架空层庭院
3 展厅
4 报告厅
5 休息厅
6 办公区

**四层平面图**

1 架空层活动平台
2 展厅
3 架空层展厅
4 架空层庭院
5 办公区

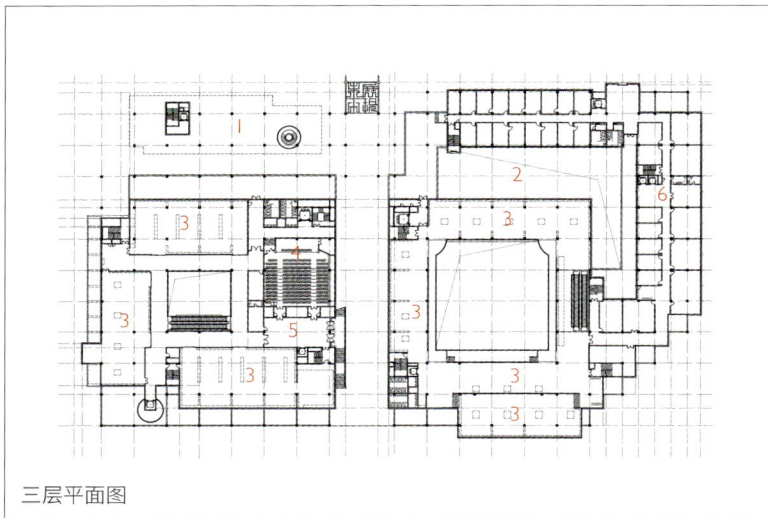

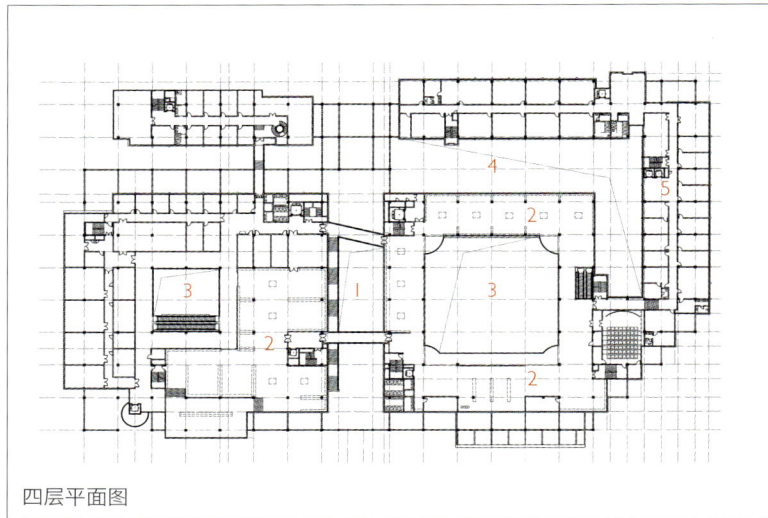

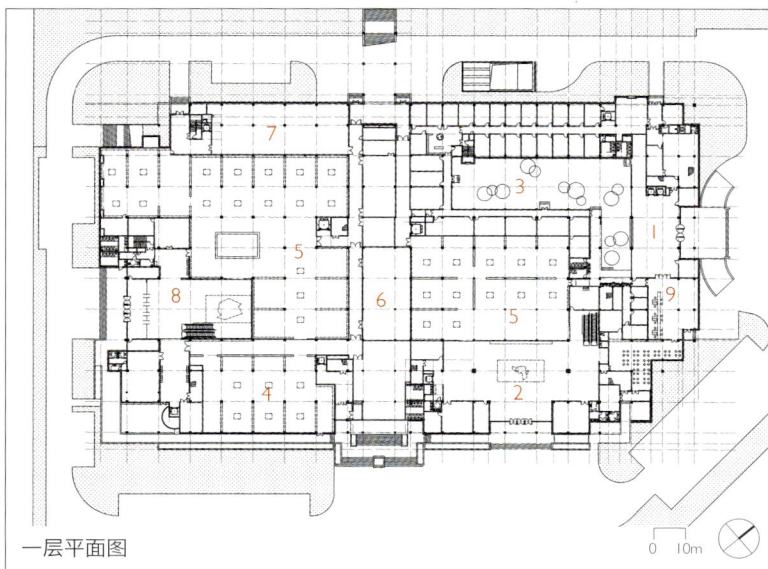

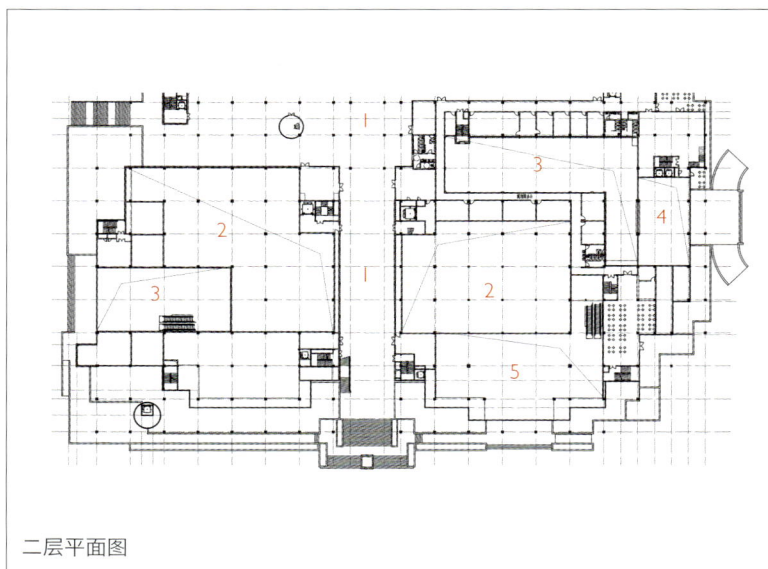

三层平面图

四层平面图

一层平面图

0    10m

二层平面图

**下图：** 建筑细部
**对页：** 构架与光影变换

湘潭是齐白石老人的故乡，在齐白石纪念馆内，我们看到了一代宗师的巨幅篆刻。震撼之余，它也成为建筑中的一个构成元素。篆刻和构架在墙面上形成光影，使建筑表情灵动而富于变化。

# 越城遗址博物馆方案

**项目地点**／中国・江苏・苏州
**项目规模**／4736 平方米
**合作设计**／殷建栋、钟承霞、朱文婧、桂汪洋、刘翔华
**项目时间**／2013 年设计／初步设计完成

　　越城遗址博物馆主要展示新石器时代的文化遗存，博物馆造型宛如"穴居"：下沉广场的设置将主要展厅设于场地标高之下，参观者由甬道进入展厅，然后上至以"场景"为主题的地上大厅。大厅屋顶由不规则的石板"搭"成，光线从石板缝隙洒落，营造出沧桑、野趣的历史氛围；错落的石板组合化解了博物馆的过大体量，与周边渔家村落的建筑尺度取得协调。

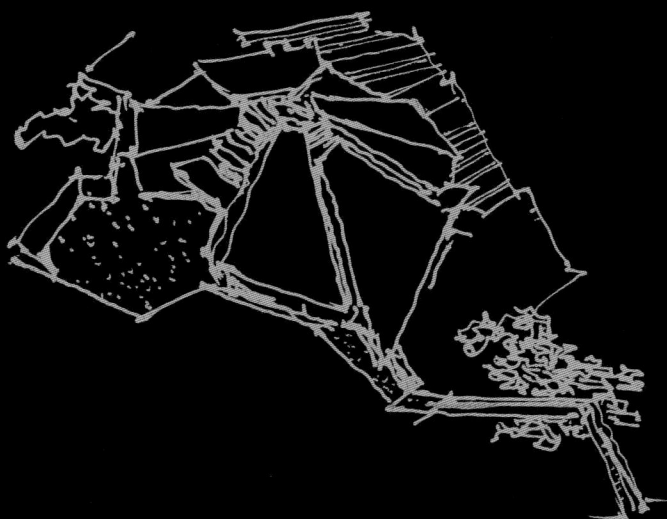

**左图：** 设计草图
**对页：** 鸟瞰图

**对页：** 博物馆主入口

建筑以"石锛"和 "钺"为造型原型，并通过安静的下沉广场、曲折的引导甬道、
微微隆起的自然地形，营造对历史环境的体验氛围，激发参观者的历史联想。

1　主入口
2　大厅
3　城址展厅
4　休息厅
5　办公区
6　临时展厅
7　休息平台
8　游客中心入口
9　游客中心

一层平面图

二层平面图

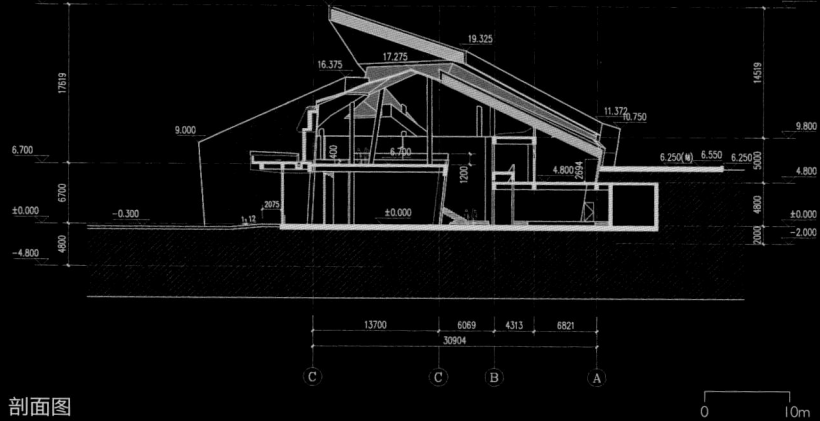

0          10m

# 联合国国际小水电中心

**项目地点**／中国·浙江·杭州
**项目规模**／4500 平方米
**合作设计**／宋亚峰、杜立明
**项目时间**／1996 年设计，1997 年竣工，2006 年立面改建

联合国国际小水电中心位于西湖风景区内，是联合国在中国设立的第一个独立机构。

由于选址于西湖风景区，有关部门要求建筑遵照传统的园林风格设计。这一要求与现代化的办公建筑如何结合，是我们在设计时面对的一个颇有意思的课题。我们认为，传统园林的精髓在于与自然的融合和庭院空间的营造，这些都是我们可以借鉴的。

在满足现代功能要求的基础上，设计以一种新的图形构成、新的氛围完成它内部空间和外部形式的塑造，同时取得与周围环境的协调。建筑的功能空间围绕一个既与外部连通，又延伸至建筑内部的圆形水庭布置，使建筑的室内外空间成为一个匀质的复合体。建筑形体构成清晰，界面简洁，形象有明显的时代感，精致的细部处理又给人以典雅宜人的印象。

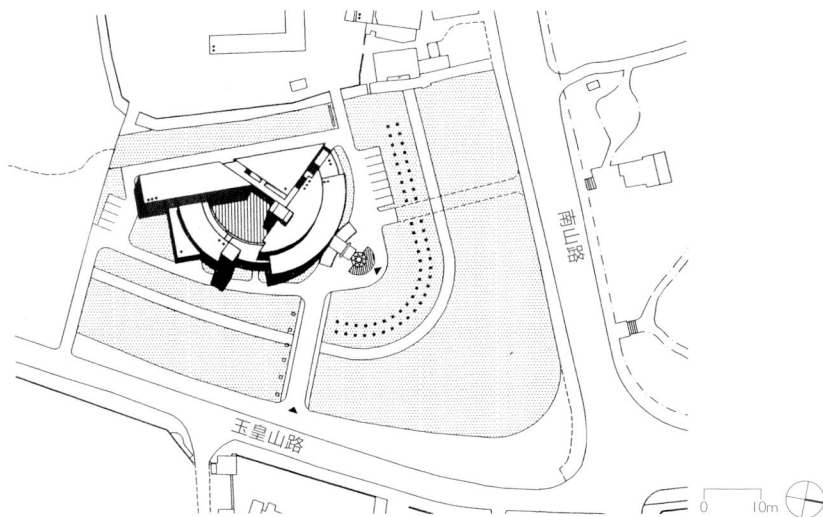

**左图：** 总平面图
**对页：** 主入口

**下图**：模型鸟瞰
**右图**：建筑全景

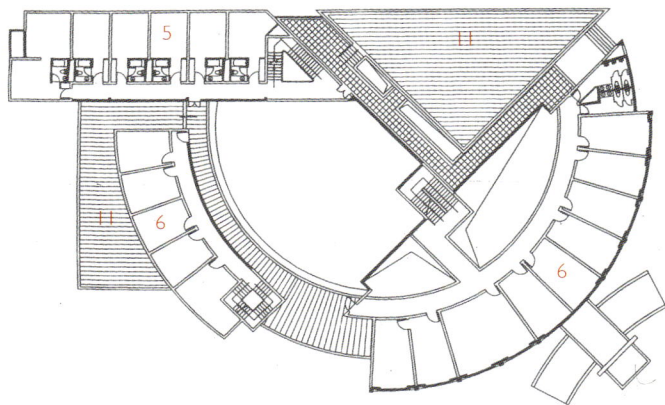

二层平面图

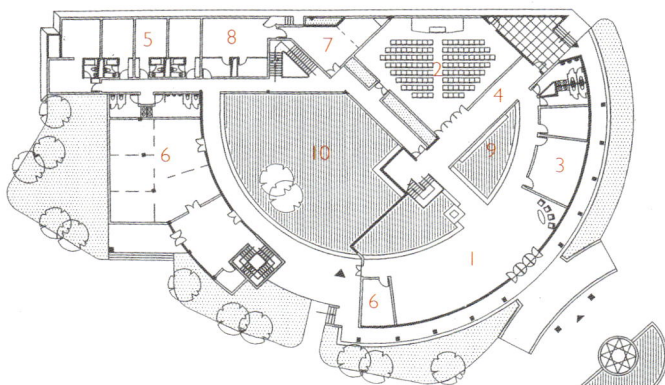

一层平面图

0　　　10m

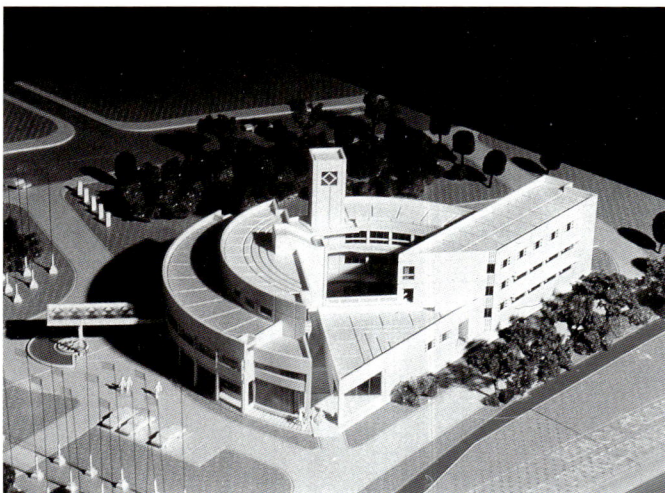

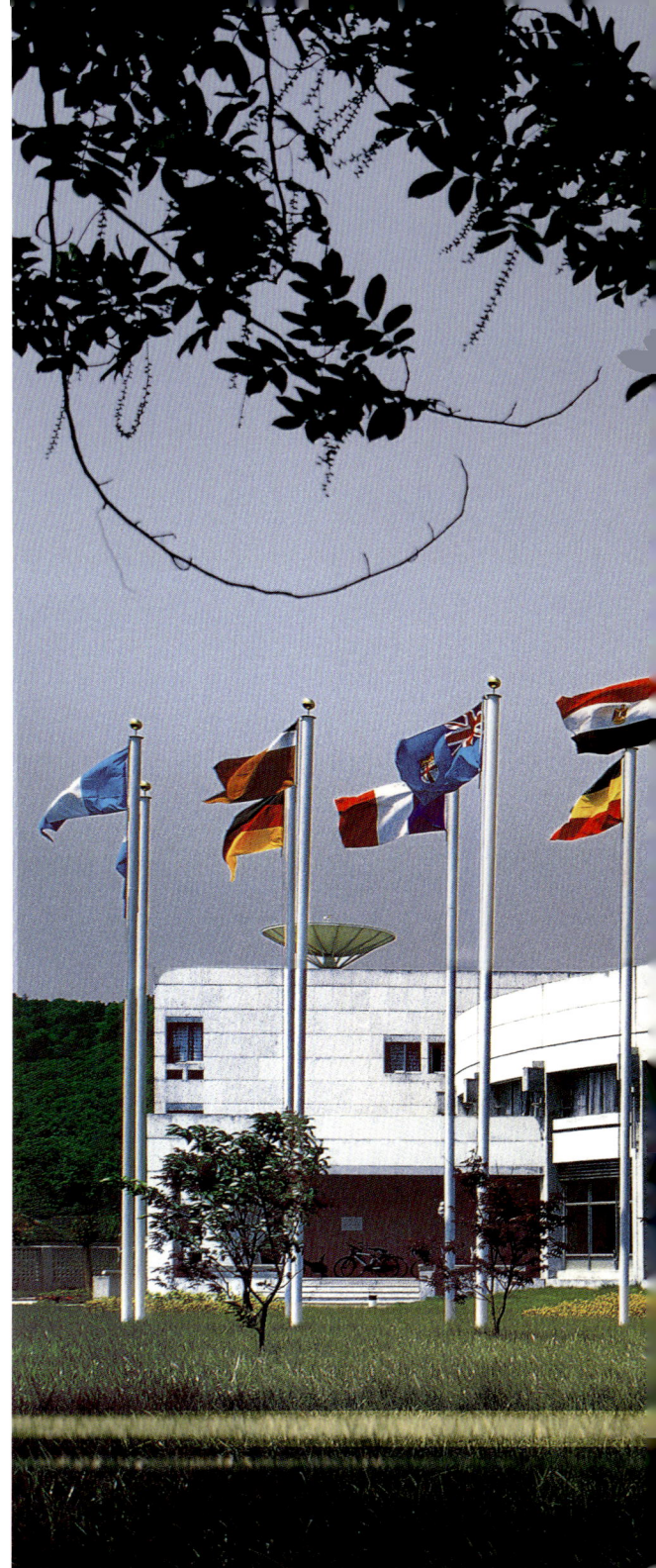

| | |
|---|---|
| 1 | 门厅及展厅 |
| 2 | 大会议室 |
| 3 | 小会议室 |
| 4 | 展廊 |
| 5 | 高级办公室 |
| 6 | 普通办公室 |
| 7 | 小餐厅 |
| 8 | 厨房 |
| 9 | 水幕墙 |
| 10 | 庭院水池 |
| 11 | 平台 |

**下图及对页：** 建筑局部

下图：二层内景
对页：连接室内外的水院

左图及对页：围绕水院展
开的内部空间

# 昭山两型产业发展中心

**项目地点／**中国·湖南·湘潭
**项目规模／** 51781 平方米
**合作单位／**湘潭市建筑设计院
**合作设计／**王大鹏、沈一凡、孟浩、汤焱、祝容、裘昉
**项目时间／** 2012 年设计，2015 年竣工

　　昭山两型产业发展中心位于"潇湘八景"之一的昭山附近。场地周围山峦重叠，植被葱茏，自然环境十分优越。

　　发展中心是现代化办公建筑。设计希望借意自然，营造出寄情山水的田园意境，表达中国且现代的审美理念。

　　建筑环山而建，形体逐层跌落，犹如山体的延续。东侧的虎形山、西南侧的低洼湿地与建筑有机整合，既提升了环境质量，也强化了建筑的开放性。办公主楼和两栋附楼呈U字形布局，自然形成一个朝向虎形山打开的"三合院"，与环境充分对话。"三合院"的空间容纳了服务交流性的大型会议室、餐厅、健身休息等功能，这些功能由景观性的回廊亭榭和水景有机地串联为一体，既满足了办公楼的使用要求，又使得院内空间富有园林的趣味与意境。

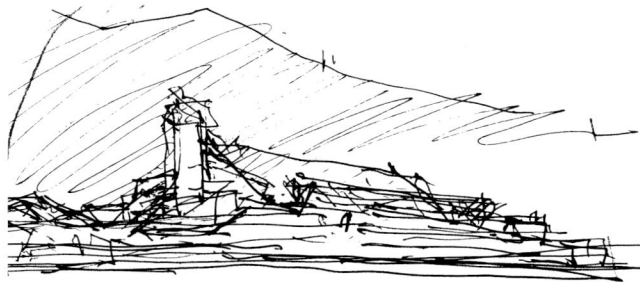

**左图：**设计草图
**对页：**建筑跌落的形体，延续山势

1 门厅
2 中庭
3 内院
4 办公室
5 会议厅
6 展厅
7 餐厅
8 银行营业厅
9 政务大厅

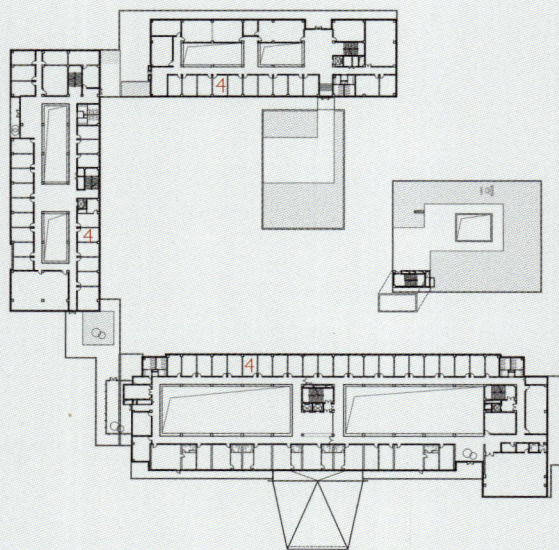

三层平面图

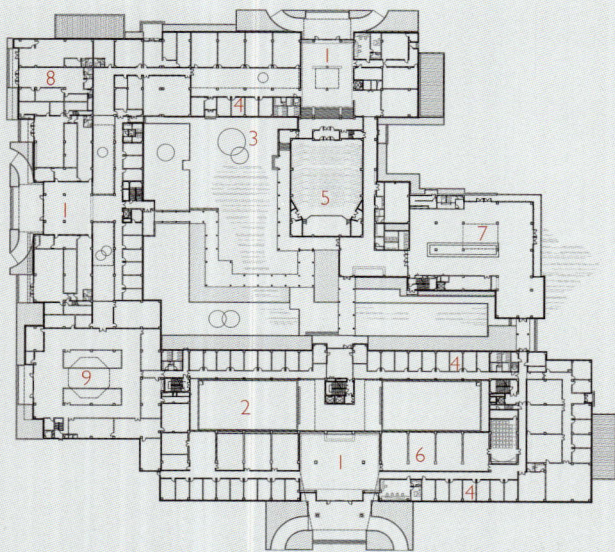

一层平面图

0    20m

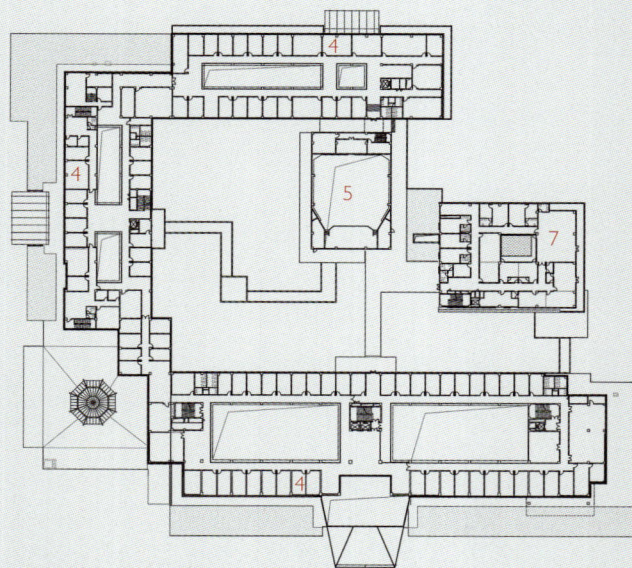

二层平面图

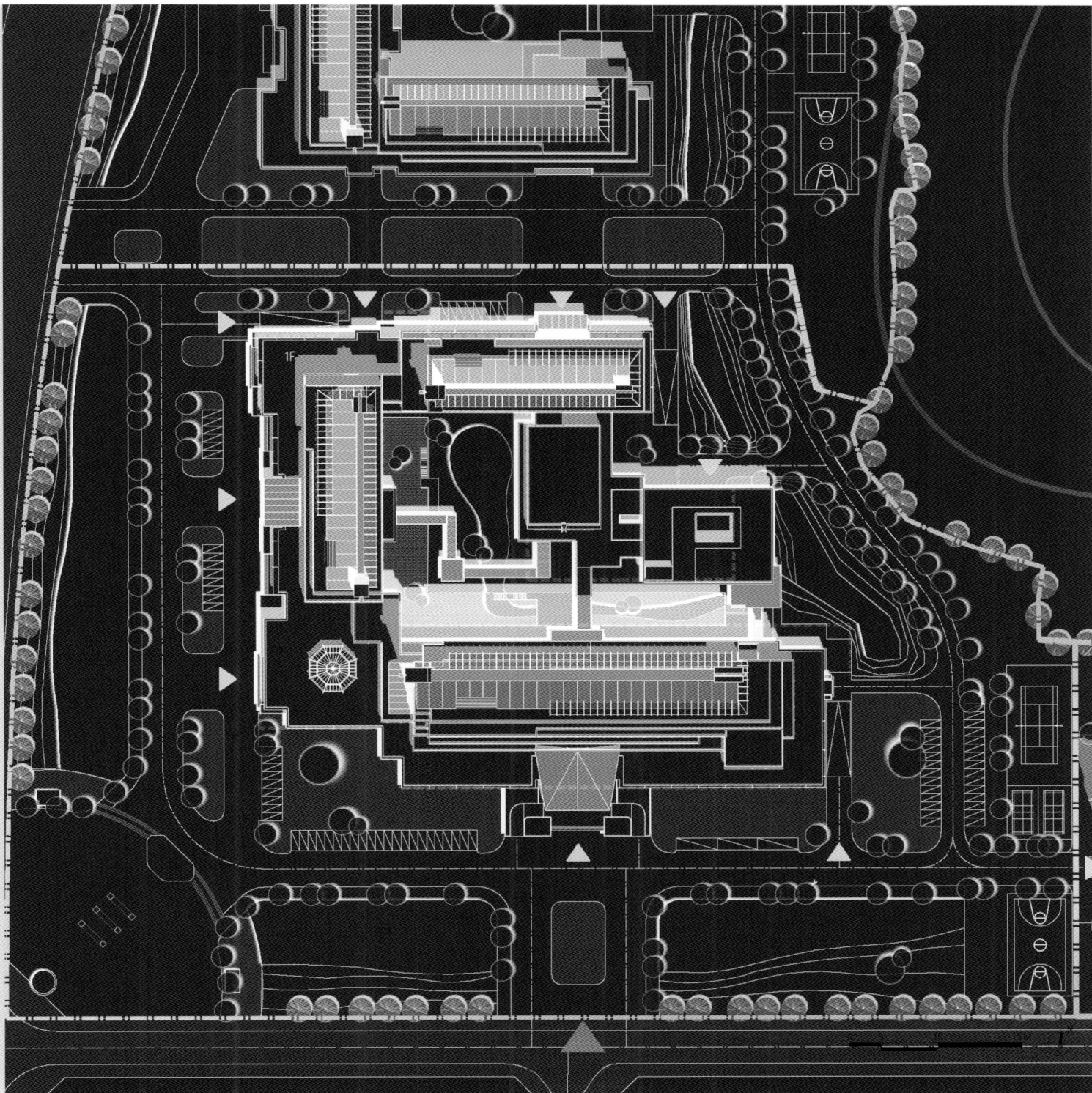

上图：东南方向全景

**下图：**建筑一角
**对页：**鸟瞰

建筑造型设计融合传统建筑的水平构图与湖南"穿斗式"建筑元素，经过提炼变形，塑造出典雅精致，又颇有力度感的建筑形象。

"三合院"空间充分利用山景，与由回廊连接的多功能空间共同形成了一系列不断变化的庭院，体现中国传统的园林空间韵味。

# 宁波高教园区图书信息中心

**项目地点**／中国・浙江・宁波
**项目规模**／26355 平方米
**合作设计**／钟承霞、徐海鹏、吴章杰、徐亚东
**项目时间**／2001 年设计，2003 年竣工

宁波高教园区图书信息中心共设3000间阅览座，藏书120万册。

跨入新千年，传统闭架图书馆逐步向开放的"数字化图书馆"过渡，这为设计提供了新的思路——我们更注重建筑空间的公共性与开放性。借鉴了传统的三合院布局形式，我们将各类阅览室围绕中央大厅布置。建筑内庭院空间或架空、或通高两层，连续多变，使该建筑成为园区内集学习、交流、休闲为一体的文化综合体，深受市民和大学师生欢迎。

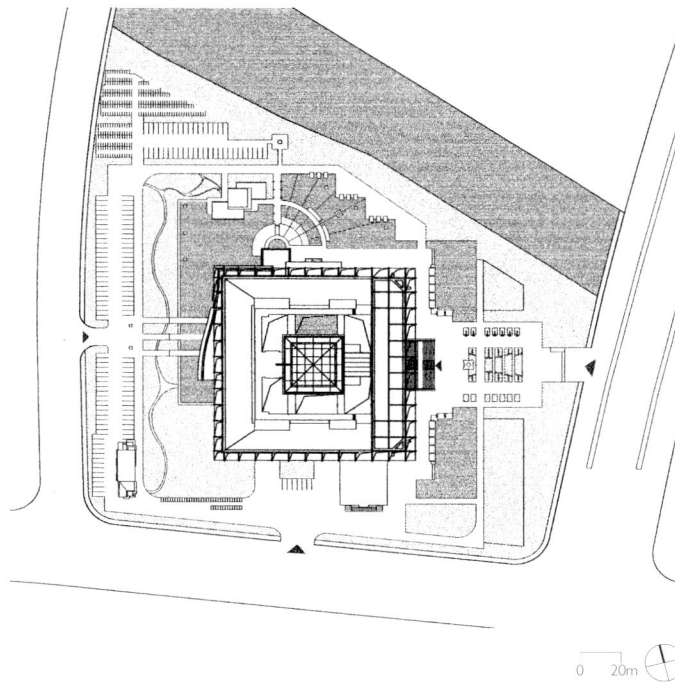

0    20m

**左图：**总平面图
**对页：**东南实景

**右图：** 主轴线实景

传统的四合院
有机的围合空间

四周廊 + 中央空间
变单纯的内向型
为多向空间

敞开入口面
强调开放性

增加细部
工艺、空间、造形
的进一步完善

LIBRARY AND INFORMATION CENTER. THE UNIVERSITY ZONE OF NINGBO

**对页：主入口**

1　少儿阅览室　　　　8　阅览室
2　咖啡茶座　　　　　9　门厅
3　自习室　　　　　　10　馆长室
4　研究室　　　　　　11　文化沙龙
5　报告厅　　　　　　12　多媒体视听室
6　庭院　　　　　　　13　网络信息室
7　电子采编室

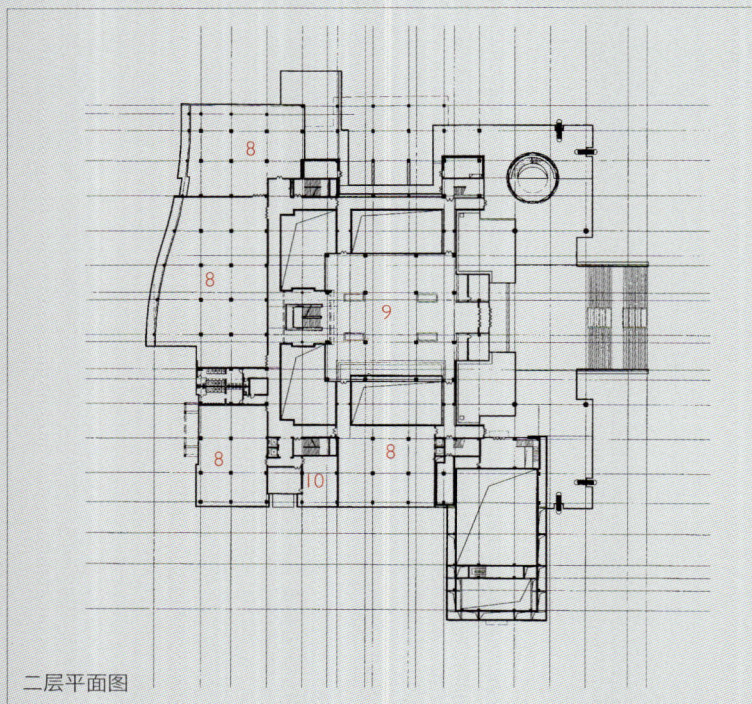

二层平面图

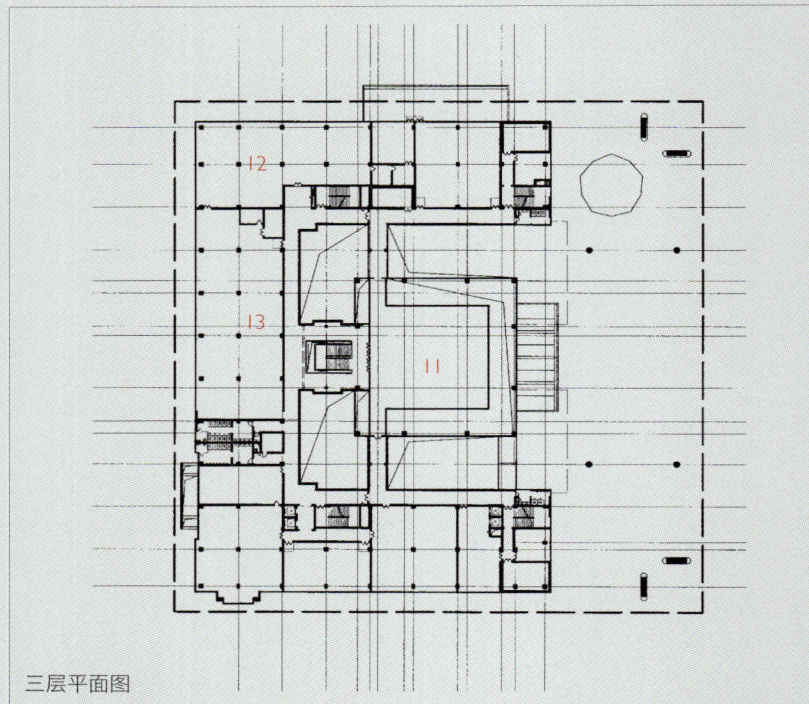

三层平面图

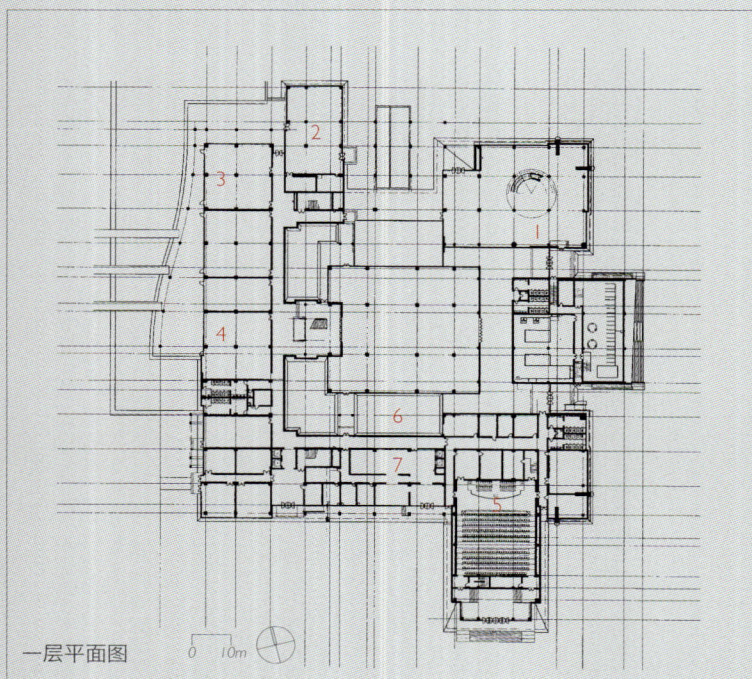

一层平面图　　　　　　　　0　　10m

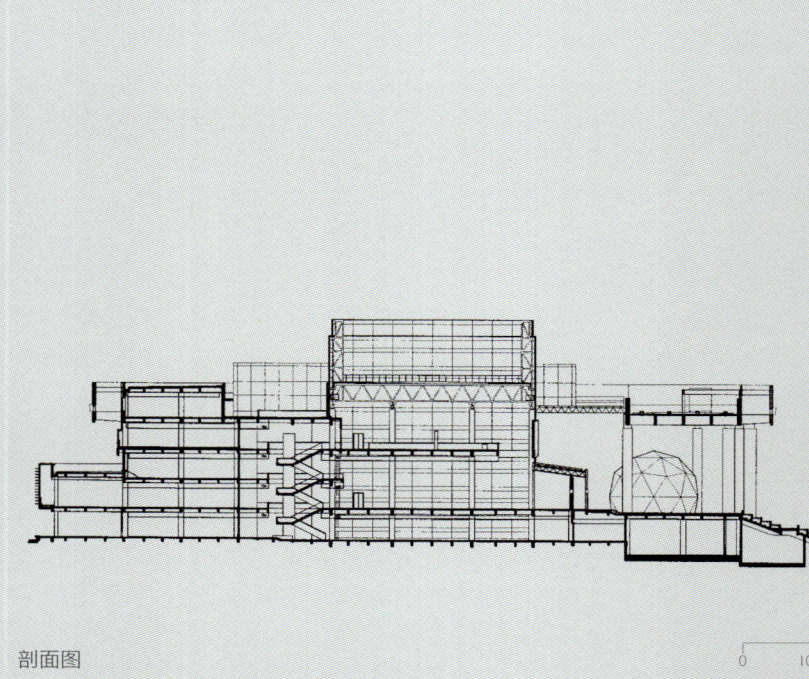

剖面图　　　　　　　　　　0　　10m

LIBRARY AND INFORMATION CENTER THE UNIVERSITY ZONE OF NINGBO

**下图：** 建筑局部
**对页上图：** 连廊与水院
**对页下图：** 架空处的水院

**下图：** 从阅览室看架空平台
**对页：** 文化沙龙

**下图：**设计草图
**右图：**夜景

# 金都华府居住小区

**项目地点**／中国·浙江·杭州
**项目规模**／178550平方米
**合作设计**／钱伯霖、王大鹏、吕令强、马量、胡洋、郭莉、卫华芳
**项目时间**／2003年设计，2007年竣工

金都华府居住小区位于南宋皇城遗址附近，历史文化积淀深厚。

在"欧陆风""现代式""新古典"和"中国符号"充斥国内房地产市场的情况下，我们试图另辟蹊径，结合当地历史背景，在住宅建筑风格上作一些新的探索，希望能够得其"意"而忘其"形"，赋予建筑独特的中国气质。

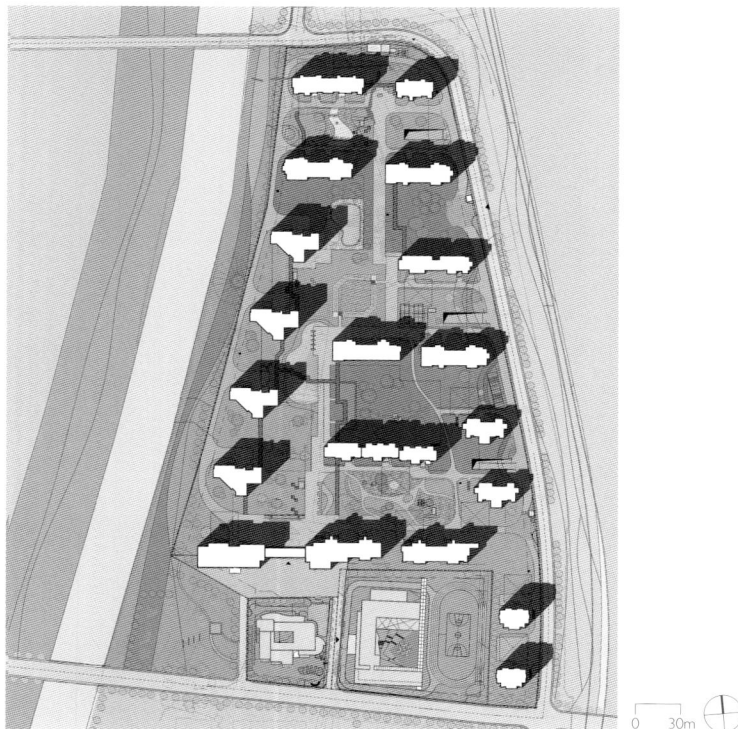

0　30m

**左图：** 总平面图
**对页：** 小区入口

2号楼平面图

1 客厅
2 餐厅
3 厨房
4 次卧
5 主卧
6 书房
7 卫生间
8 阳台

5号楼平面图

1 客厅
2 餐厅
3 厨房
4 次卧
5 主卧
6 书房
7 卫生间
8 阳台

0    5m

**左图及上图：庭院景观**

**下图：**建筑与庭院
**对页：**庭院鸟瞰

小区规划吸收中国传统建筑的布局精神，以一条转折的轴线连接南北两个组团。点式、板式建筑错位布置，构成三个活动庭院和两个绿化庭院，形成"五院一轴一中心"的格局。建筑大部分底层架空，并以连廊把几个院落连接起来，突显出"庭院深深深几许"和"人文的月光照庭院"的空间意境。

# 杭州国际假日酒店

**项目地点**／中国·浙江·杭州
**项目规模**／62000 平方米
**合作设计**／王幼芬、何峻
**项目时间**／1995 年设计，1998 年竣工

　　杭州国际假日酒店除主体四星级酒店外，还包括办公楼、商场、餐饮和交易中心等，是一栋商业综合体。

　　不同于其他同类建筑风格，设计虽然使用铝材及玻璃等新材料作外墙饰面，但引入坡道、栏杆、人字形斗拱等元素，融合成了一种现代建筑语言，使这一建筑显得新颖、典雅，蕴含着中国传统建筑文化韵味。

　　由于项目用地位于两条城市干道的转角处，另一面则紧邻城市景观河道，可利用的城市公共空间比较紧张。因此，设计从城市与建筑层面综合考虑。我们将酒店与写字楼呈L形布置，在道路转角处做出退让。这样既能形成连续贯通的街景，又有利于城市公共空间的塑造。办公楼虽为东西向，但西面紧邻河道，享有十分优越的城市景观。

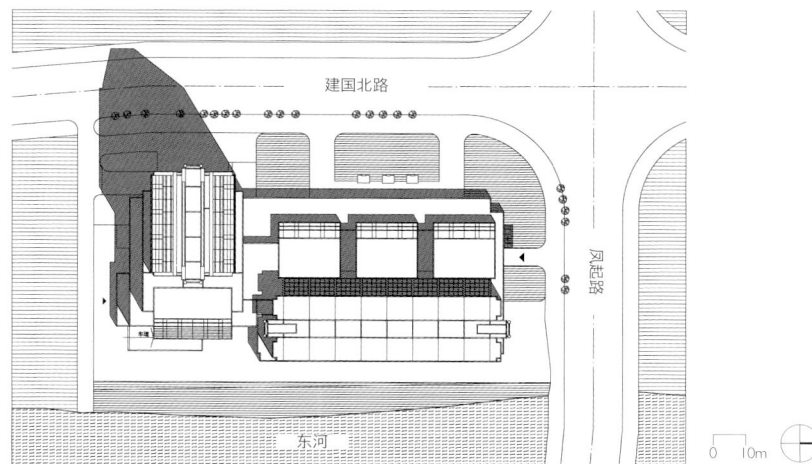

建国北路

凤起路

东河

0　10m

**左图：**总平面图
**对页：**绿树掩映中的建筑

左图：建筑全景
上图：设计草图

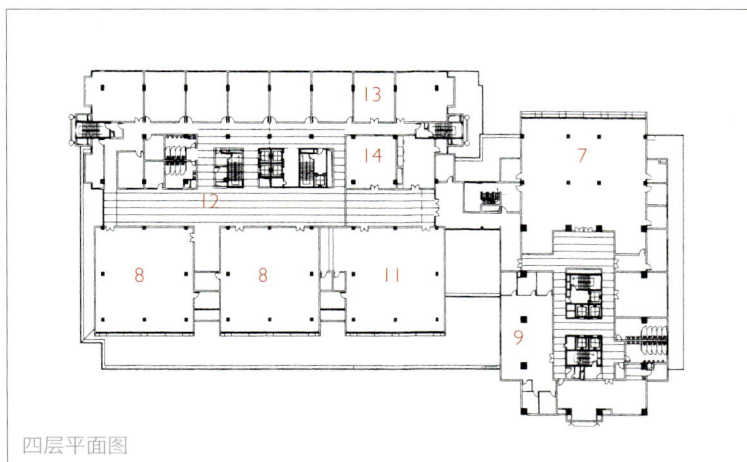

四层平面图

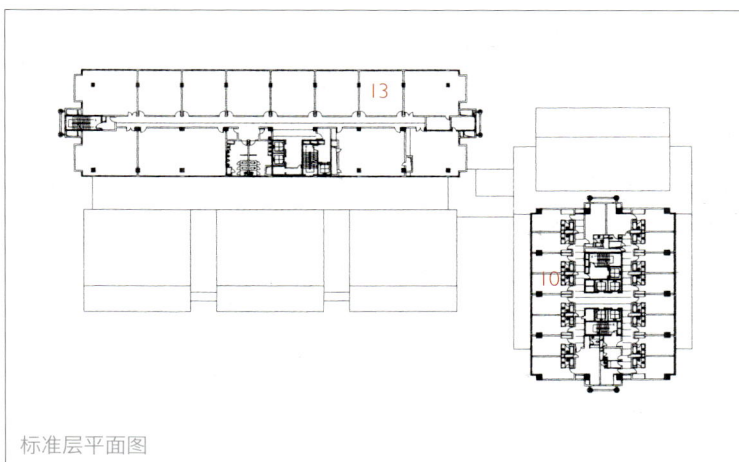

标准层平面图

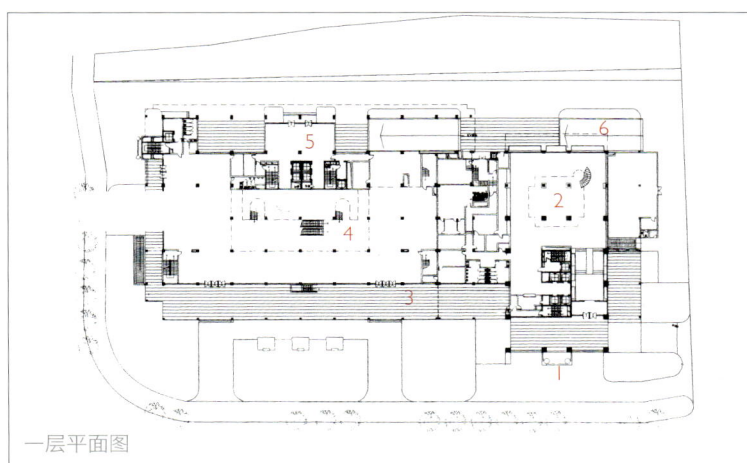

一层平面图

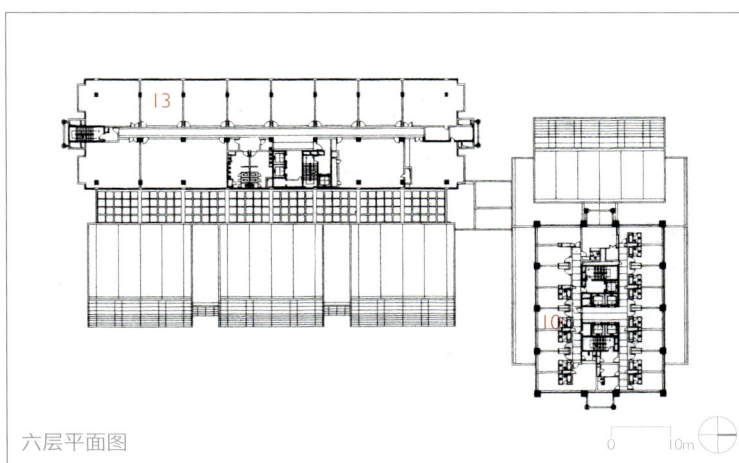

六层平面图

0　　10m

| | | | |
|---|---|---|---|
| 1 | 宾馆入口 | 8 | 交易大厅 |
| 2 | 大堂 | 9 | 卡拉 OK 厅 |
| 3 | 商场入口 | 10 | 客房 |
| 4 | 商场 | 11 | 游泳池 |
| 5 | 办公入口 | 12 | 连廊 |
| 6 | 车道 | 13 | 办公区 |
| 7 | 宴会厅 | 14 | 会议室 |

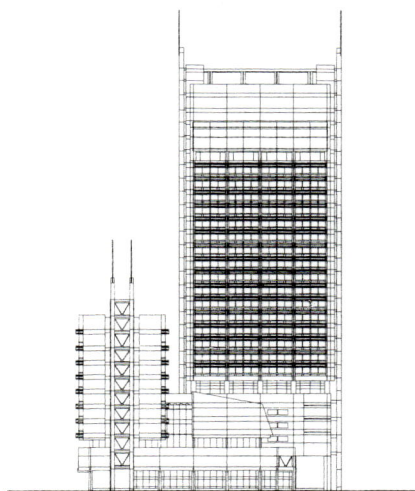

北立面图

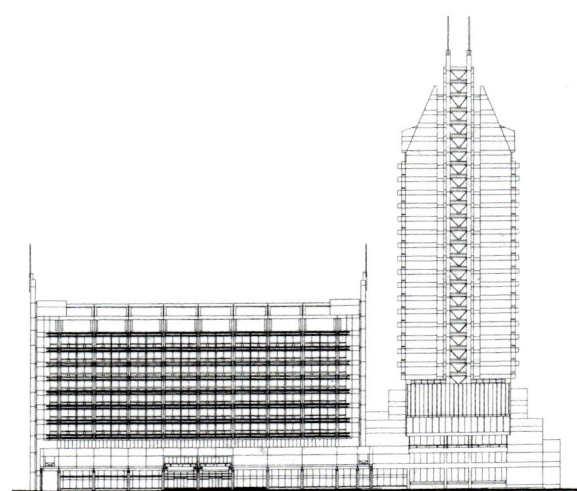

东立面图

0　　10m

**下图：** 桥洞内看酒店与运河
**对页：** 夕阳下的酒店南面实景

**下图：**建筑西南角
**对页：**沿城市道路方向实景

对页：建筑细部
右图：材质的对比

下图：大堂旋转楼梯
对页上图：西餐厅
对页下图：酒店大堂

# 钱江金融城方案

**项目地点**／中国·浙江·杭州
**项目规模**／210万平方米
**合作单位**／北京土人景观与建筑规划设计研究院
　　　　　　艾奕康咨询（深圳）有限公司上海分公司（AECOM）
**合作设计**／薄宏涛、王大鹏、郑英玉、杨涛、刘翔华、柴敬、黄斌、
　　　　　　王岳峰、李雯雯、戚卫娟、王政、桂汪洋、梁超凡、汪毅
**项目时间**／2013年设计，参加国际竞标入围

　　钱江金融城位于浙江杭州钱塘江、京杭大运河汇合处。

　　作为商业综合体，钱江金融城也能在建筑形式，特别是空间营造
上体现地域特色吗？

　　城市是集体记忆的所在地，是历史与人文交织的复合体，因此，
本次设计针对杭州自身的城市肌理以及本地块江河融汇的特征，提出
"内城外郭"的规划结构，并且沿江河对角线的空间虚轴与内城的两条
实轴交相辉映，呈现出"三轴一带"的空间格局。

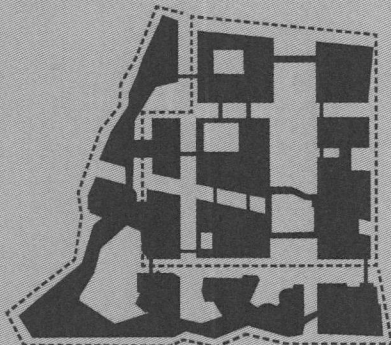

**左图**：总平面图
**对页**：由运河看金融城全景

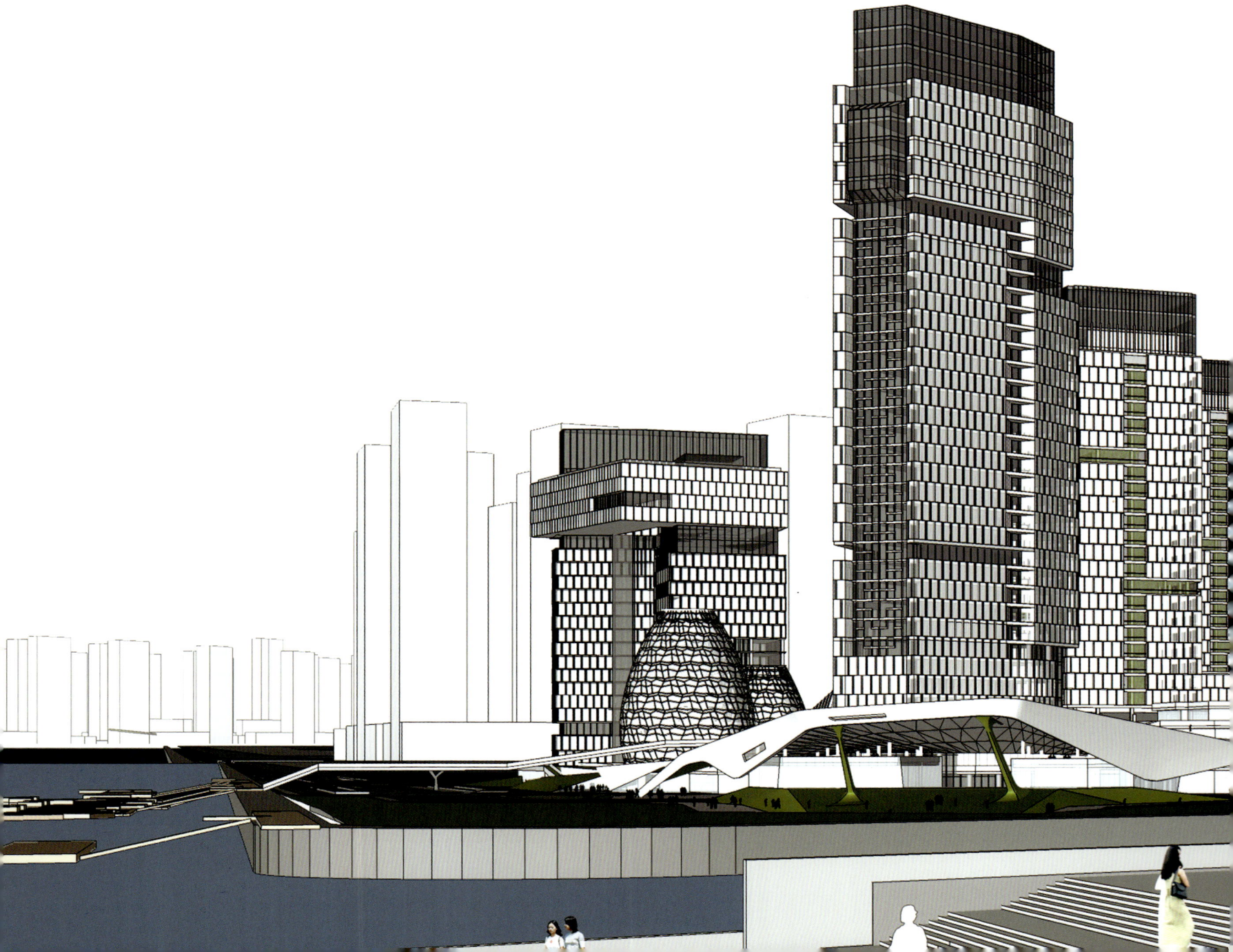

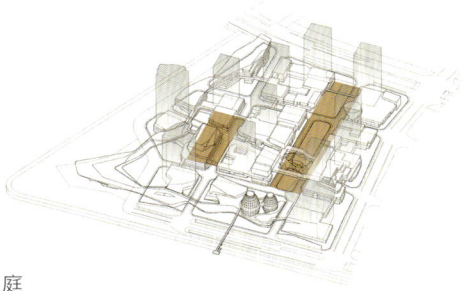
庭

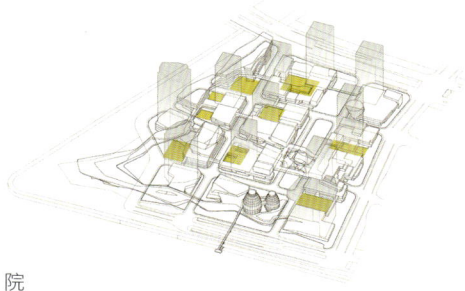
院

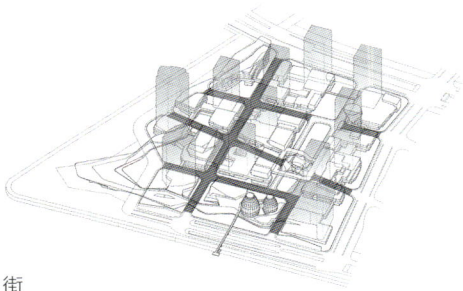
街

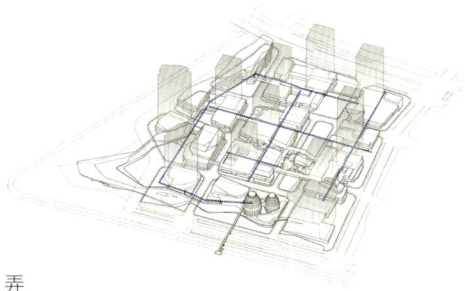
弄

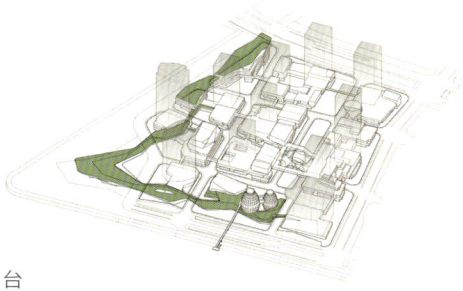
台

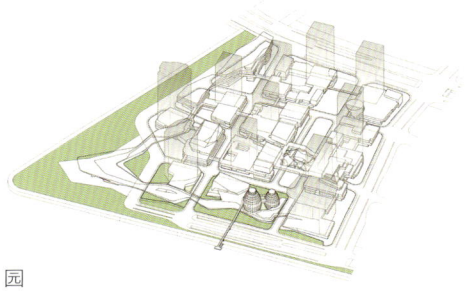
园

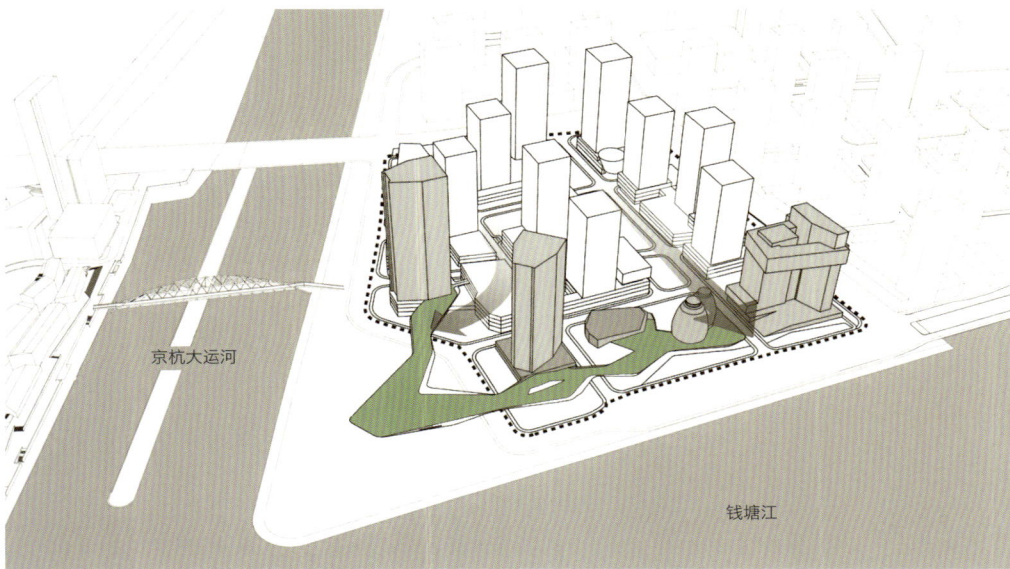

京杭大运河

钱塘江

设计充分汲取中国传统空间营造经验，在场地内部打造出"庭""院""街""弄""台""园"六种不同性质的空间类型，且根据建筑类型及功能的不同，形成多样的空间形式，各空间之间建立明确、丰富且自然的过渡与转换方式。

**右图：**模型分析

**对页：** 沿江标志性塔楼

庭：利用上位规划中原有中央景观广场形成主庭来容纳商业、景观及其他各种活动。

街：保留上位规划的街道设置，并利用主庭将其有效整合在一起，闻涛路一线打造步行商业街，并利用两侧商业形成城市公共活动空间。

台：道路沿线利用四层平台形成空中副庭，主副两庭负责统合、联系地块中其他空间。

**对页：** 中央商业大道透视图

院：利用塔楼间的拓扑关系及每个地块的裙楼设置多个庭院，形成疏密得当、有节奏的中国古典式庭院组合。

弄：结合杭州地区公共生活特征，在地块内部设置纵横交错的里弄体系，为地块增加另一层级的步行系统，使得地块之间及内部的空间联系更加高效且富有趣味性，并借助天井与水院营造出富有杭州传统特征的公共活动区域。

园：沿大运河及钱塘江一线打造园林式景观，并在两江交汇处形成主要滨水活动空间，城市生活与自然景观在这里完美地融合为一体。

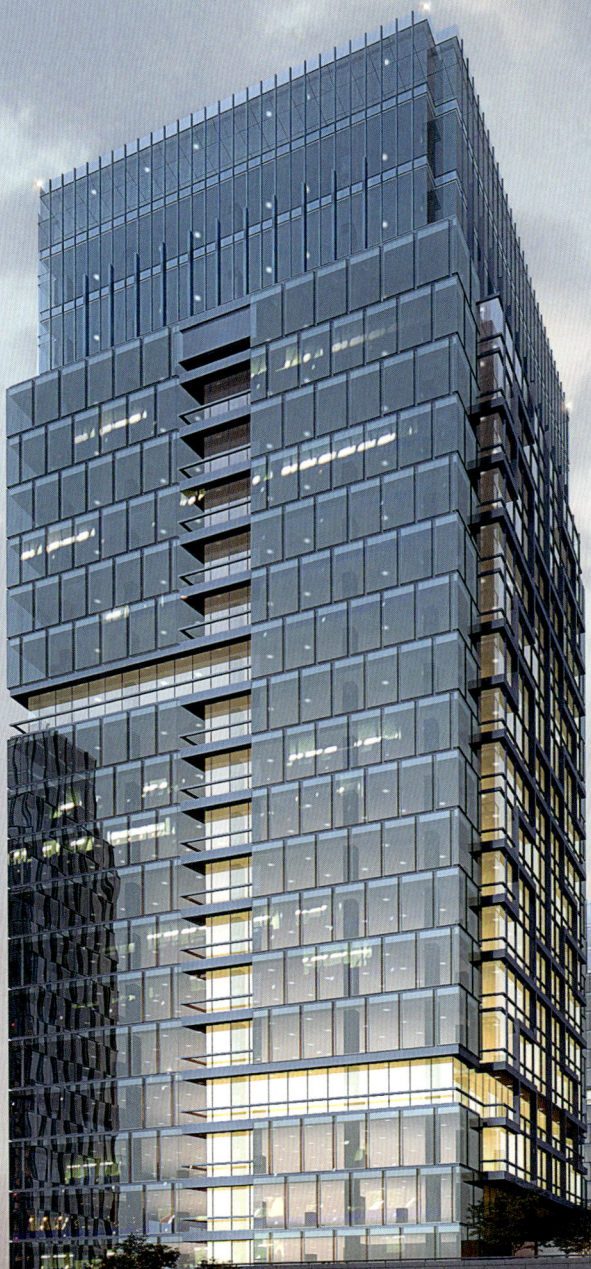

下图：江边剧场
对页：滨江活力生态公园

上图：地下商业区
下图：架空酒吧
对页：湿地公园

# 北京首钢世界侨商创新中心

**项目地点**／中国·北京
**项目规模**／300000平方米
**合作设计**／郑庆丰、薄宏涛、樊文婷、李相鹏、蔡凌杰、蒋美锋、
　　　　　　李保平、谢维、李石秋、宋光照、余新明，滕超，毛磊，
　　　　　　郭一鸣
**项目时间**／2015年设计，设计深化中

　　世界侨商创新中心位于首钢工业园区入口处，北临长安街，所处位置十分重要。主体建筑包括综合体和四栋塔楼，内含办公、商业、酒店等功能。

　　对于这一颇具挑战的结合工业遗址改造的设计项目，设计希望从门户、界面、文化、场所四个方面破题，打造有着"北京味儿""高品质"，并与城市空间完整衔接的城市综合体。主体建筑造型充分考虑了城市空间的整体性和长安街界面的连续性，并与首钢工业遗存整体风貌取得一致。总体布局汲取中国传统文化精神，以"庭""院""街""弄"等空间原型，塑造"两街五院"的特色场所。

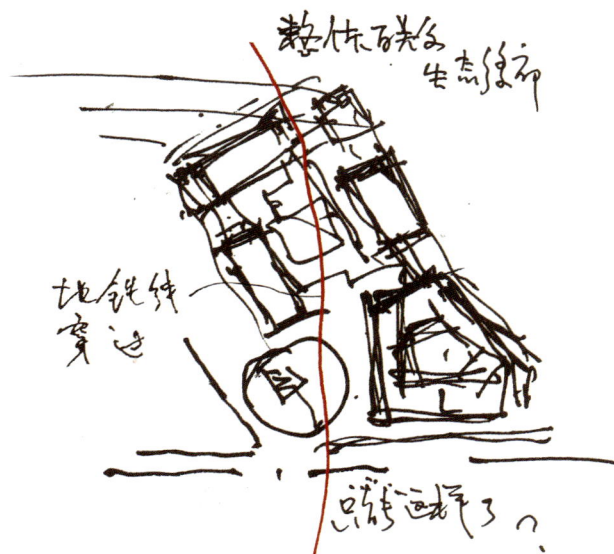

**左图**：设计草图
**对页**：建筑一角

**下图：**区域整体鸟瞰图
**对页：**建筑主入口透视图

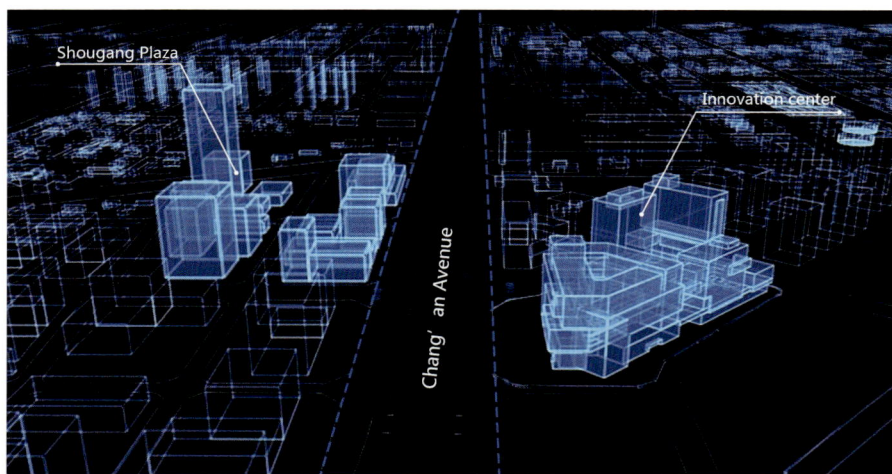

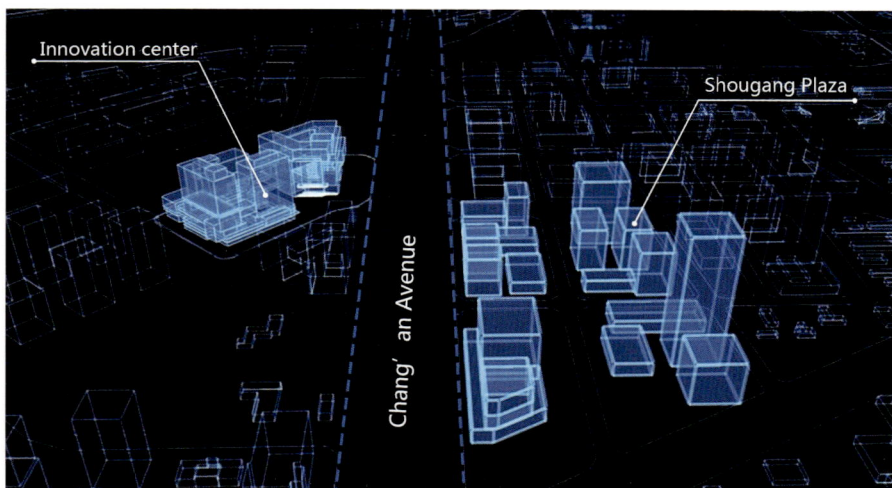

**上图：** 园区区位
**下图：** 总平面图
**对页：** 主楼北角透视图

1 办公区
2 酒店
3 银行
4 公寓和办公区

0    20m

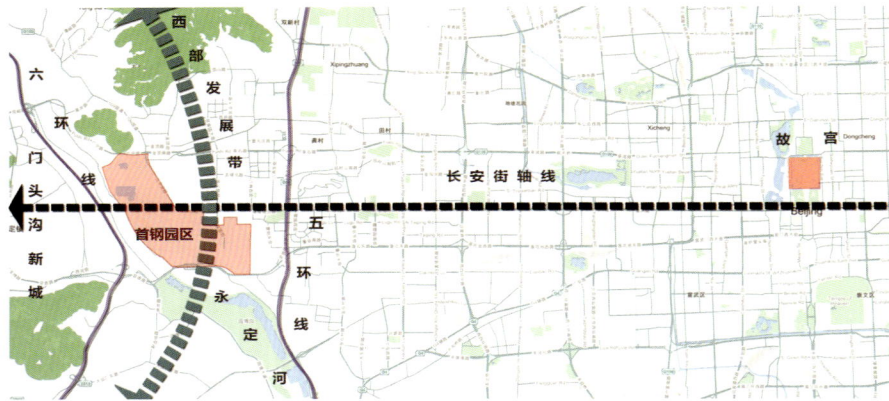

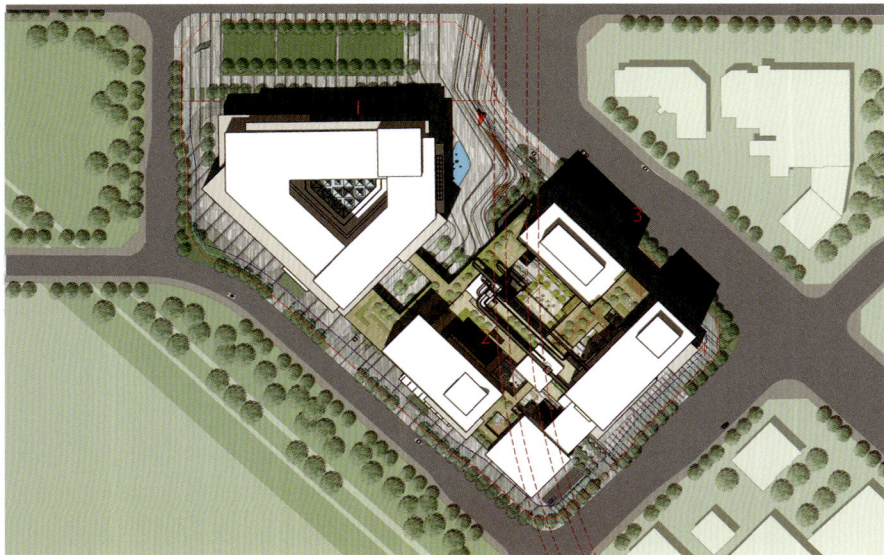

**下图：**西侧沿街透视图
**对页：**主楼东南角透视图

思想交流带来的思维碰撞，是现代创新产生的重要方式。因此，设计从使用者的角度出发，着力将侨商创新中心打造成科研人员的交流平台，形成创新中心的最适宜模式。设计在内院建构了三层高的共享平台，与周边建筑互相渗透，通过挑空、退台、穿插等建筑手法，形成室内、室外以及半室外等标高不同的交流空间。共享平台同时串联主楼、银行、公寓和酒店，营造了模式多样、交融互动的公共空间。

| | | | |
|---|---|---|---|
| 1 办公区入口 | | 8 | 中庭 |
| 2 酒店入口 | | 9 | 连廊 |
| 3 商业区 | | 10 | 西餐厅 |
| 4 办公区 | | 11 | 服务中心 |
| 5 办公大堂 | | 12 | 会议室 |
| 6 酒店大堂 | | 13 | 展示区 |
| 7 酒店标准间 | | 14 | 休息区 |

四层平面图

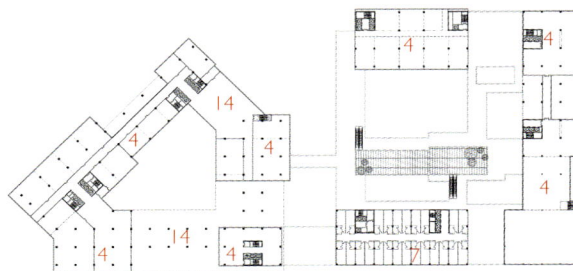

五层平面图

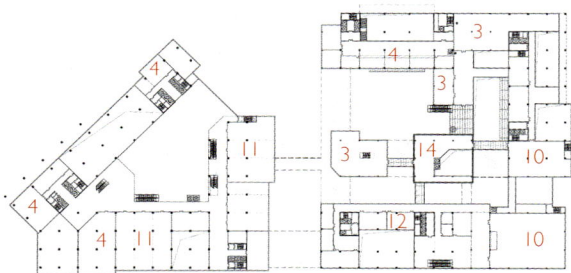

二层平面图

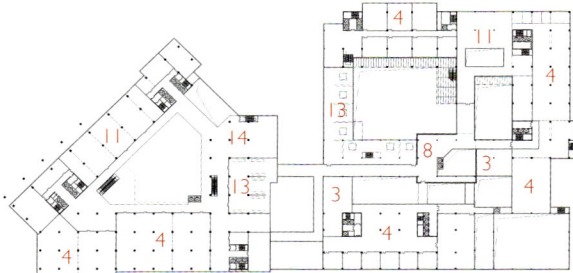

三层平面图

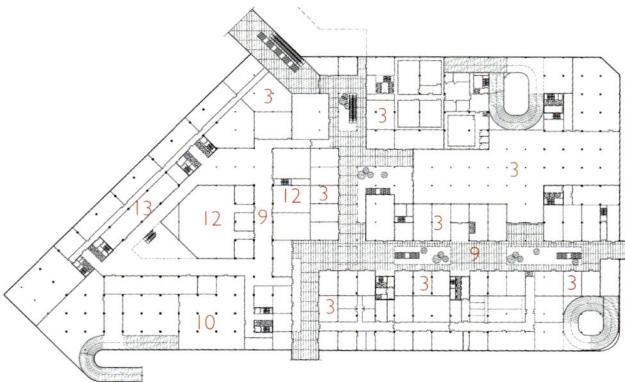

地下一层平面图

0    20m

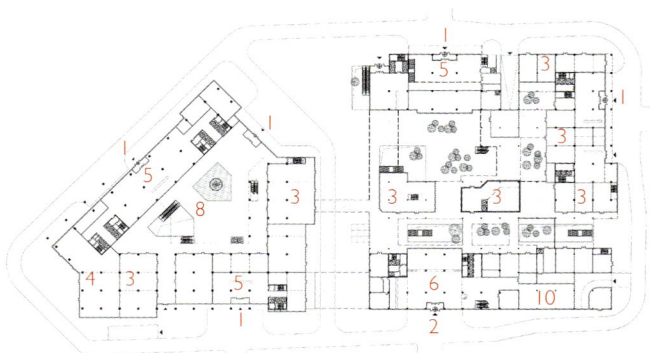

一层平面图

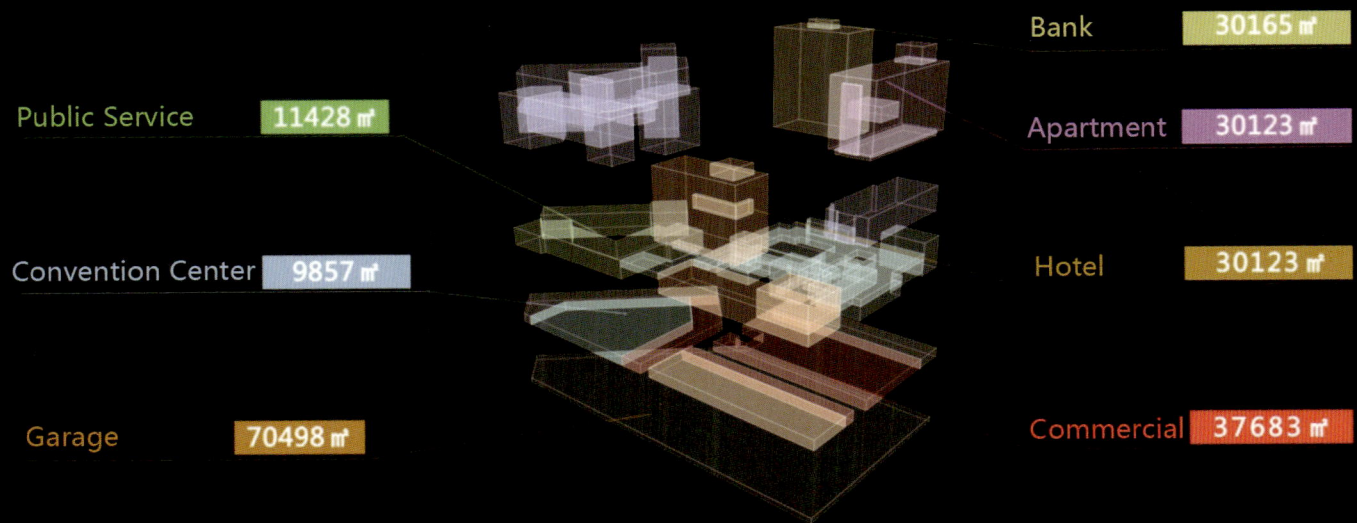

Public Service 11428 ㎡

Convention Center 9857 ㎡

Garage 70498 ㎡

Bank 30165 ㎡

Apartment 30123 ㎡

Hotel 30123 ㎡

Commercial 37683 ㎡

**下图：**"庭"与"院"的连续剖面图
**对页下图：**平台层鸟瞰图

**庭：**巨构中庭建筑体量螺旋攀升，形成特有的台地景观中庭。

**院：**借"四合院"概念，在塔楼与裙楼间设置三个庭院，形成一系列疏密得当、有节奏的合院。

**街：**主街利用两侧商业形成富有活力的城市公共活动空间，地表和屋面大量的绿化引入也形成了基地内绿量最大的宽街绿谷。

**弄：**结合塔楼的低区空间，在宽街一侧形成窄弄骑楼街，相较宽街的喧闹，窄弄呈现出了一种宁静的文化氛围。

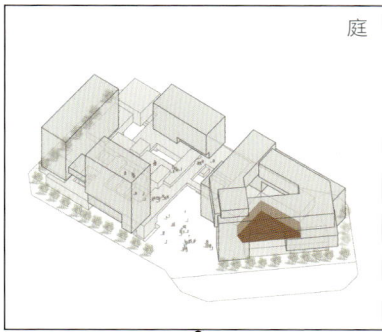
庭

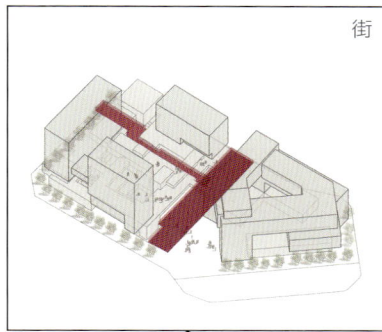
街

院

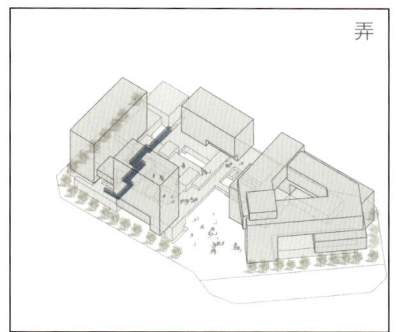
弄

**左上图：**主楼主入口
**右上图：**"街"与工业遗存
**左下图：**"院"与公共空间
**右下图：**"弄"与公共空间
**对页：**"街"与工业遗存

# 厦门同安新城（丙洲片区）

**项目地点**／中国·福建·厦门
**项目规模**／161000平方米
**合作设计**／殷建栋、杨涛、祝狄烽、张莹、林肖寅、李嘉蓉、刘翔华、
郑建国、古振强、叶茂华、鲍张丰、江丽华、张鹤
**项目时间**／2015年中标，作为总控单位设计深化，施工中

　　同安新城（丙洲片区）规划为厦门现代服务业基地，总用地
333000平方米。

　　设计希望通过人性化的尺度把握、模块化的建筑布局、连续的沿
街界面营造及立体化的交通系统构建，打造一个集生产、生活、生态
三位一体的未来产业服务基地，并通过集聚效应带动周边片区，形成
产城一体、尺度宜人、充满活力的中心城区。

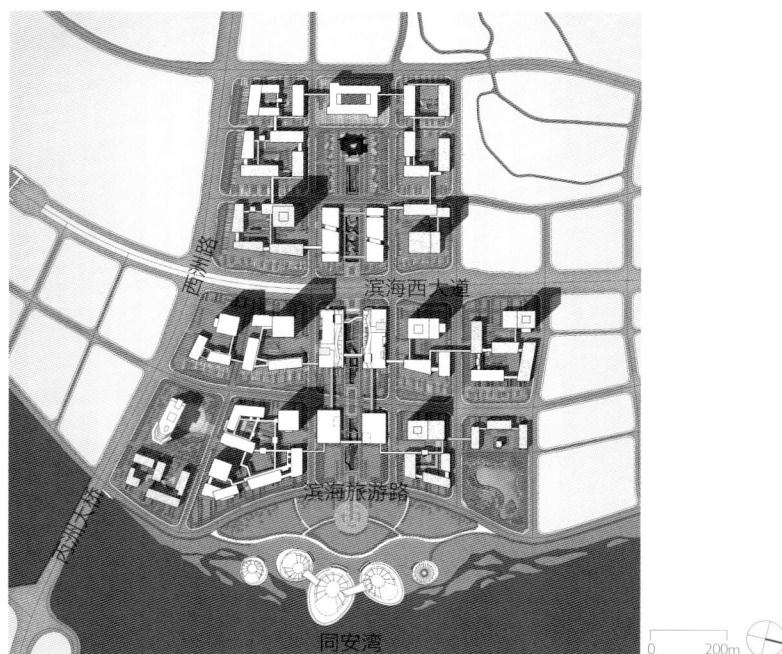

**左图**：总平面图
**对页**：鸟瞰

福建省　　　　　　　厦门市　　　　　　　同安新城

**下图：**沿海岸线总体透视图
**对页：**高层塔楼

## 人性化的街区尺度

设计在传统规划的"大街区"尺度基础上，通过设置支路网分割，将街区控制在150米左右，打造"小街区、密路网"尺度模式，在便于区域内交通疏导的同时，提供氛围亲切、适宜人行的城市空间。

## 模块化的建筑布局

街区内部的建筑布局以"建筑体量围合街区内院"为操作原则，遵循模数网格及模块化布置方法，通过几种经典布局模式的排列组合，形成丰富的街区形态。

## 立体步行交通

立体步行网络有效加强了基地内被滨海西大道割裂的东西片区以及各个城市空间的联系，符合现代服务业多维交互的需求，三个层面的步行网络均结合商业与生态绿化组织使步行路径不仅仅满足交通功能，更是一张活动、交流的网络。

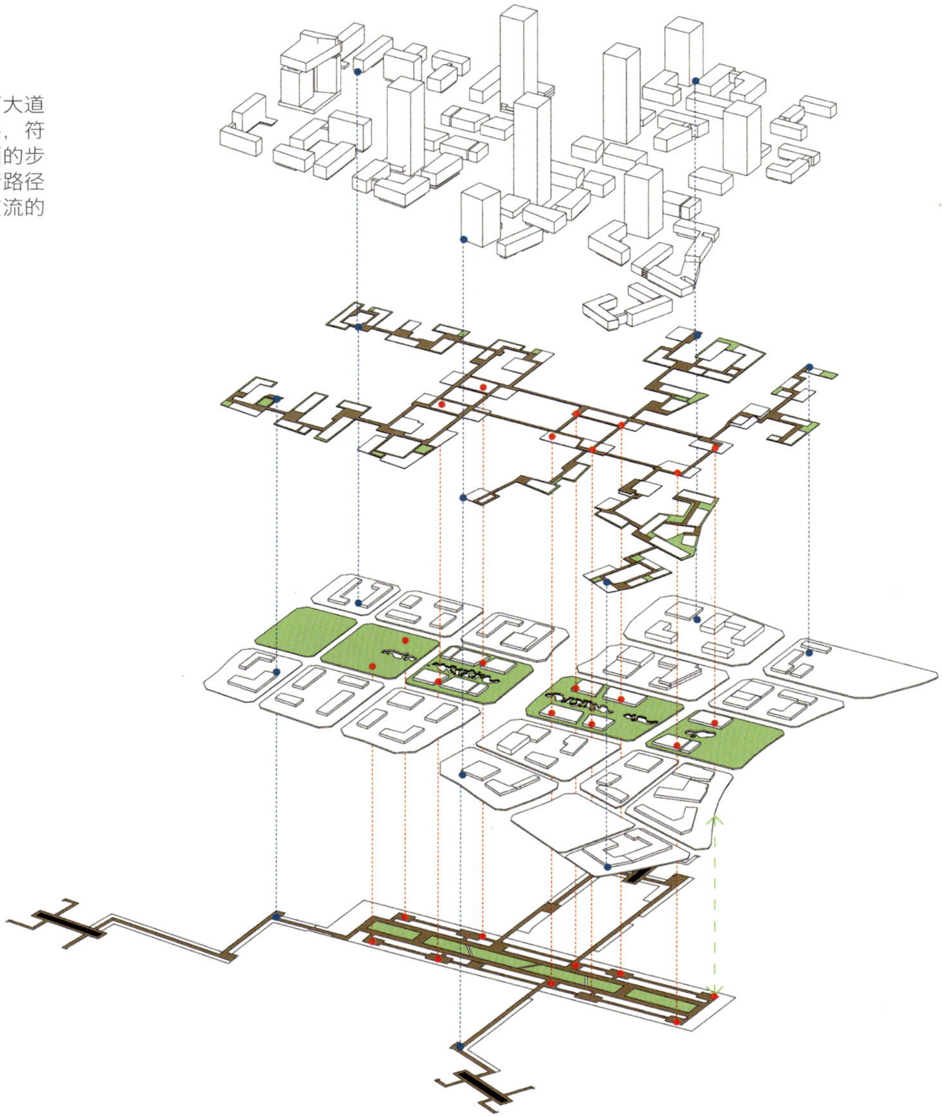

步行系统

商业公共垂直交通

办公公共垂直交通

地铁

## 道路等级

道路系统等级分明，南北向滨海西大道及东西向西洲路为基地主干道与主要形象道路。

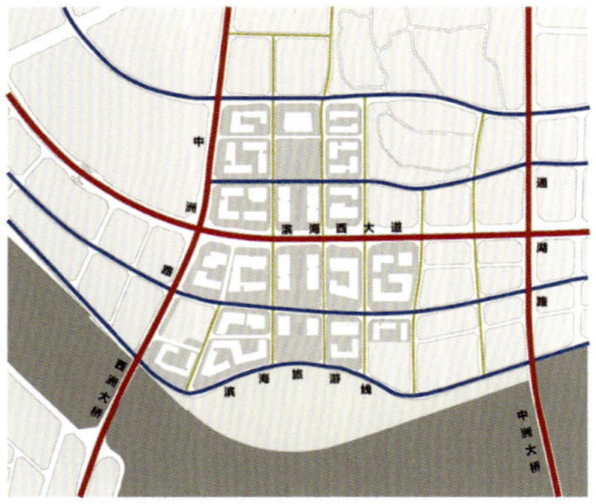

支路
次干道
主干道

## 地铁到达

项目充分利用地铁站的优势，所有地块都位于地铁站5分钟步行范围内。

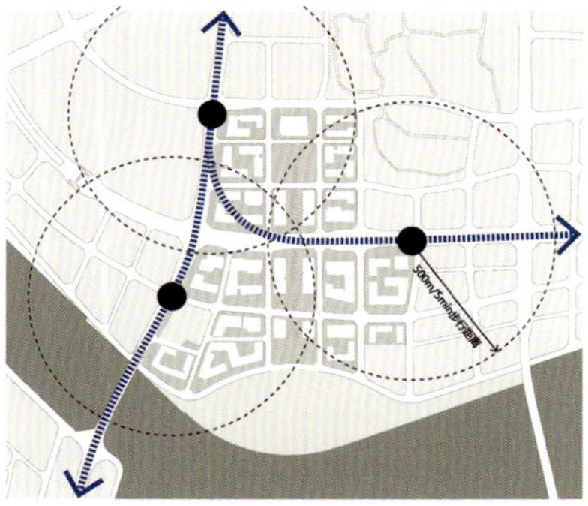

路线
站点

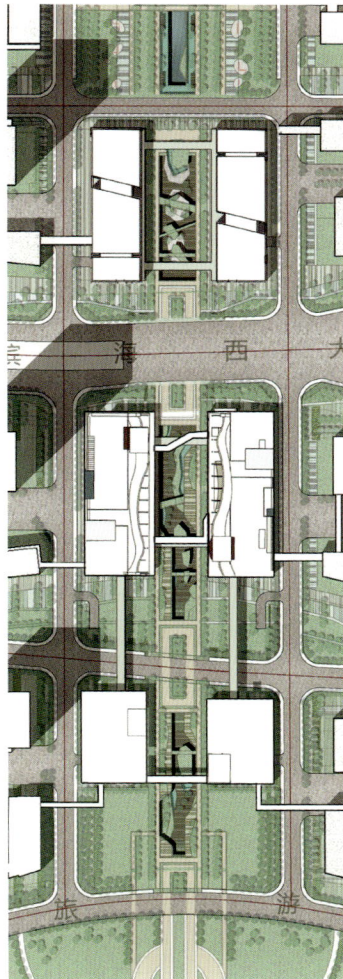

**中央绿谷**

中央绿谷由大量的下沉庭院组成，由西向东，穿越滨海西大道，连接中央广场与休闲广场，直达滨水空间。

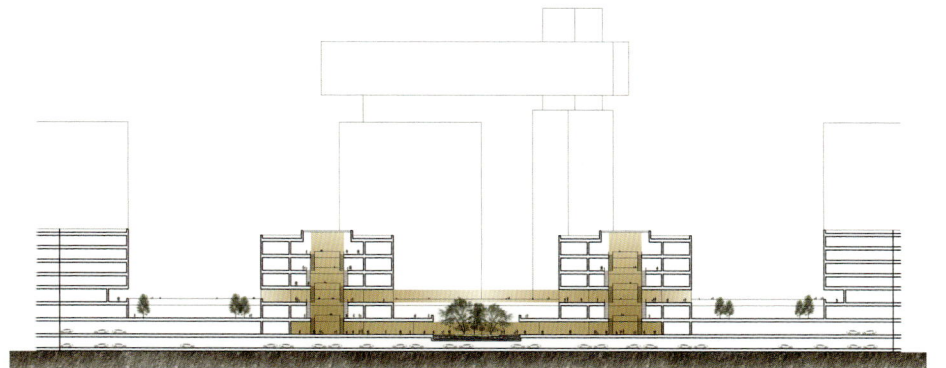

**有轨电车**

利用有轨电车的优势，引入大量步行人流至公共开放空间。

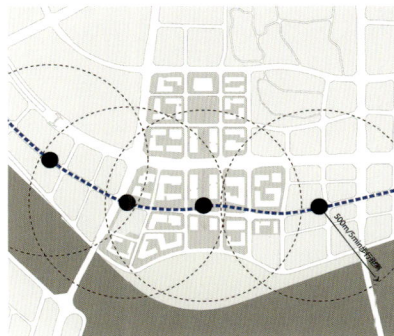

┈┈┈ 路线
● 站点

**公交路线与站点**

公交车路线和车站的设置，强化公交服务，促进公交导向型的开发。

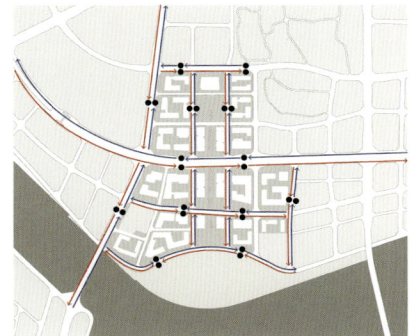

⟷ 路线
● 站点

**下图：**一层商业区
**对页：**二层连廊

**连续丰富的沿街界面控制**

设计在保持沿街界面整体连续的基础上，通过转角空间退让、底层架空、公共内院设置、步廊穿接等手法，创造更丰富的界面表达，同时实现城市公共空间由沿街界面向街区内部平缓地过渡渗透。

**多层级的立体交通构建**

设计在营造适宜的地面步行网络的基础上，增加了地下步行系统和二层步行系统，通过垂直交通节点的连接，形成立体化的步行网络，实现安全的人车分流。同时，结合二层平台、空中花园等设置服务设施，满足城市多维交互的需求。

**下图及对页：** 公共内院与穿接步廊

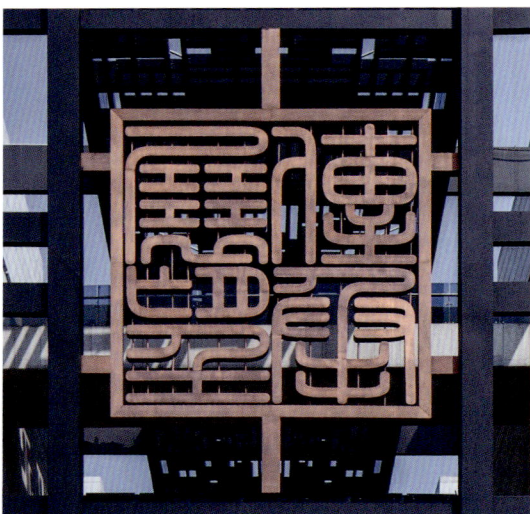

语言·建筑创作的表现手段

相较于西方以语言为哲学"本体"[1]，中国传统文化对"语言"的态度相对消极，老庄的"大美不言"[2]，几乎否定了语言和形式存在的意义——这显然有些绝对化。而顾恺之的"以形写神"[3]、王昌龄的"言以表意"，则比较恰当地说明语言、形式作为手段，具有传神表意的重要功能。

语言的重要性毋庸置疑，面对时代变化，建筑师需要在充分掌握中外古今建筑语言的基础上，不断地转换创新，以期更好地完成"传神表意"的创作要求。

因此，"无古无今，无中无外，能入能出，能放能收"是我在创作中对于形式创造所持的基本态度。我认为，走出西方"语言哲学"的藩篱，摆脱"语言"同质化、程式化的桎梏，我们将会有更为广阔的视界，在建筑形式美、语言美的探索上定会有自己的新的突破。

1 此处指20世纪西方现代哲学的"语言转向"
2 语出《庄子·知北游》
3 语出房玄龄等撰《晋书》

# 加纳国家剧院

**项目地点**／加纳·阿克拉
**项目规模**／11000平方米
**合作设计**／叶湘菡、沈之翰、蒋淑仙
**项目时间**／1985年设计，1992年竣工

加纳国家剧院选址于城市中心干道交会处，建筑包括1500座观众厅、展览厅、排演厅和一个露天剧场。

建筑灵感来源于非洲艺术所生发的模糊意象：神秘而抽象的马赛克壁画，动作夸张、节奏鲜明的本土舞蹈，极具力度感的雕塑，这些夸张而富于神秘感的艺术形式，带着原始而炽热的情感，感染、震撼并启发着我们。最终，方案将三个方形体块加以旋转、弯曲、切割，塑造了一个奔放而有力度、精致而又不失浪漫、内部空间与外部形式较统一的建筑形象。这个明显受到地区文化背景影响的国家剧院建成后，以其独特的艺术造型成为阿克拉城的标志性建筑，深受加纳人民的认同和喜爱，并被用作加纳纸币"塞地"的图案。

项目经国外建筑师推荐，入选国际建协主编的《二十世纪世界建筑精品选》。

（项目所有照片均于1992年拍摄）

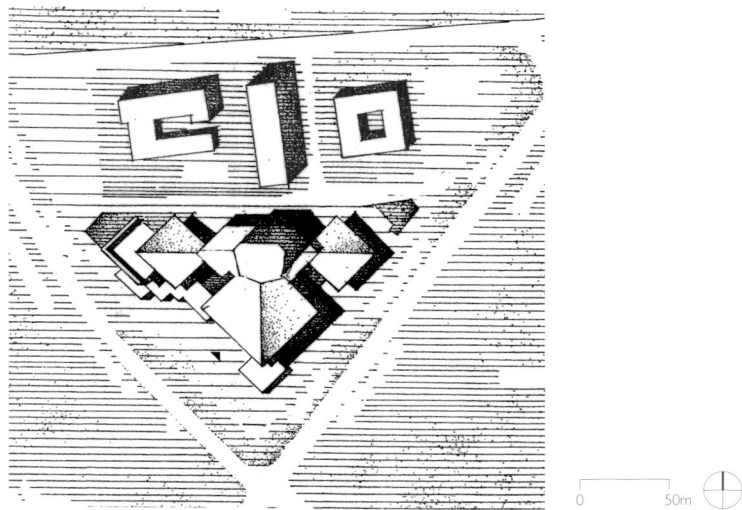

0    50m

**左图：** 设计草图
**对页：** 西入口

下图：多种形式表达的非洲艺术
对页：东入口广场

**下图由上至下依次为：**剖面图；东立面图；北立面图

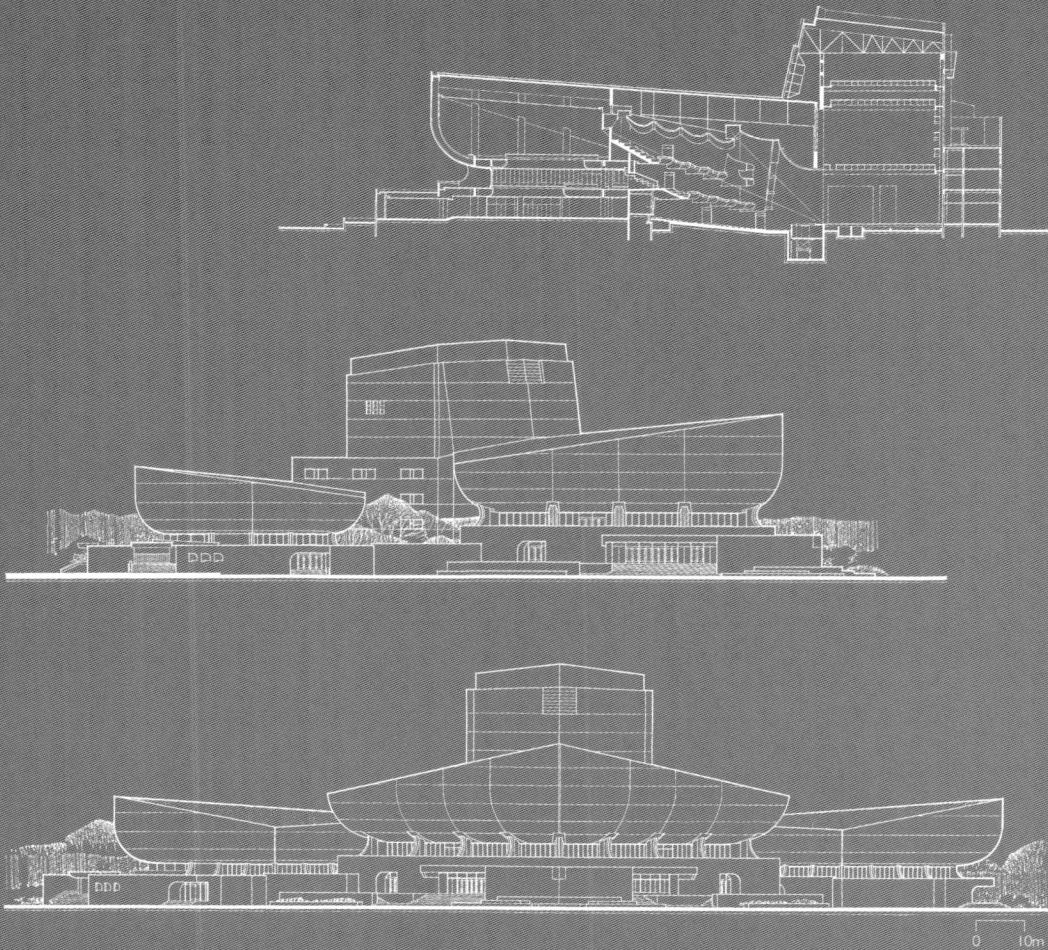

**上图及对页：** 奔放而有力度的建筑造型

剧院的视线、声学和舞台设计经过反复推敲，技术是成熟而先进的。特别是声学测试表明，音响设计达到了我国规定的语言和音乐扩声系统级标准。验收时得到菲利浦（PHILIPS）公司声学专家的好评。

**下图及对页：**建筑与广场上的非洲雕塑

**下图及对页：**建筑局部

下图：中央大厅墙面装饰
对页：中央大厅

上图：总统包厢
下图：二层展廊
对页：1500座观众厅

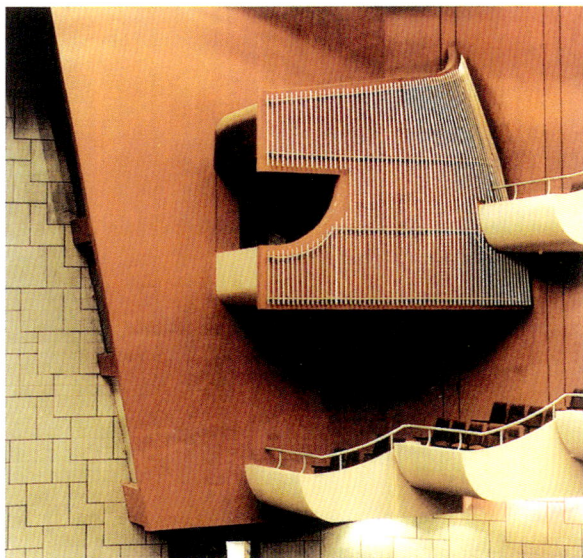

下图：主入口
对页：建筑夜景

# 马里共和国会议大厦

**项目地点**／马里共和国·巴马科
**项目规模**／12000平方米
**合作设计**／叶湘菡、徐东平
**项目时间**／1989年设计，1994年竣工

　　马里会议大厦位于首都巴马科市，选址于非洲第二大河——尼日尔河一侧的岸边。大厦集会议、宴会、行政等多种功能于一体。

　　建筑位于河岸边的场地周围十分开阔，我们认为在这样的环境中，一个自由舒展、无明确轴线的建筑造型是较易生根的。马里是一个信奉伊斯兰教的国家，建筑具有伊斯兰建筑的特征，但较为简单、粗犷。因此，我们提取了伊斯兰建筑造型中优美的曲线特征并加以抽象简化，运用至会议大厦的屋顶、拱廊以及广场装饰性构架设计中，尝试传达一种质朴而又自然的地域韵味。本工程入选国际建协主编的《二十世纪世界建筑精品选》。（项目所有照片均于1994年拍摄）

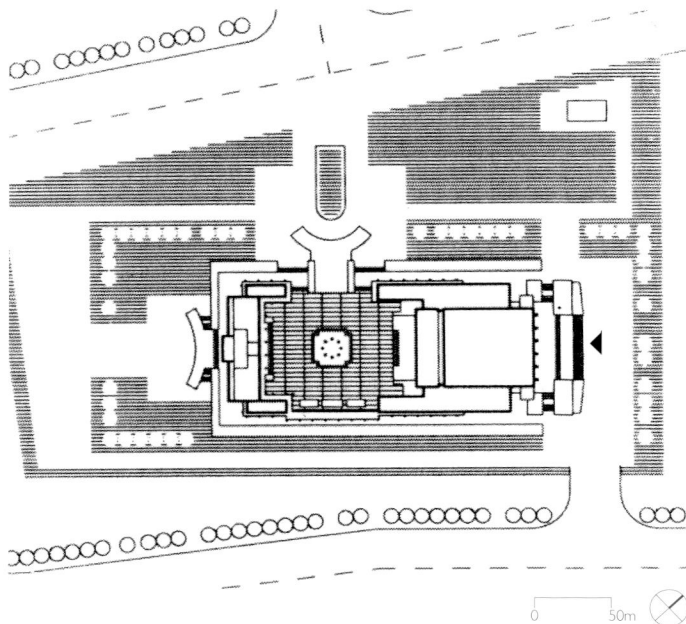

0　　50m

**左图：** 总平面图
**对页：** 建筑形体沿河岸舒展开来

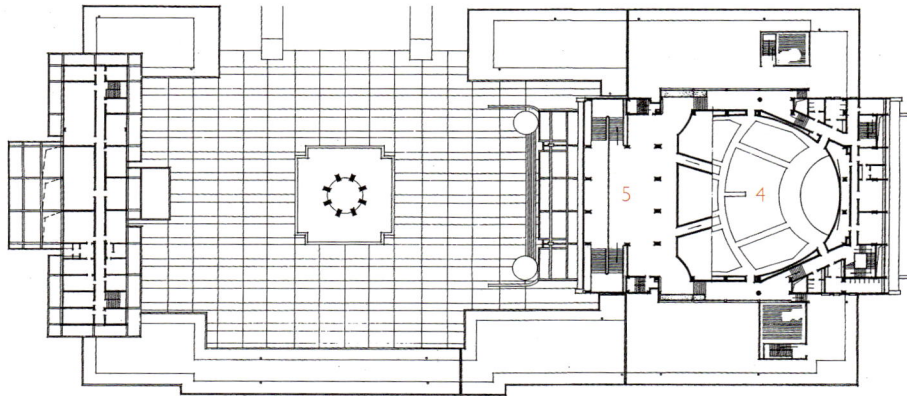

二层平面图

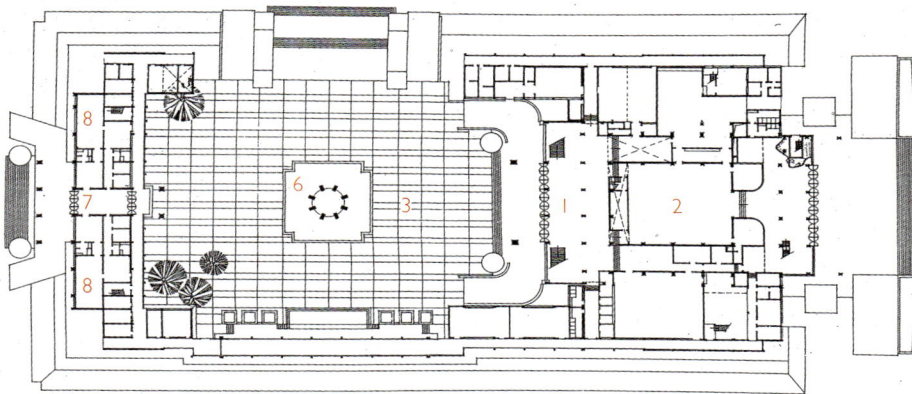

一层平面图

1　大厅
2　休息厅
3　内院
4　会议厅
5　休息厅
6　喷水池
7　接见厅门厅
8　总统接见厅

0　　10m

**上图：**建筑西立面——优美的曲线与弧线的结合

**下图：**建筑细部
**对页：**以尖拱为造型母题抽象而来的广场照明灯塔

**下图及对页：**建筑细部

建筑作品 / 语言·建筑创作的表现手段　501

上图：休息厅室内
对页：大厅室内

观众厅入口

# 古巴吉隆滩胜利纪念碑方案

**项目地点**／古巴·吉隆滩
**合作设计**／顾启源、孙骅声、蔡体方
**项目指导**／王华彬
**项目时间**／1963年设计，国际设计竞赛参赛方案

设计包含纪念碑、广场与一座博物馆。

圆、三角和梯形的三维组合，塑造出清晰的形象，它是象征胜利的风帆？或是使人联想到那代表永恒的金字塔？又或许什么都不是——仅仅因为在这个与大海和旷野相连接的地方，需要一个简洁而富有张力的造型，使人们感到振奋与欢愉……

由完全开放的周围环境来到半开敞的圆形广场，然后登上纪念碑底座进入围合的博物馆庭院中，这一空间序列既适应人的情感，也激发人的情感。纪念碑的V形平面、大台阶的V形石阶、柱廊的V形柱，都在重复着同一个主题：胜利。

**上图：** 总平面图
**下图：** 纪念碑在大海边的旷野间矗立
**对页上图：** 造型简洁而有张力
**对页下图：** 鸟瞰图

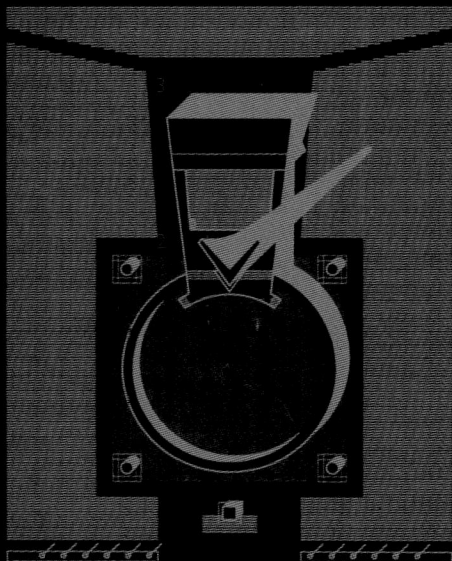

1 广场
2 纪念碑
3 博物馆

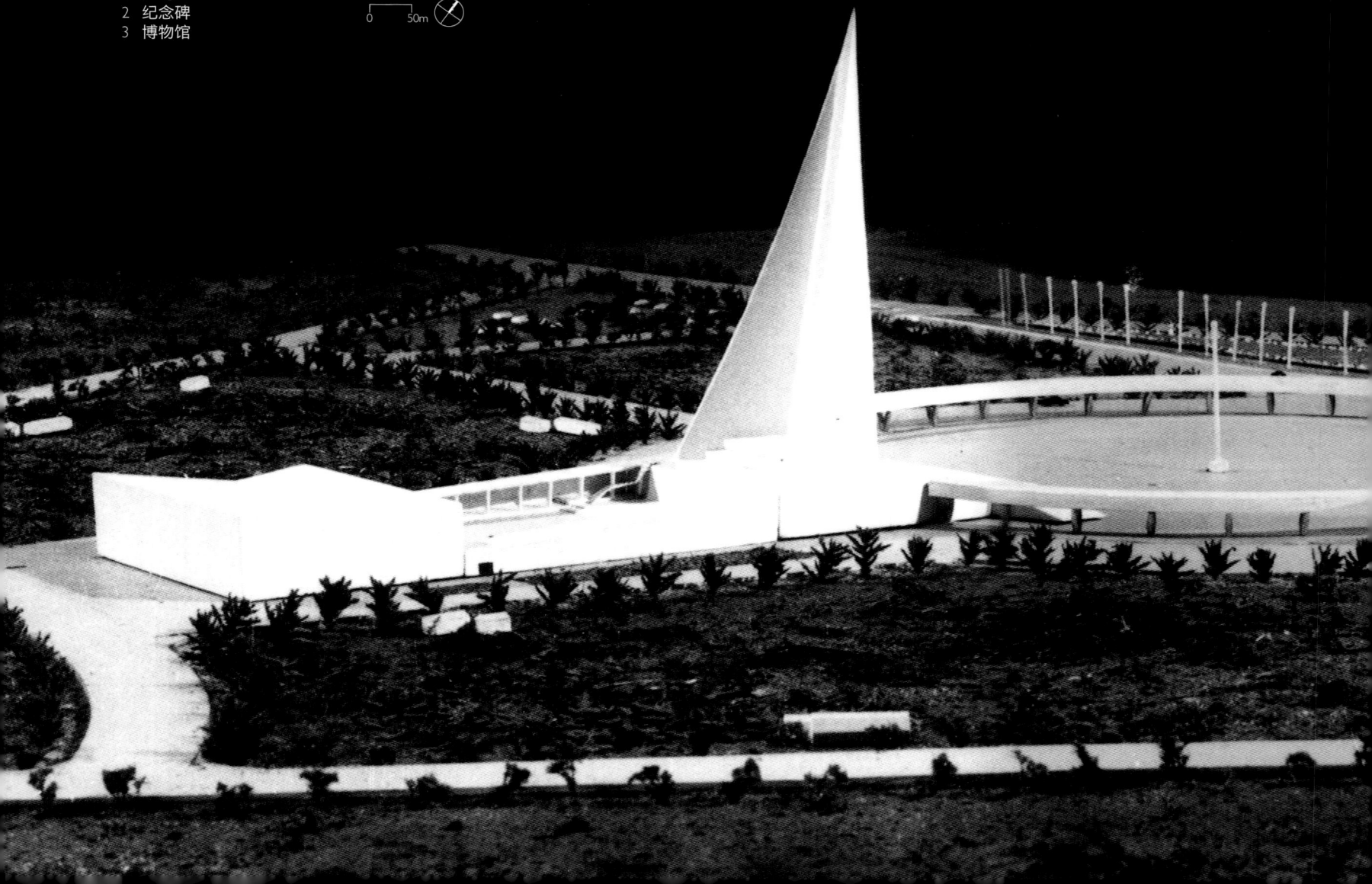

0    50m

**上图：**入口廊道（绘于1962年）
**下图：**内部纪念大厅（绘于1962年）
**对页：**设计草图

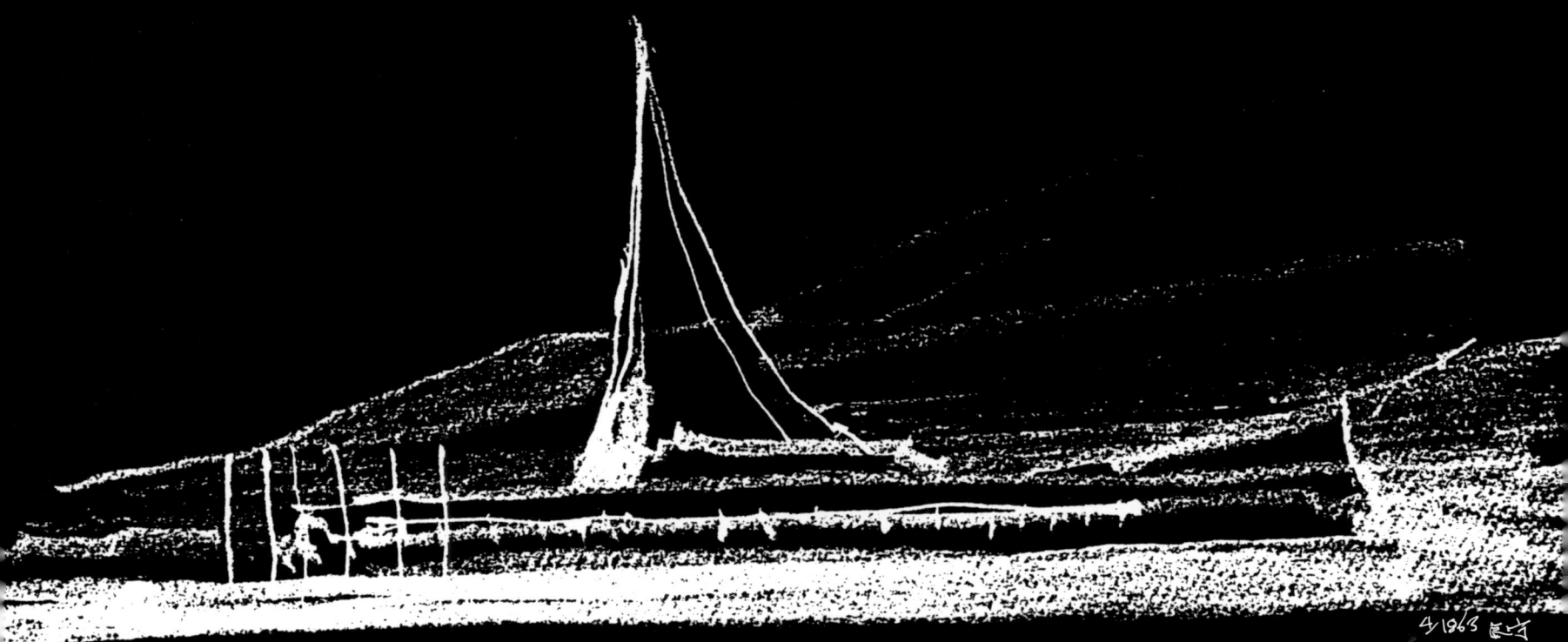

# 宁夏大剧院

**项目地点**／中国·宁夏·银川
**项目规模**／49000平方米
**合作设计**／郑庆丰、唐晖、程跃文、陈悦、段继宗、叶俊、杨涛、骆晓怡、
　　　　　　刘鹏飞、潘知钰
**项目时间**／2009年设计，2014年竣工

　　宁夏大剧院地处银川人民广场东区，与文化艺术中心、博物馆、图书馆共同组成了广场的东面组团。

　　具有宁夏地域特色的伊斯兰文化传承是我们所重视的，因为这将使宁夏大剧院与其他剧院的建筑形象区分开来。我们以"花开盛世"为理念，通过将伊斯兰建筑中独具特色的曲线进行抽象、提炼，表达了"现代的、中国的、宁夏的"设计创意，把文化和调性、工业化生产方式和现代审美理想结合起来。

**左图：** 设计草图
**对页：** 西侧主入口

大剧院采用了外方内园的形式。设计通过工作模型，推敲了剧院与博物院、图书馆之间的体量关系，在空间的完整性中凸显大剧院的主体形象。

| | | | |
|---|---|---|---|
| 1 | 主舞台 | 10 | 化装间 |
| 2 | 侧舞台 | 11 | 前厅 |
| 3 | 后舞台 | 12 | 内庭院 |
| 4 | 多功能厅 | 13 | 观众厅池座 |
| 5 | 休息厅 | 14 | 休息厅 |
| 6 | 多功能厅前厅 | 15 | 办公室 |
| 7 | 送风静压箱 | 16 | 机房 |
| 8 | 汽车库 | 17 | 主舞台台仓 |
| 9 | 绘景间 | | |

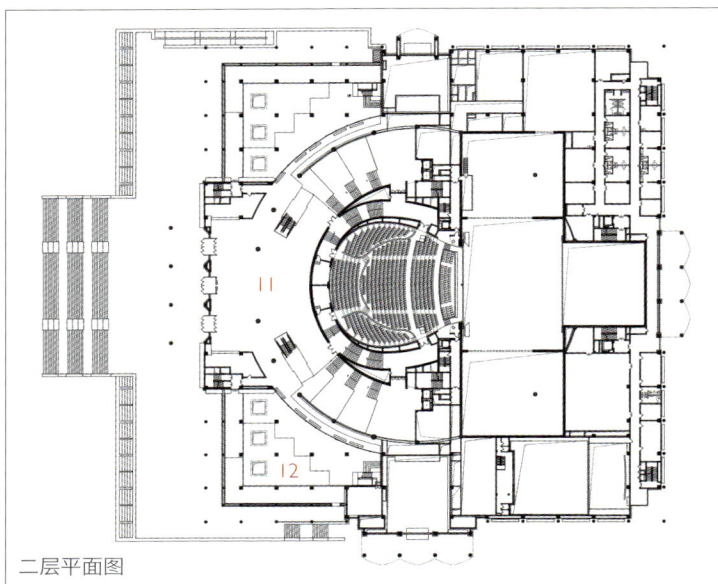

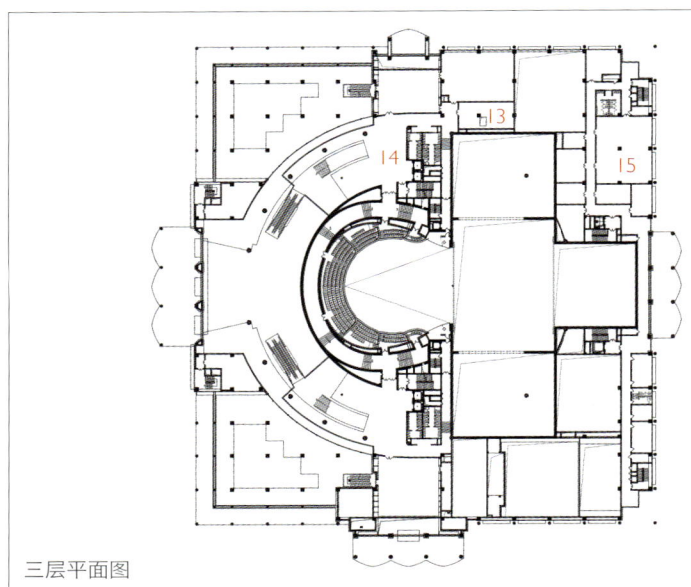

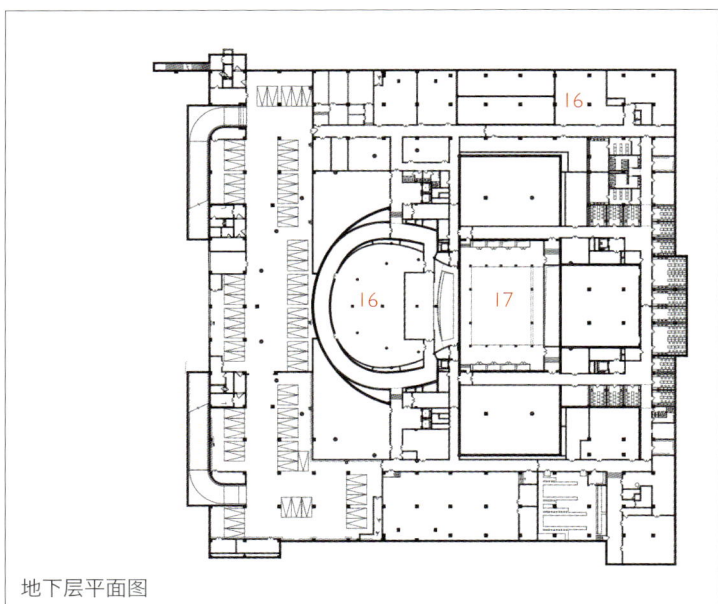

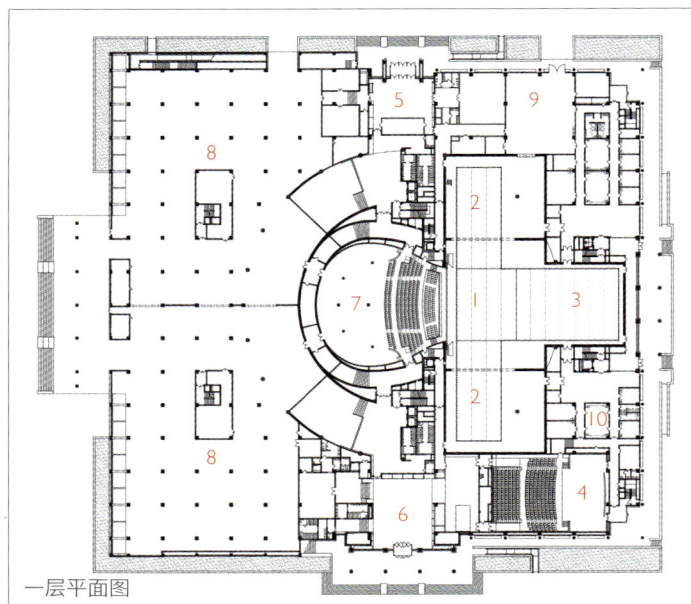

二层平面图

三层平面图

地下层平面图

一层平面图

0  10m

**对页：**屋顶鸟瞰——地域特色浓厚的建筑语言表达

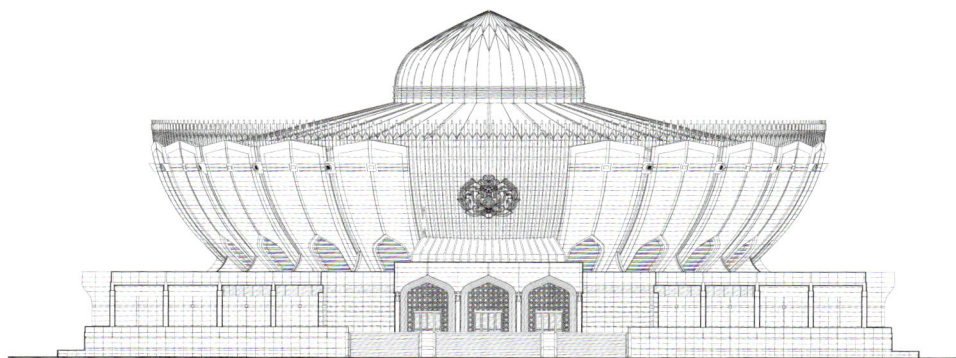

西立面图

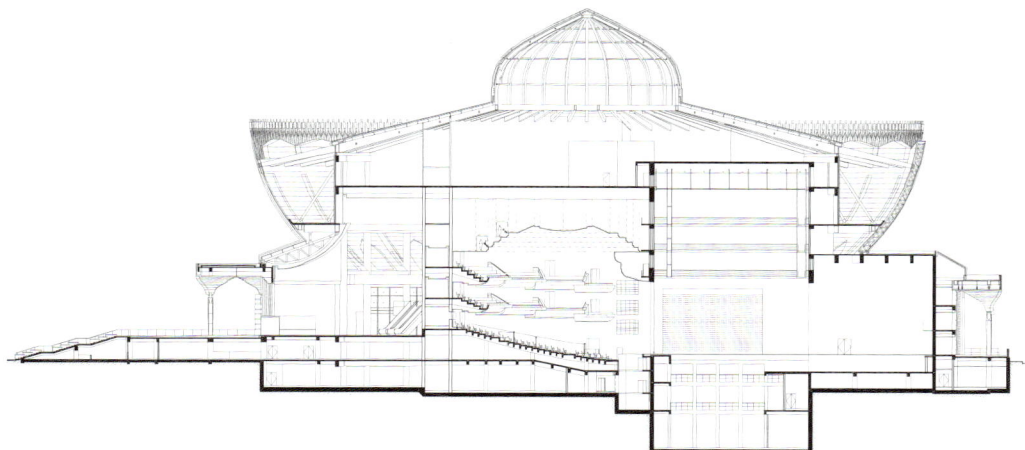

剖面图

0     10m

下图：南立面
对页：西立面

**下图：** 建筑细部
**对页：** 外立面上的地域元素

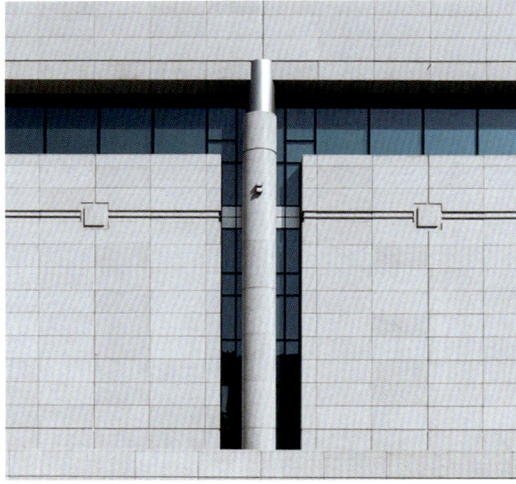

**下图：** 主观众厅
（浙江大学张三明教授在声学设计上给予了技术支持）
**对页：** 地域特色浓厚的观众厅穹顶

# 银川国际会展中心

**项目地点**／中国·宁夏·银川
**项目规模**／80618平方米
**合作设计**／程跃文、陈玲、谢曦、段继宗
**项目时间**／2005年设计，2008年竣工

银川国际会展中心位于银川市核心区人民广场西侧。建筑共设国际标准展位1742个，可满足会展、商务及办公等功能。

如何在现代化、大跨度的会展建筑中表达出银川的地域特征，是贯穿设计始终的问题之一。设计将伊斯兰建筑的拱券结构作抽象演变，构成整齐排列的"三维拱券"，承托起大型而舒展的会展中心屋面。同时，建筑入口等细部的处理也使用了富有伊斯兰风格的曲线，与顶部拱券共同形成了既有地域特征又极富现代感的建筑造型。

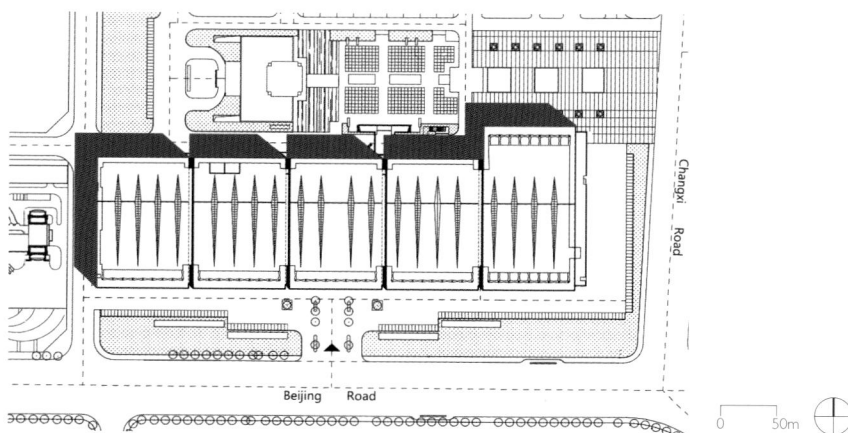

下图：建筑局部
对页：三维拱券和入口券门

**下图：展厅**
**对页：建筑外廊**

# 中国港口博物馆

**项目地点**／中国·浙江·宁波
**项目规模**／40996平方米
**合作设计**／陈玲、刘翔华、叶俊、张朋君
**项目时间**／2010年设计，2014年竣工

中国港口博物馆是一座集文化、教育、休闲为一体的综合性博物馆。

设计立意突出海洋文化，以颇富现代气息的非线性造型力图打造一个有特色的文化休闲场所，强化它对公众的吸引力，以带动新区的开发。

博物馆自2014年竣工开放后，吸引了大量城市参观人群，给该地区带来了活力。

**下图：** 东南方向实景

1　水下展厅
2　港口展厅
3　会议厅
4　科学中心
5　多功能展厅
6　临时展厅

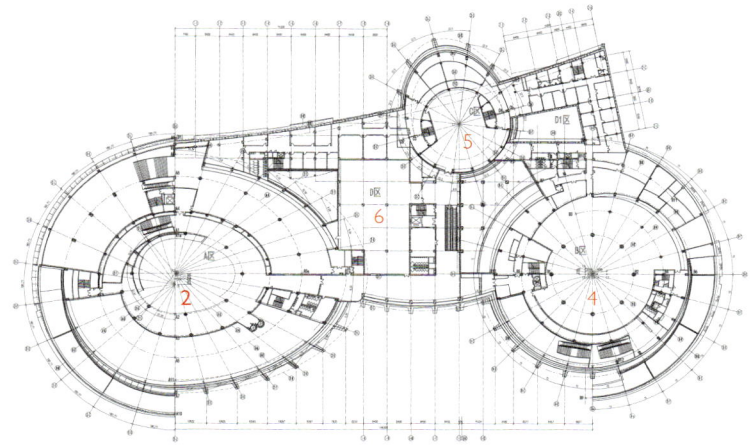

三层平面图

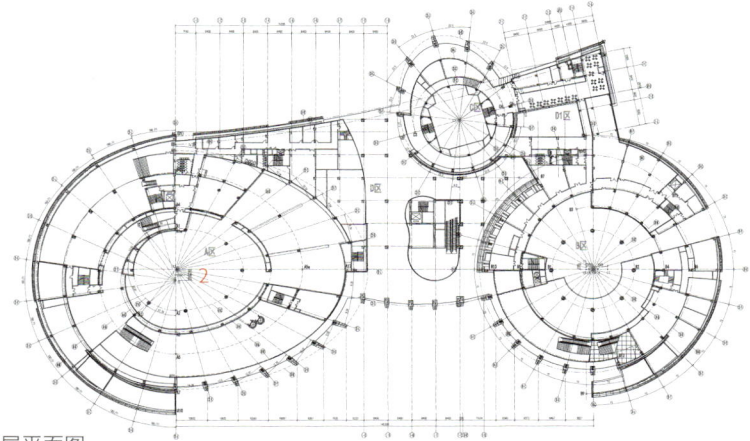

二层平面图

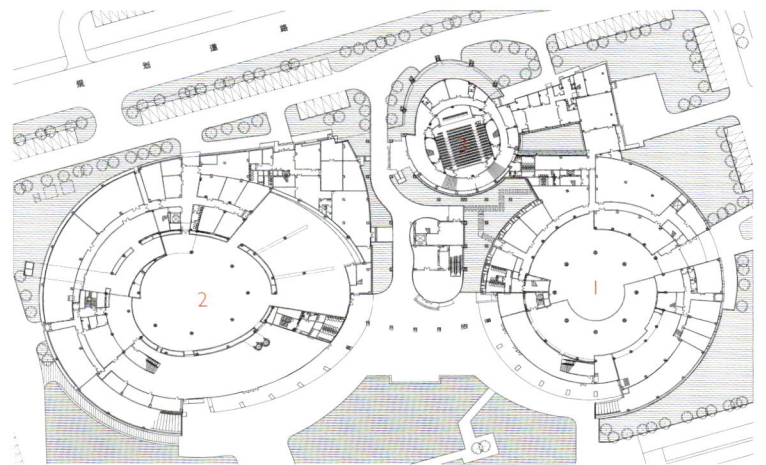

一层平面图

0　　10m

对页：简洁、流畅的室内
空间
右图：室内环廊

# 沂蒙革命历史纪念馆

**项目地点**／中国·山东·临沂
**项目规模**／45448平方米
**合作设计**／王大鹏、沈一凡、柴敬
**项目时间**／2011年设计，2015年竣工

　　沂蒙革命纪念馆是以沂蒙革命精神展示、研究及主题教育为主要功能的中型展览馆。

　　建筑用地东邻华东革命烈士陵园，南接沂州林荫广场。建筑南广场与林荫广场形成一条贯穿纪念馆的南北主轴线，并与陵园纪念碑互为对景。纪念馆建筑形式简洁朴实，四个支座体托起了建筑物的主体体量，形成了强烈的力度感；中部贯穿上下的红色筒体，保持了外部造型和室内空间的连续性。

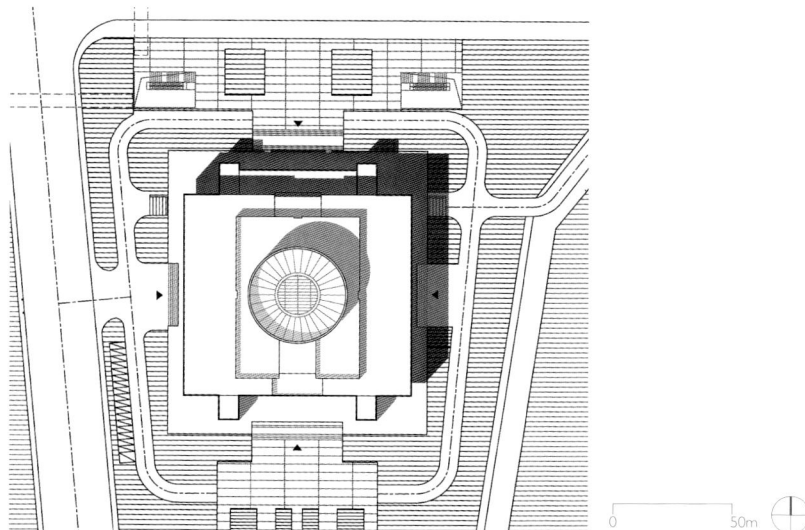

0 　　　　　50m

**左图：** 总平面图
**对页：** 主入口

一层平面图
1　前厅
2　影视大厅
3　舞台
4　党史陈列厅
5　游客中心
6　序厅

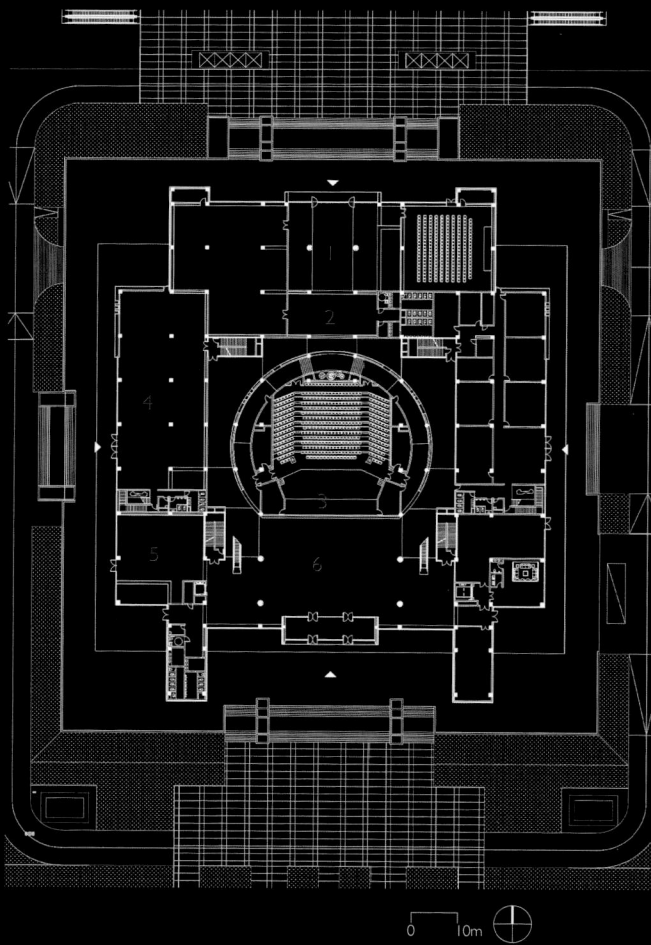

0　10m

# 阜阳市科技文化中心

**项目地点**／中国·安徽阜阳
**项目规模**／54382平方米
**合作设计**／钟承霞、王大鹏、刘翔华、柴敬、桂汪洋、吕思扬
　　　　　　黄卿云、刘鹤群、张杰亮
**项目时间**／2005年设计，施工中

　　位于清河湾畔的阜阳市科技文化中心，其设计立意来自对阜阳书法传统与彩陶技艺的抽象，行云流水般的非线性造型舒展、飘逸，富于雕塑感。在用地范围内，四大功能区块穿插组合，力图打造集地域性、文化性与时代性于一体的综合性文化休闲中心。

0　　50m

左图：总平面图
对页：草图

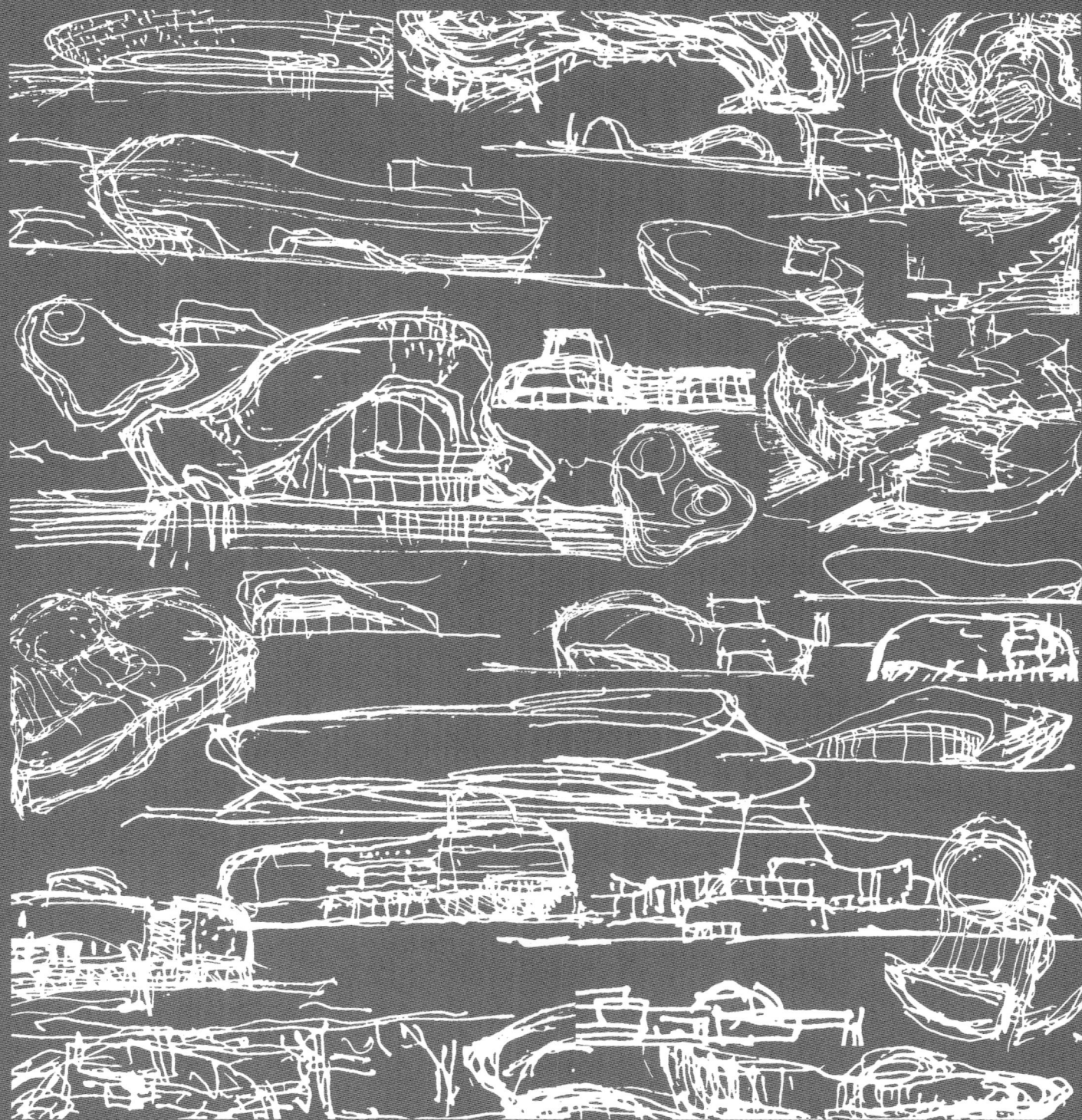

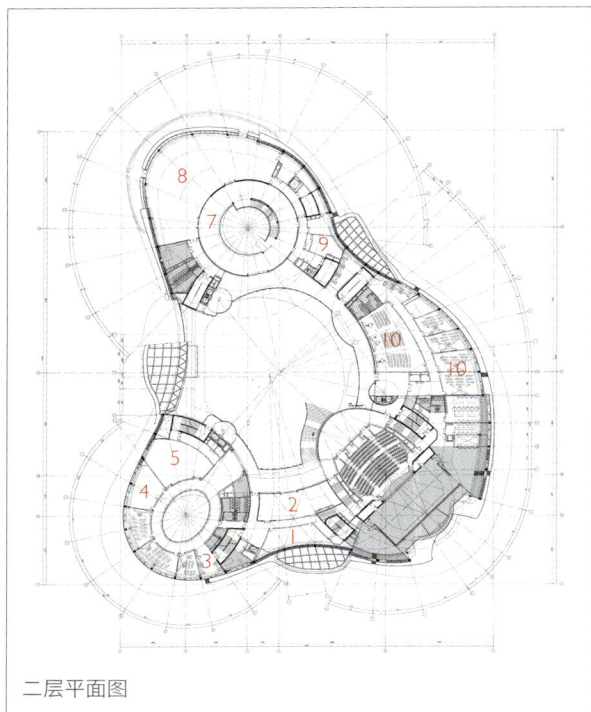

二层平面图

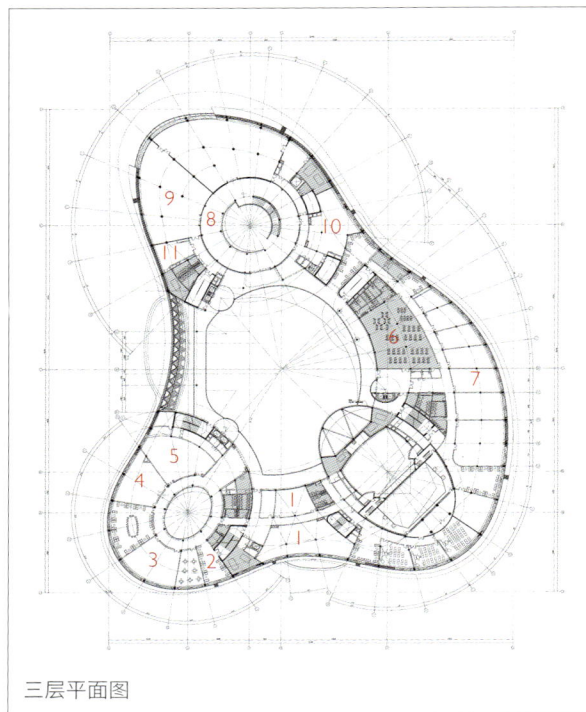

三层平面图

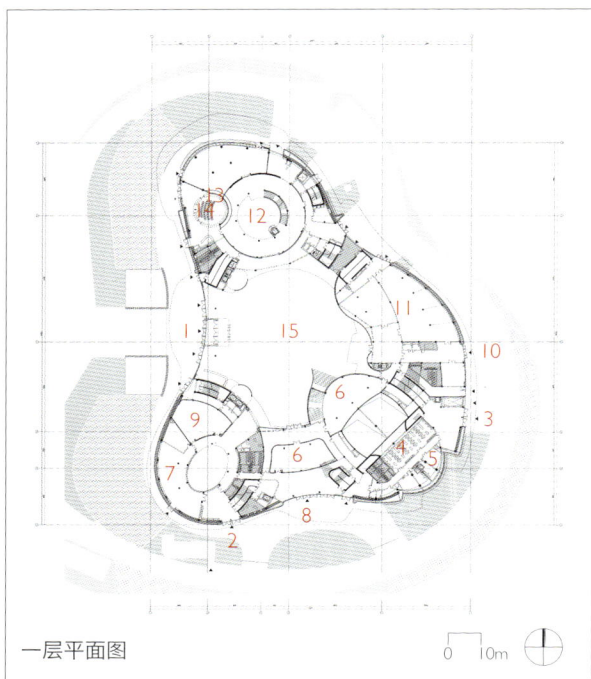

一层平面图

0　10m

1　文化中心主入口
2　妇女儿童活动中心次入口
3　演员入口
4　大化装间
5　服装间
6　艺术展厅
7　亲子中心
8　剧场次入口
9　教育成果展示厅
10　工人文化馆次入口
11　综合接待大厅
12　通过式展厅
13　展厅
14　球幕影院
15　医疗室

**下图：**流畅舒展的非线性造型与抽象自陶艺的筒体结合
**对页：**主入口透视图

# 温州鞋业博物馆方案

**项目地点**／中国·浙江·温州
**合作设计**／叶湘菡
**项目时间**／2000年设计

　　"隐喻"，是建筑造型的一种方法，但构思是否巧妙，分寸掌握是否恰当则是影响建筑品位的关键。我们对温州鞋业博物馆的造型方案设计作了一些尝试。两个方案中一个方案偏于含蓄，另一个则较直白，意在传达一种不媚俗的建筑品位。

**左图：**比较方案之一
**对页：**似与不似之间

墨老弟，云篆，不似似曲媚世，似曲媚世，筑建篇，以似曲似曲，卧座不多，媚世更，智入不品。美。三温州中南难教甘州城绘

# 太原晋阳湖展示馆方案

**项目地点**／中国·山西·太原
**项目规模**／3000平方米
**合作设计**／陈玲、朱文婧、裴昉、祝容、汤焱
**项目时间**／2012年设计，未落实

　　太原晋阳湖展示馆位于山西省太原市，包括展示、互动、办公、会议、休闲等多个区域。

　　晋阳为春秋古城，青铜的制造和使用是该时期文化发展的重要标志。设计以"青铜出水"为创意，把历史、文化、场地环境有机结合起来。

Jingyang Lake

Exhibition Hall

0　　100m

**左图**：总平面图
**对页**：设计草图
**后页**：外景

# 奈良中国文化村剧场方案

**项目地点**／日本·奈良
**项目时间**／1992年设计

　　日本奈良中国文化村内拟建一座带顶的半露天剧场。这类剧场在日本建造颇多，舞台很小，灯光及其他设施均临时安装，可适应各类居中的演出，亦可兼作集会使用。这个剧场建在一个坡地上，因而观众席利用了地形。根据业主要求，屋顶采用膜构造，并在造型和图案色彩上表达中国蒙古包的意味。

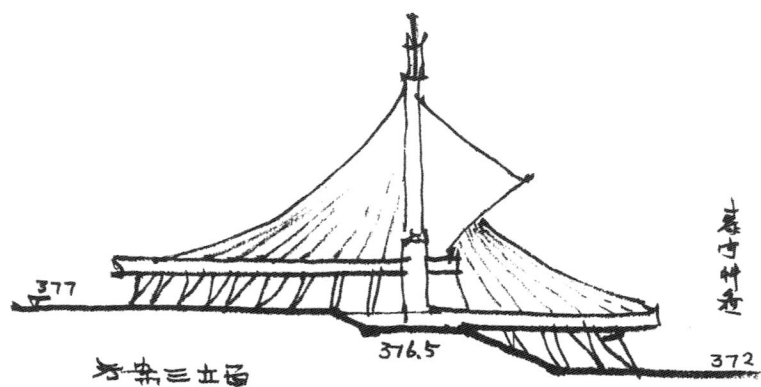

**左图**：方案西立面图
**对页**：蒙古包造型与地势
相结合的尝试

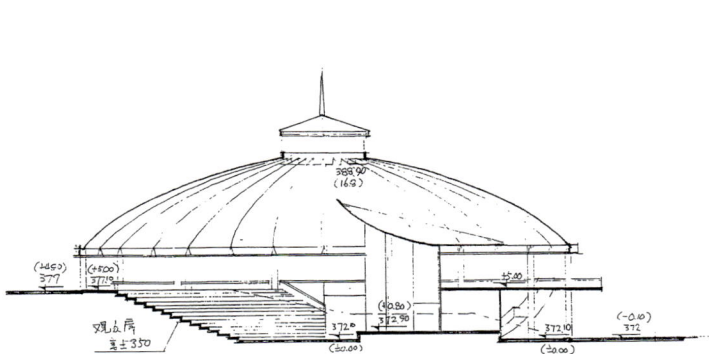

剖面图 　　　　　　　　　　0　　　10m

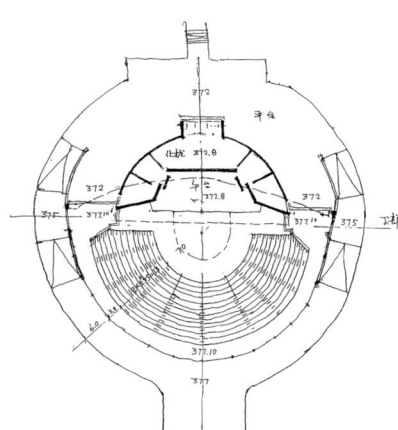

一层平面图

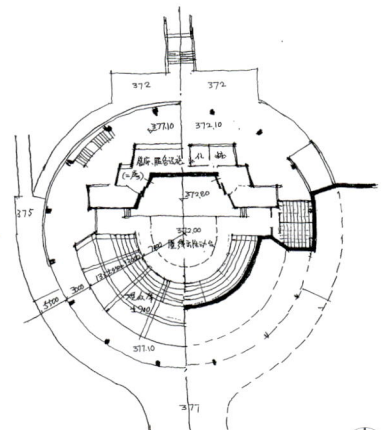

二层平面图 　　　　　0　　　10m

日本
奈良
中国文化村
剧场方案

# 锡东新城文化中心方案

**项目地点**／中国·江苏·无锡
**项目规模**／41300平方米
**合作设计**／殷建栋、朱文婧、郑克卿、董雍娴、周慧、王壁君
**项目时间**／2012年设计，未落实

锡东新城文化中心包含阅览、展演、会议等多种文化功能。

该方案的沿街界面完整连续，外立面采用穿孔铝板镂空篆书文字的表皮，建筑造型简洁而又丰富，古典而又现代。

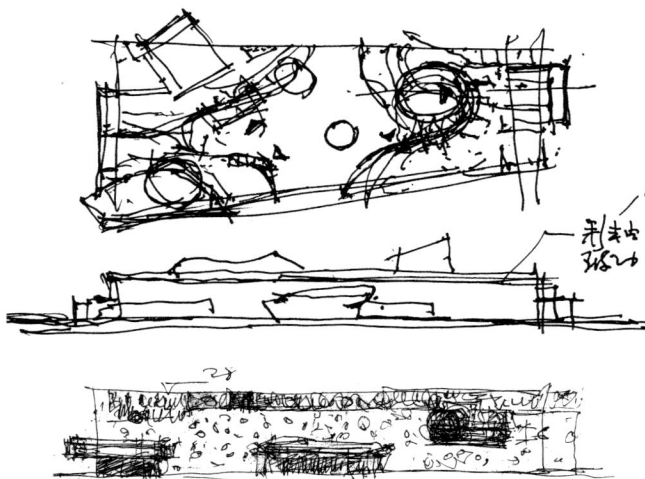

**左图：**设计草图
**对页：**鸟瞰图

# 绍兴市民广场

**项目地点**／中国·浙江·绍兴
**项目规模**／80000平方米
**合作设计**／梁擎天、安东
**项目时间**／1998年设计，2000年竣工

　　市民广场位于绍兴市中心，西面向府山开敞，广场范围内还有一座元代大善塔。人工构建的市民广场如何与环境相融合，实现现代与历史的和谐对话，是我们面对的主要课题。

　　由于广场、艺术中心与剧院分三期建设，因此在设计中，三者呈"品"字形布置，并留出一条由大善塔、名人雕塑群至府山的视觉走廊，形成"三点一线"的总体布局。山水、绿化、古建筑与现代的玻璃体之间充满了虚与实、刚与柔、人工与自然、历史与现代的对比和融合，广场空间显得十分丰富，有较高文化品位。

**左图：**展览中心主入口
**对页：**鸟瞰

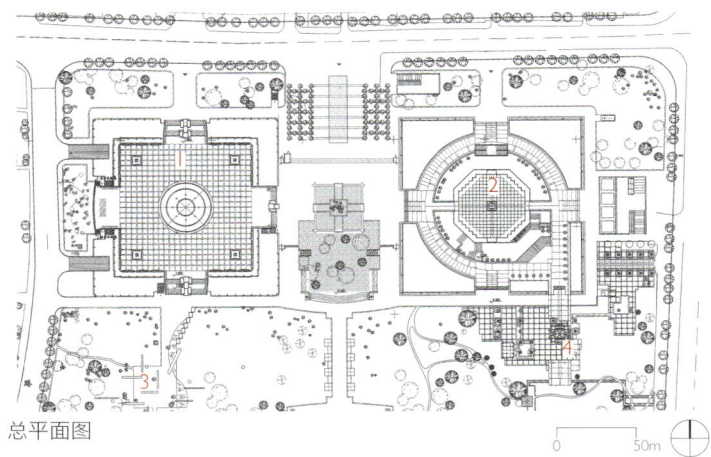
总平面图

1　市民广场（一期）
2　艺术中心（二期）
3　名人雕塑园（一期）
4　大善塔

0　　　50m

艺术展览中心与大善塔相邻，采用以点式玻璃为外墙的现代造型与古砖墙相对应，寓协调于强烈的对比之中。

# 城市芯宇居住小区

**项目地点**／中国·浙江·杭州
**项目规模**／225500 平方米
**合作设计**／鲁华、徐雄、陈玲、吴妮娜、杨振宇、田威、段继宗
**项目时间**／2006 年设计，2013 年竣工

　　当今中国，城市居住小区设计模式趋同，由户型平面决定的建筑立面通常呈琐碎的竖向分割，这对城市界面的塑造并没有利。我们希望通过"城市芯宇"的设计，重新从城市空间的角度来诠释居住建筑规划设计模式，探索居住建筑"公建化"的设计模式，即打造大块面的居住建筑立面肌理与节奏，使城市界面更加完整连续，城市公共空间更加丰富多变。

　　设计在布局上采用五座呈扇形排列的板式高层，与隔街相望的建筑一道形成连续而整体的城市空间形态。建筑底层为5.6米的架空层，四栋建筑的底层空间相互渗透，将绿化、小品引入其中，形成一个整体连贯而有节奏感的公共庭院空间，塑造出怡人的空间体验。

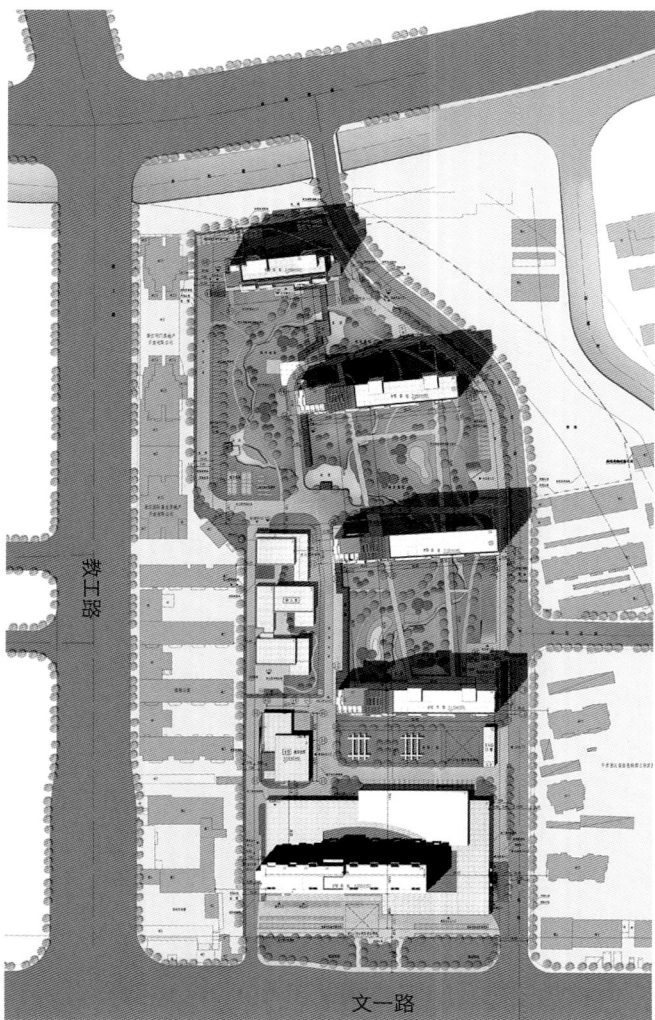

文一路

救工路

0  20m

在造型上，结合日照要求进行了削角退台处理，并采用了大面积玻璃
与铝板的对比，塑造其独特的形态特征，为城市空间带来了居住建筑
常常缺乏的灵动与活力。

**左图：** 总平面图
**对页：** 模型与草图

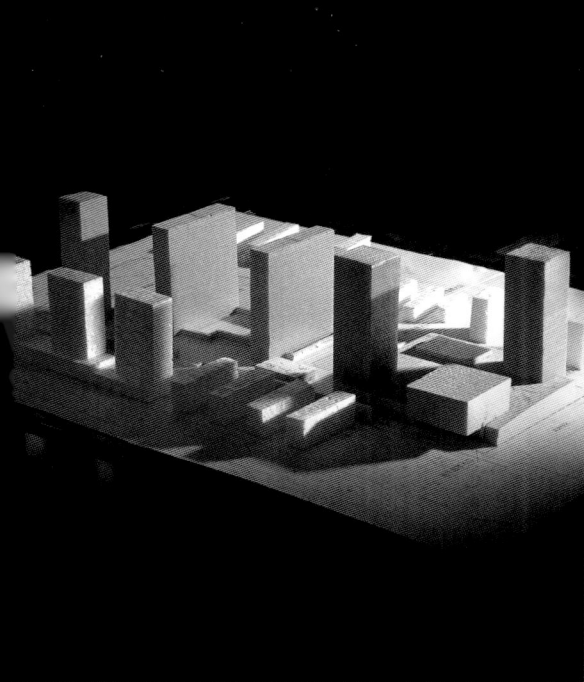

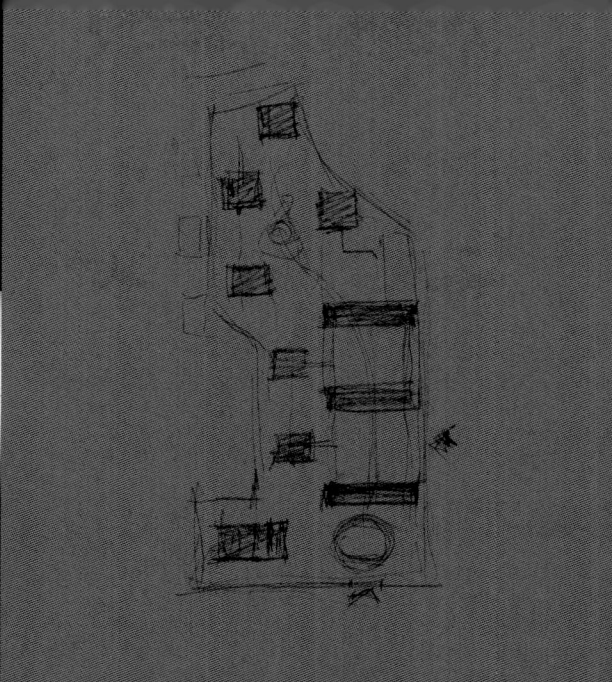

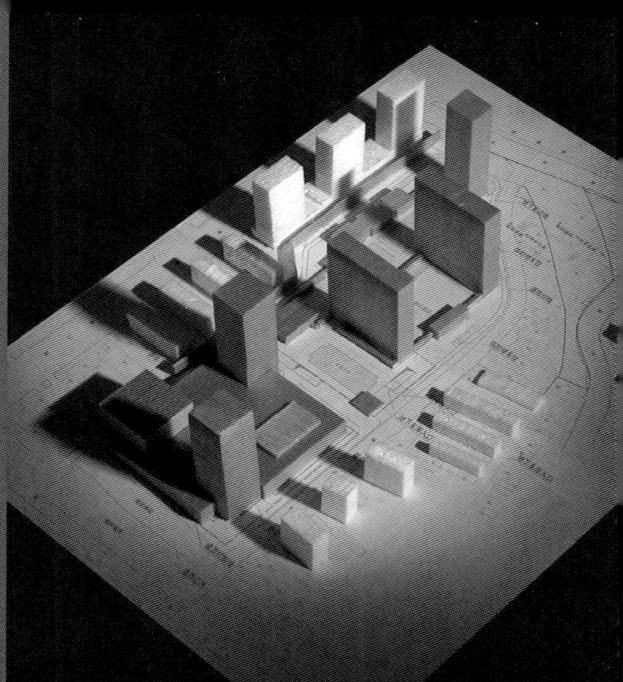

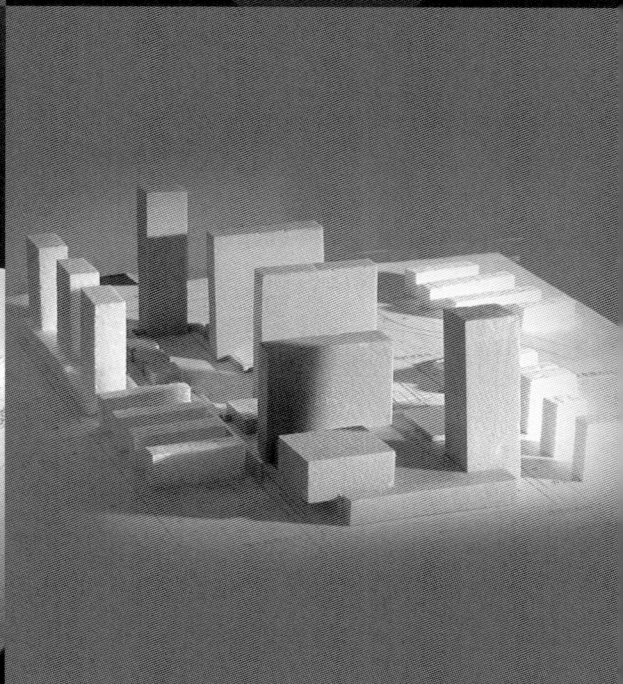

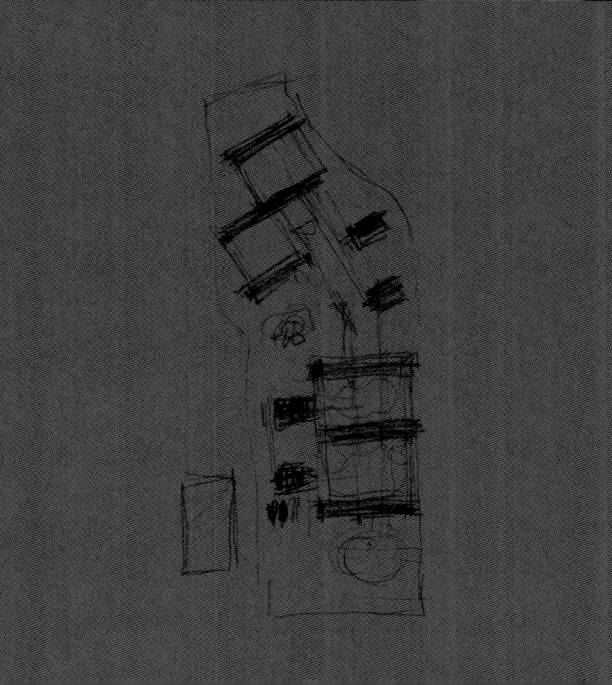

控规规定的该地块容积率为2.2，但如果我们将场地北部的绿化用地除去，剩余地块的容积率将高于3。因此，从设计方案初期起，日照条件就是我们的考虑的主要因素之一。通过多轮多方案比较，最终方案很好地应对了日照、公共空间、城市立面等问题。

下图：建筑细部
对页：楼群中单栋建筑实景

**下图及对页：** 建筑底层架空与景观整合，形成了连续完整的庭院空间

在住宅建筑技术上，本项目采用了22项节能、减耗、智能化及提高舒适度的设计，通过了住宅性能3A等级认定，是科技住宅实践的成功范例。

# 耀江大酒店

**项目地点**／中国·浙江·诸暨
**项目规模**／62325平方米
**合作设计**／徐东平、殷建栋、戴晓玲、石蔚天
**项目时间**／2002年设计，2008年竣工

    耀江大酒店（现称开元名都大酒店），是集住宿、餐饮、会议、娱乐为一体的五星级酒店，共设客房424间。

    酒店塔楼向上的动势与平面展开的裙房相组合，强调了垂直与水平的体量对比，造型简洁舒展，立面处理精致，风格现代而独特。建筑平面结合基地形状呈L形布置，转角大堂周围设有开放绿地和休闲庭院，并由此连接三层裙房中的各类餐厅、会议中心、健身中心等公共设施。

0    50m

**左图：**总平面图
**对页：**塔楼主入口

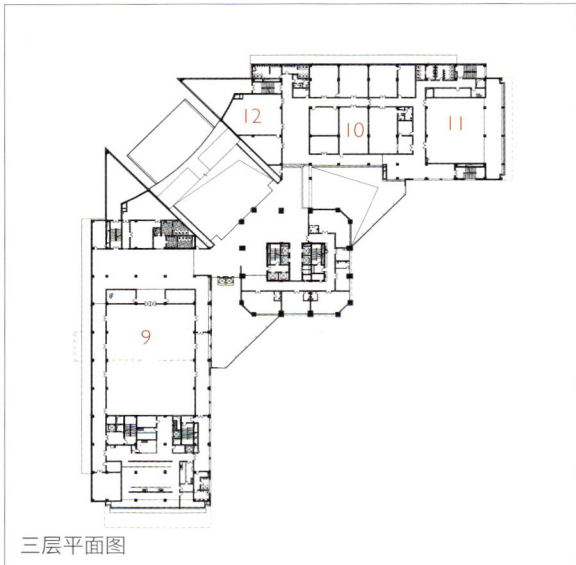

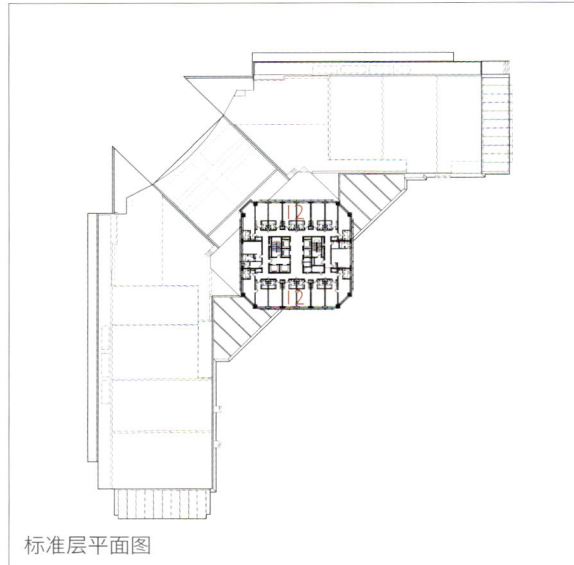

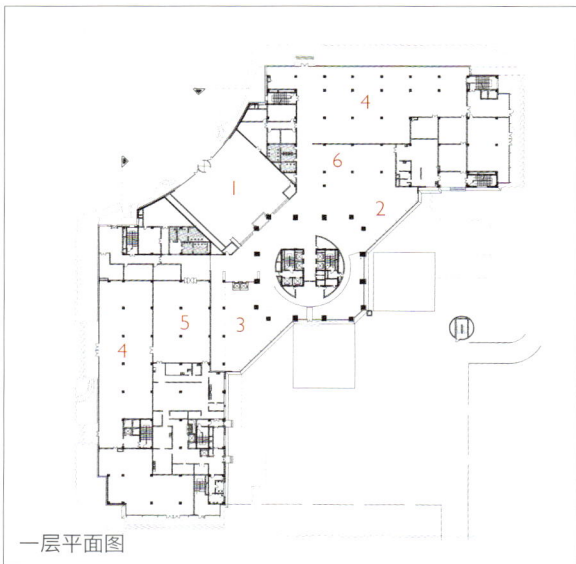

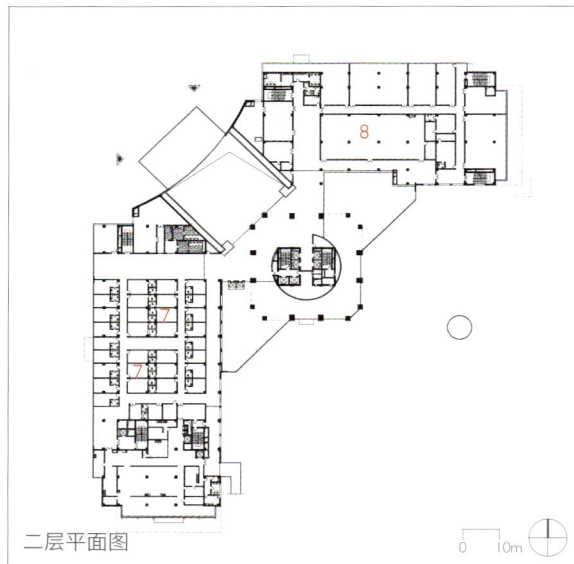

对页：酒店夜景

三层平面图

标准层平面图

一层平面图

二层平面图

0　10m

1　大堂
2　休闲咖啡吧
3　西餐厅
4　精品店
5　风味餐厅
6　包厢
7　足浴
8　宴会厅
9　会议室
10　多功能展示厅
11　视听室
12　客房

# 解百商城

**项目地点**／中国·浙江·杭州
**项目规模**／69000平方米
**合作设计**／何兼、姚建强、梁擎天、何海
**项目时间**／1994年设计，1999年竣工

解百商城位于杭州市湖滨地区，是一座包括商场、酒店、餐饮娱乐的综合性商业建筑。

由于基地毗邻西湖，建筑高度必须控制，而业主又要求高容积率。最终，我们利用电脑动画对建筑物的高度和体量做了模拟和界定，在建筑高度控制在24米，局部30米的情况下，容积率达到5.3。

商业建筑也能有地域文化的表达么？在解百商城立面设计中，我们作了积极的探索。但是20年过去了，这个建筑已被毫无特色的立面改造所取代，只能立此存照了。

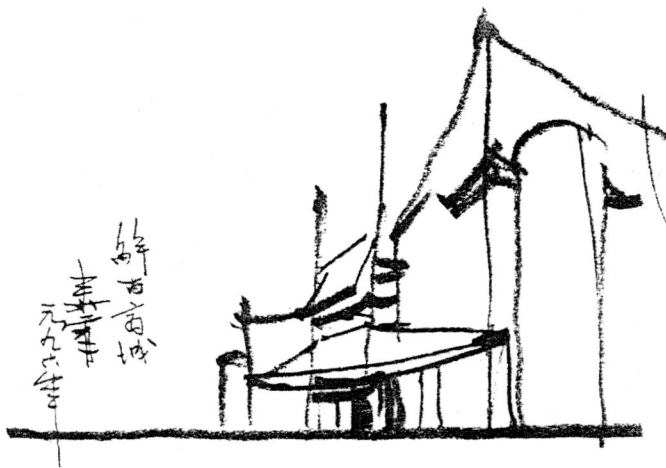

下图：主入口实景

1　商场入口
2　商场
3　中庭
4　宾馆入口
5　宾馆大堂
6　卸货区
7　自行车库
8　客房
9　餐厅
10　休息厅
11　厨房

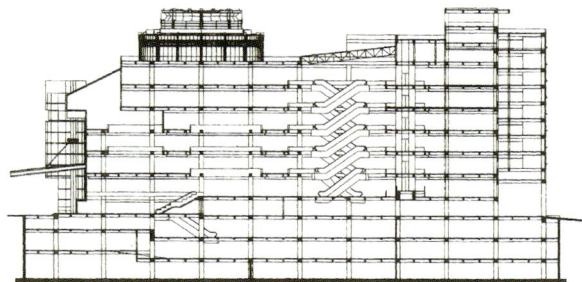

剖面图

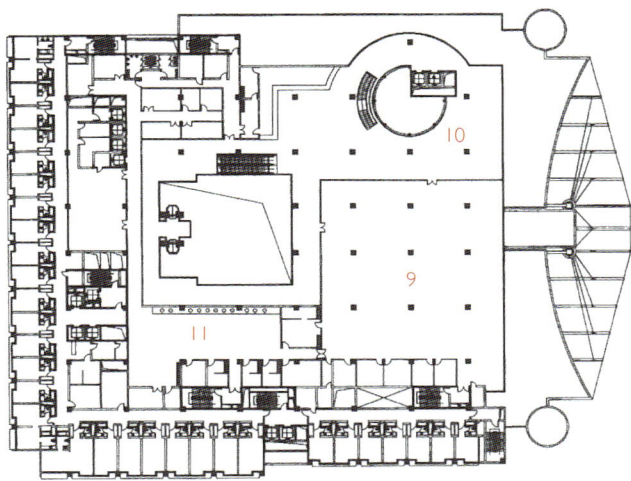

七层平面图

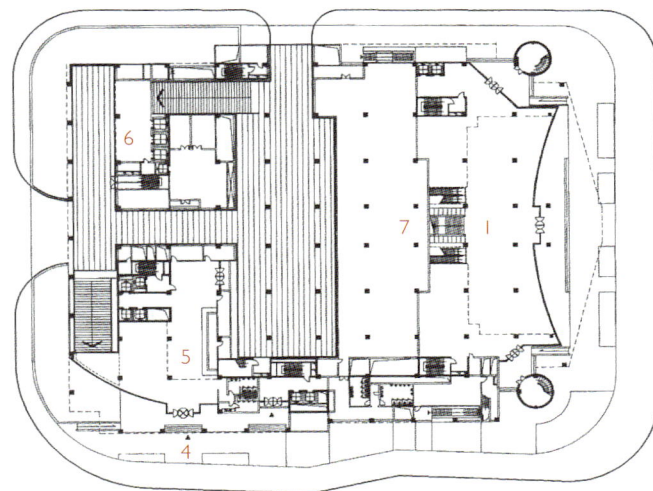

标准层平面图

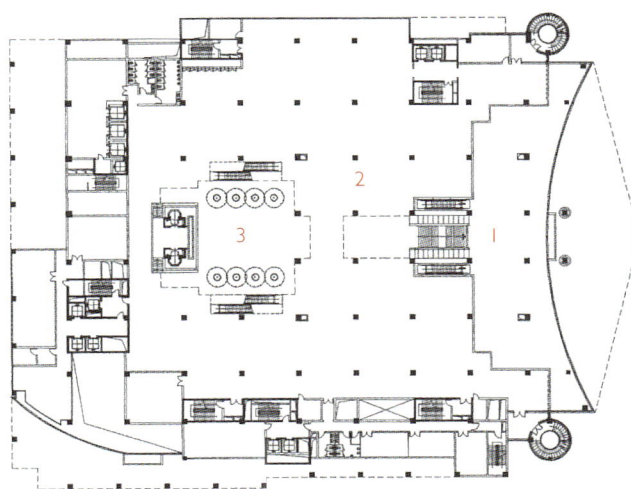

一层平面图

0　　20m

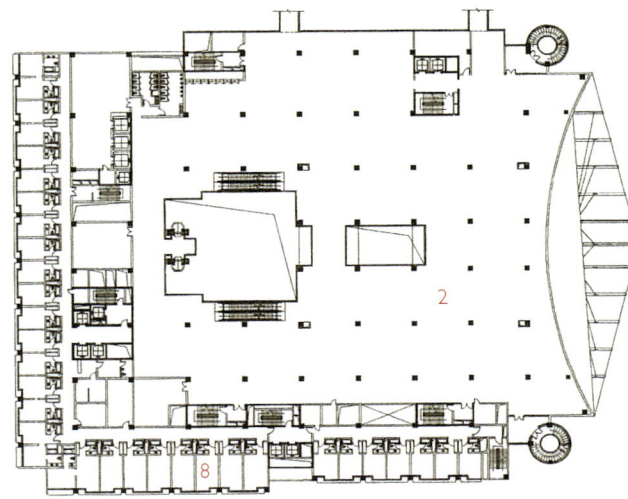

三层平面图

# 君康金融广场

**项目地点**／中国·上海
**项目规模**／105000平方米
**合作设计**／殷建栋、杨涛、刘翔华、朱文婧、袁越、陈鑫、王政、古振强、
　　　　　　周逸
**项目时间**／2013年设计，施工中

君康金融广场位于上海市浦东新区后滩板块核心区域，世博园区南侧。建筑包括五栋由空中连廊连接的办公楼，并配有文化及商业功能。

设计以"海上花"为创意，体现着中国传统文化中的理想品格，诠释了企业文化，并成为沿江地标性建筑。

同时，通过庭院、连廊、底层商业与沿街绿化的设置，我们希望实现办公空间、景观空间、商业空间、城市空间的相互渗透交融，打造一个绿色生态的立体城市山水园林。

**左图：** 设计草图
**对页：** 鸟瞰图

**对页:** 南面透视图

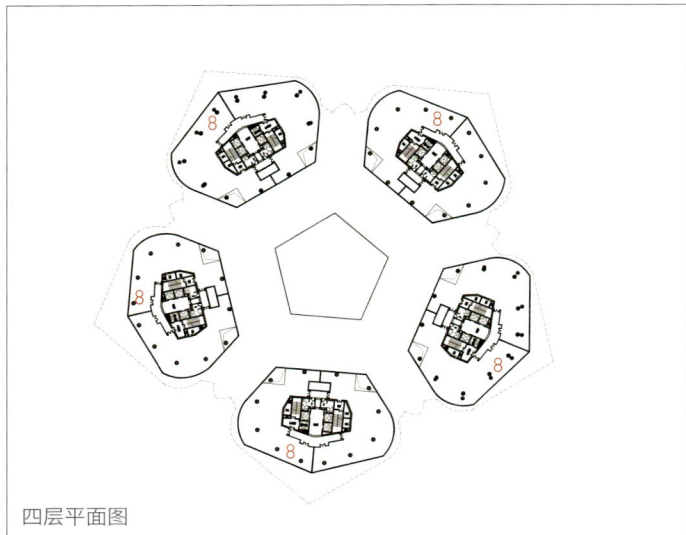

四层平面图

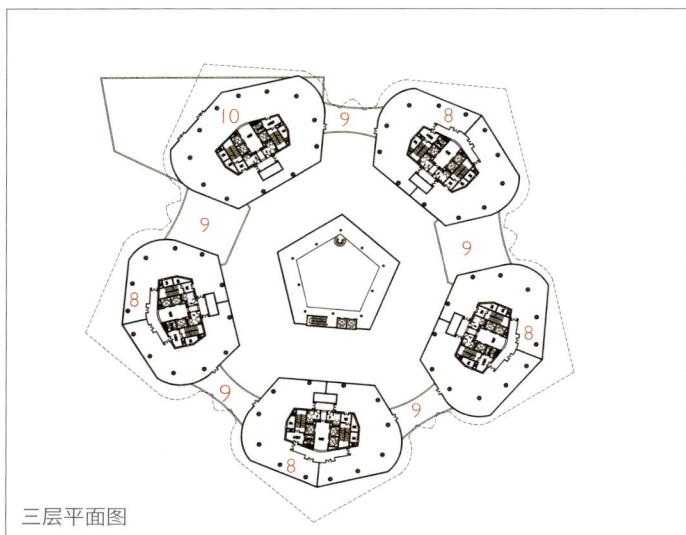

三层平面图

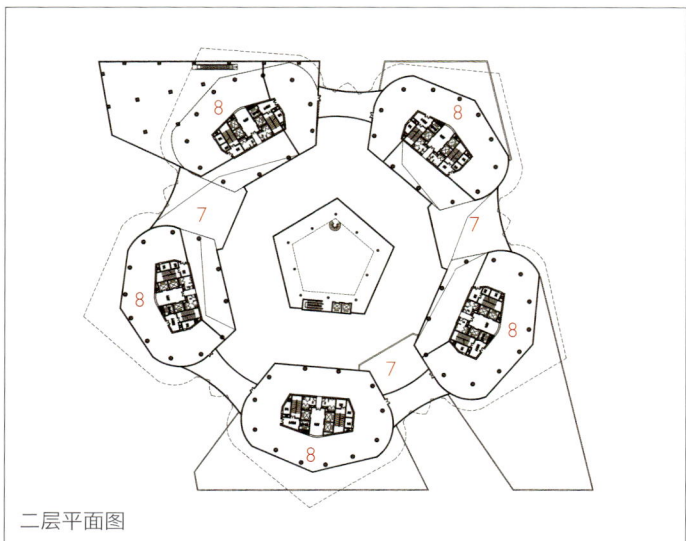

二层平面图

| 1 | 门厅 | 6 | 健身房 |
|---|------|---|--------|
| 2 | 庭院 | 7 | 门厅 |
| 3 | 银行 | 8 | 办公区 |
| 4 | 品牌产品展示厅 | 9 | 连廊 |
| 5 | 咖啡简餐 | 10 | 餐饮区 |

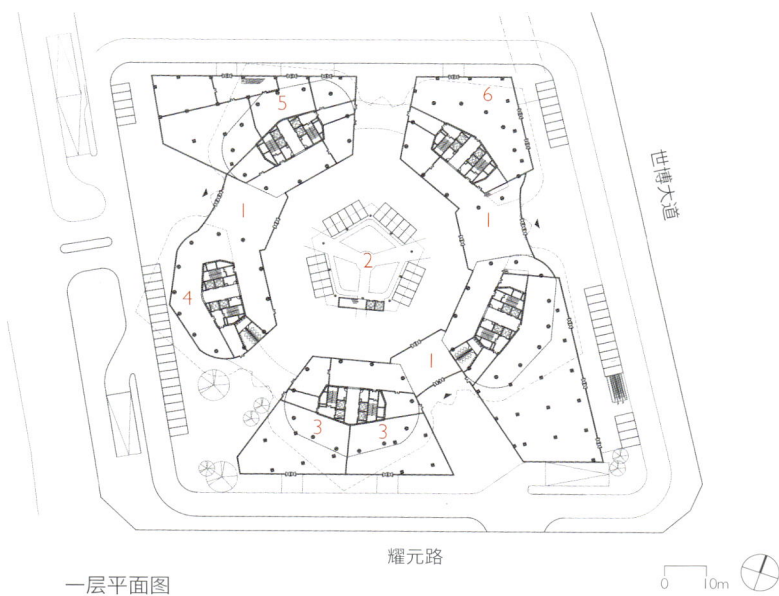

一层平面图

耀元路

0 10m

君康金融广场

**下图：** 东立面图
**对页：** 沿世博大道透视图

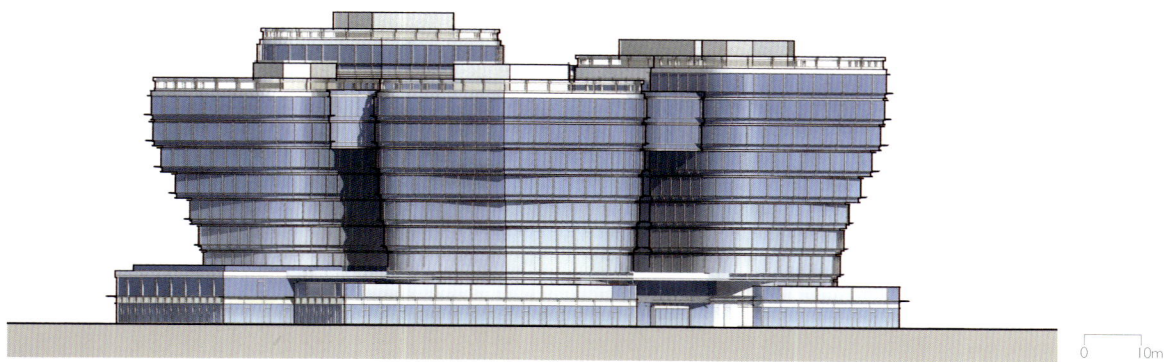

0    10m

设计细部

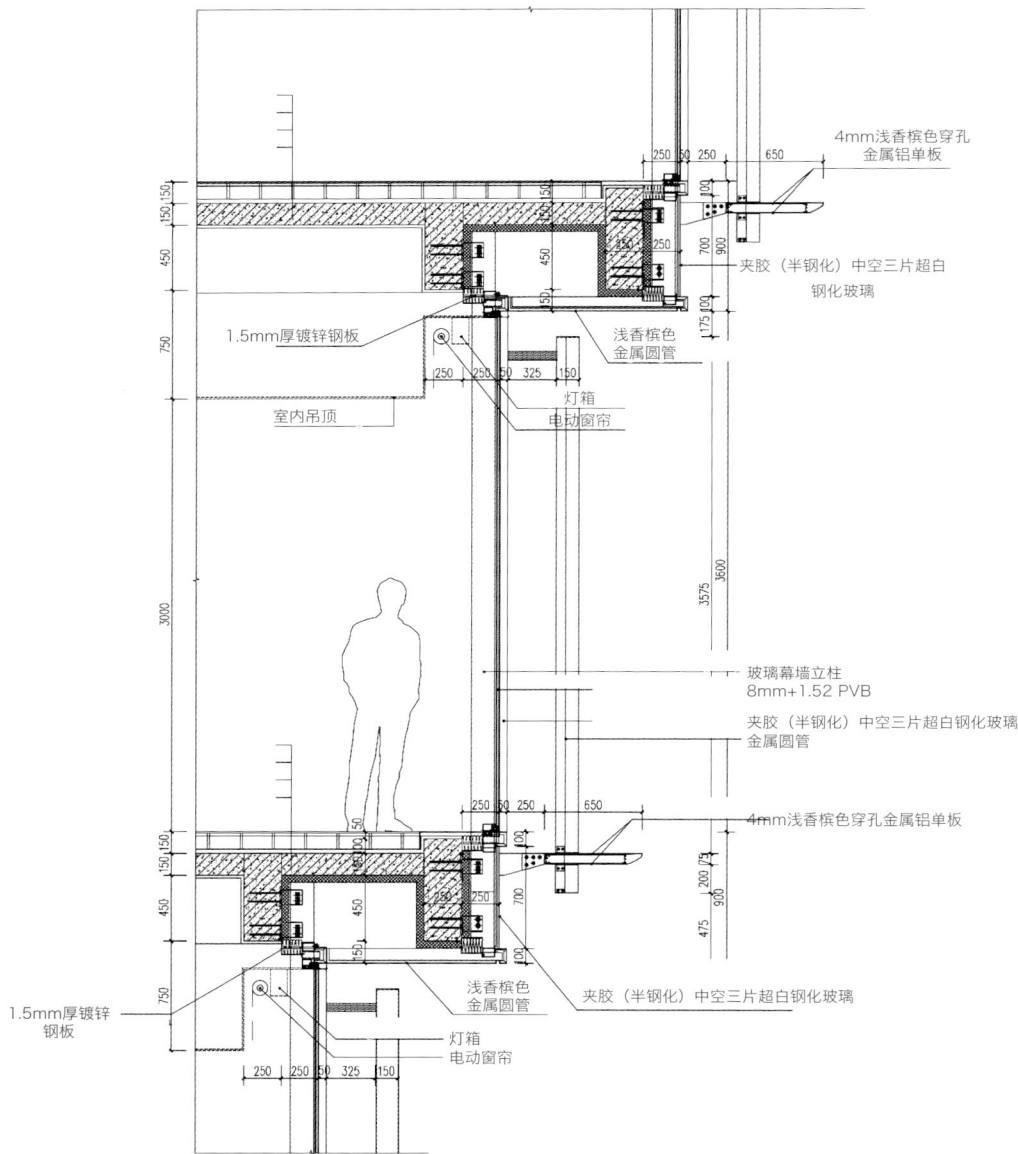

4mm浅香槟色穿孔
金属铝单板

夹胶（半钢化）中空三片超白
钢化玻璃

1.5mm厚镀锌钢板

浅香槟色
金属圆管

室内吊顶

灯箱

电动窗帘

玻璃幕墙立柱
8mm+1.52 PVB

夹胶（半钢化）中空三片超白钢化玻璃
金属圆管

4mm浅香槟色穿孔金属铝单板

1.5mm厚镀锌
钢板

灯箱
电动窗帘

浅香槟色
金属圆管

夹胶（半钢化）中空三片超白钢化玻璃

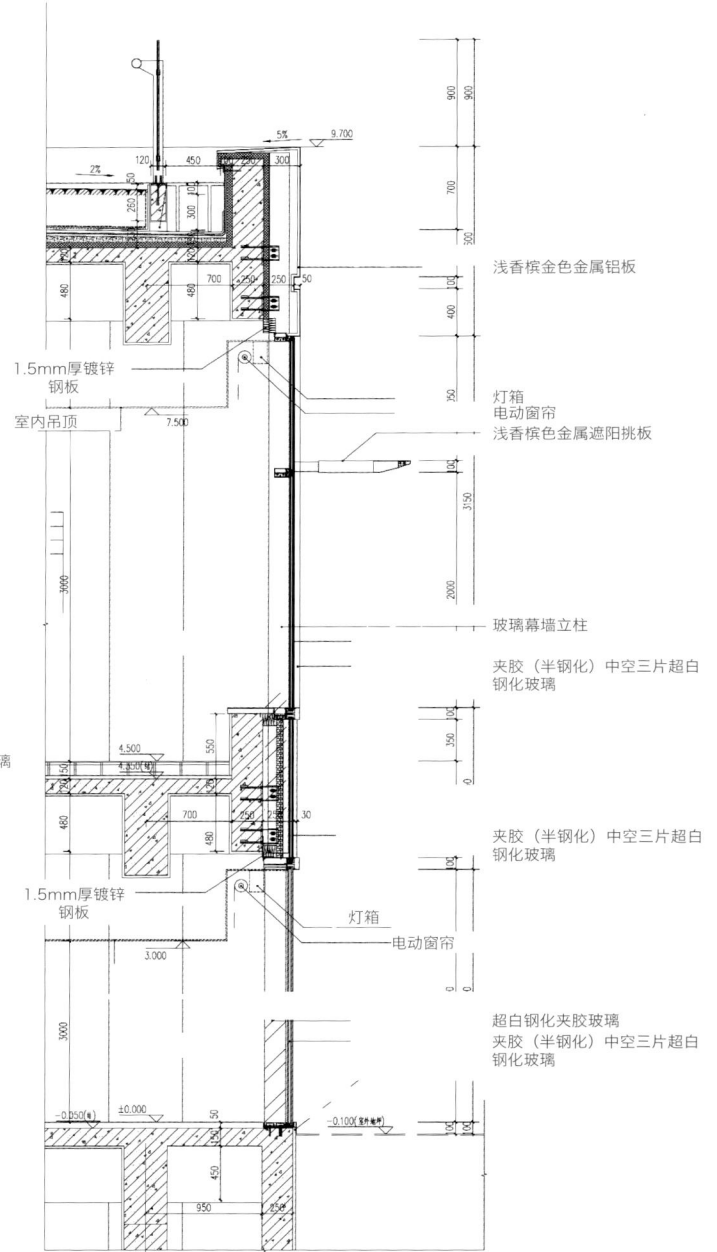

浅香槟金色金属铝板

灯箱
电动窗帘

浅香槟色金属遮阳挑板

1.5mm厚镀锌
钢板

室内吊顶

玻璃幕墙立柱

夹胶（半钢化）中空三片超白
钢化玻璃

夹胶（半钢化）中空三片超白
钢化玻璃

1.5mm厚镀锌
钢板

灯箱

电动窗帘

超白钢化夹胶玻璃
夹胶（半钢化）中空三片超白
钢化玻璃

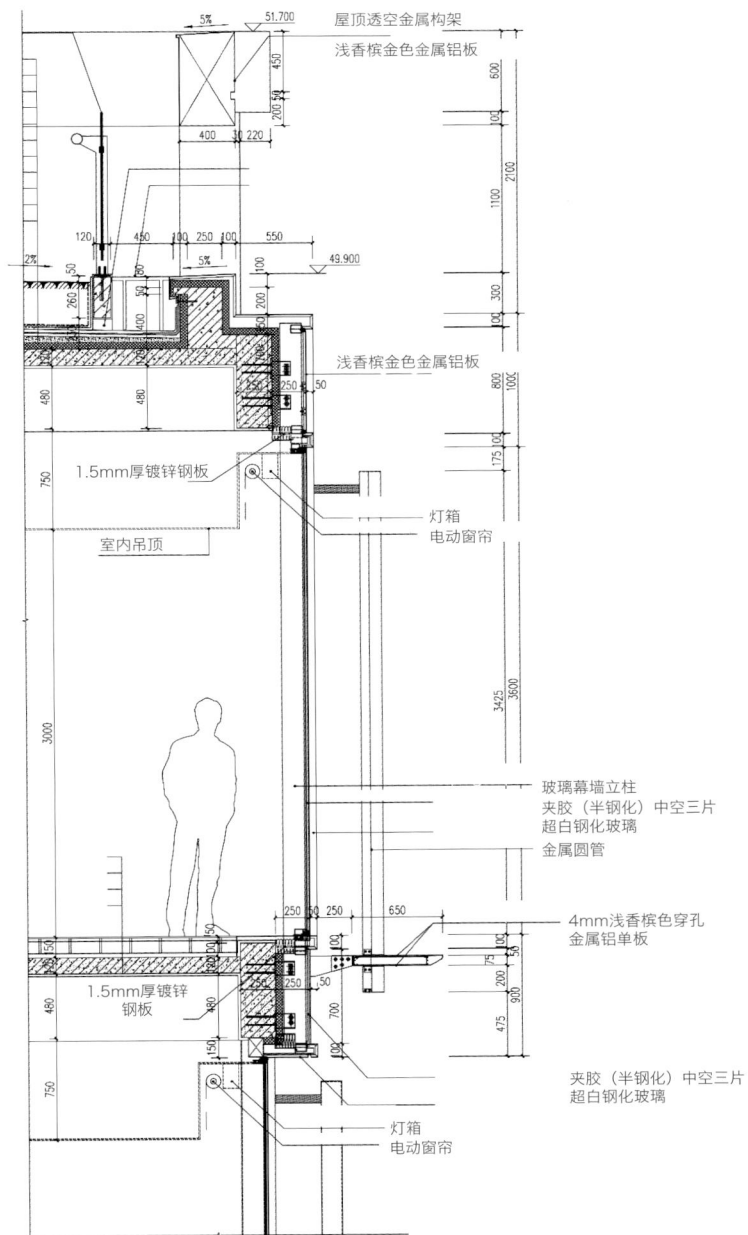
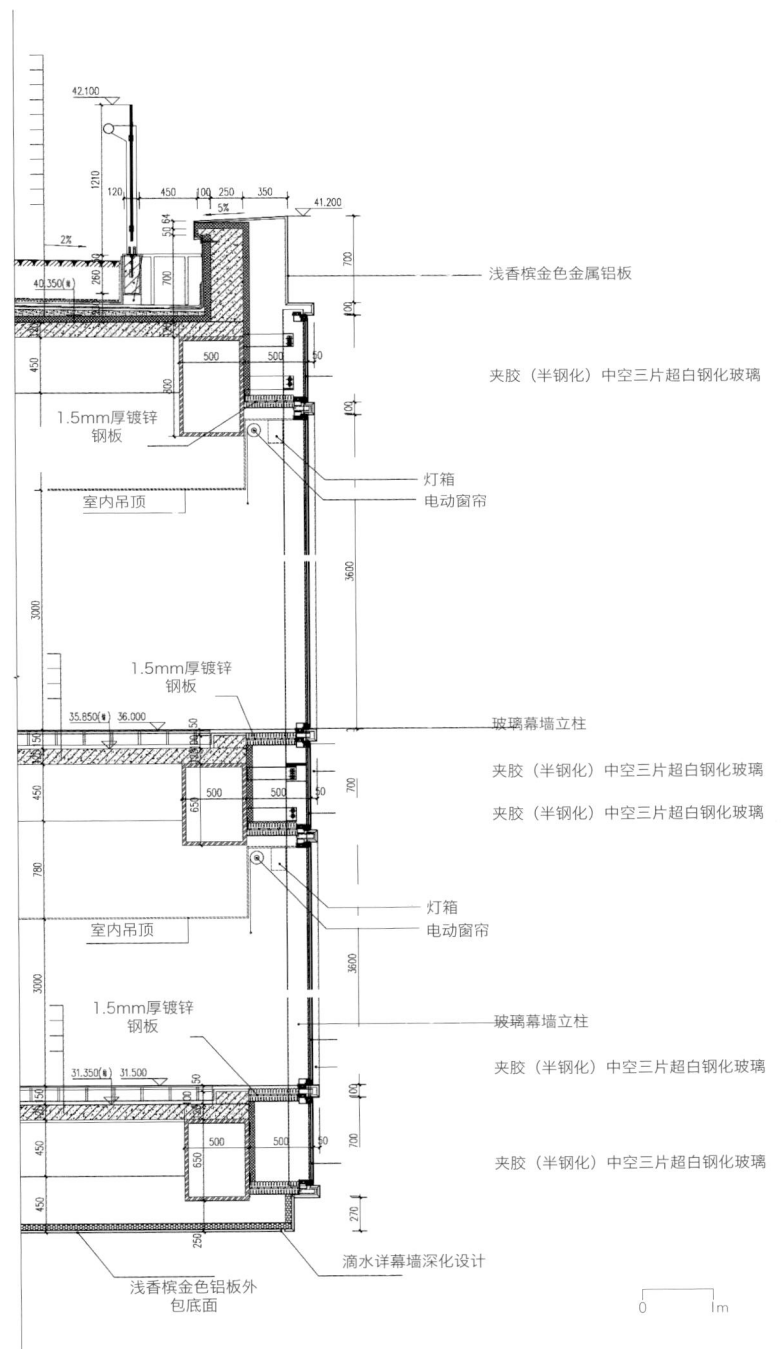

屋顶透空金属构架

浅香槟金色金属铝板

浅香槟金色金属铝板

1.5mm厚镀锌钢板

室内吊顶

灯箱
电动窗帘

玻璃幕墙立柱
夹胶（半钢化）中空三片
超白钢化玻璃

金属圆管

4mm浅香槟色穿孔
金属铝单板

1.5mm厚镀锌钢板

夹胶（半钢化）中空三片
超白钢化玻璃

灯箱
电动窗帘

浅香槟金色金属铝板

夹胶（半钢化）中空三片超白钢化玻璃

1.5mm厚镀锌钢板

灯箱
电动窗帘

室内吊顶

1.5mm厚镀锌钢板

玻璃幕墙立柱

夹胶（半钢化）中空三片超白钢化玻璃

夹胶（半钢化）中空三片超白钢化玻璃

灯箱
电动窗帘

室内吊顶

1.5mm厚镀锌钢板

玻璃幕墙立柱

夹胶（半钢化）中空三片超白钢化玻璃

夹胶（半钢化）中空三片超白钢化玻璃

滴水详幕墙深化设计

浅香槟金色铝板外
包底面

0          1m

# 温州世贸中心方案

**项目地点**／中国·浙江·温州
**项目规模**／226000平方米
**合作设计**／王幼芬、殷建栋、戴晓玲、王峰、吴章杰
**项目时间**／2001年设计，2002年通过规划审查

温州世贸中心是集商业、办公、销售、娱乐、餐饮、会议等功能于一体的综合性商贸大厦，总高312米，共设68层。

建筑超高层部分采用无方向性的方形平面塔体造型，能适应各个方位观瞻的要求。裙房界面则直线与弧形相结合，体形舒展流畅，与超高层形成了对应的构图关系。

塔体立面表达简洁均质，结合避难层形成有韵律感的划分，与四个切角的处理相结合，使人产生中国密檐砖塔的联想。立面材料采用金属板材与玻璃，富于现代感。

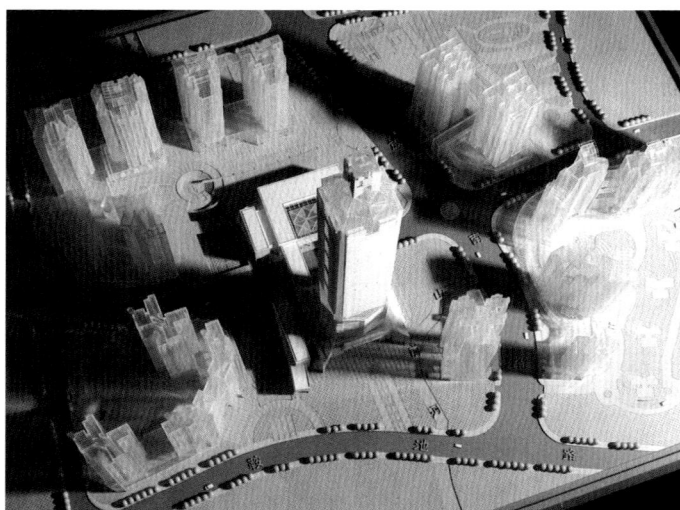

1　高层入口　　　6　中庭
2　商场入口　　　7　休闲吧
3　高层大厅　　　8　商场
4　专卖店　　　　9　会议室
5　银行　　　　　10　办公室

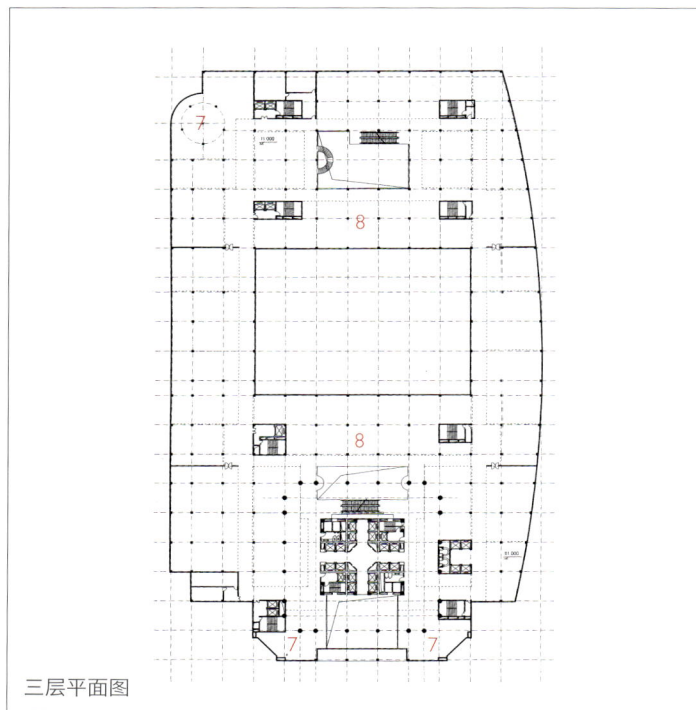

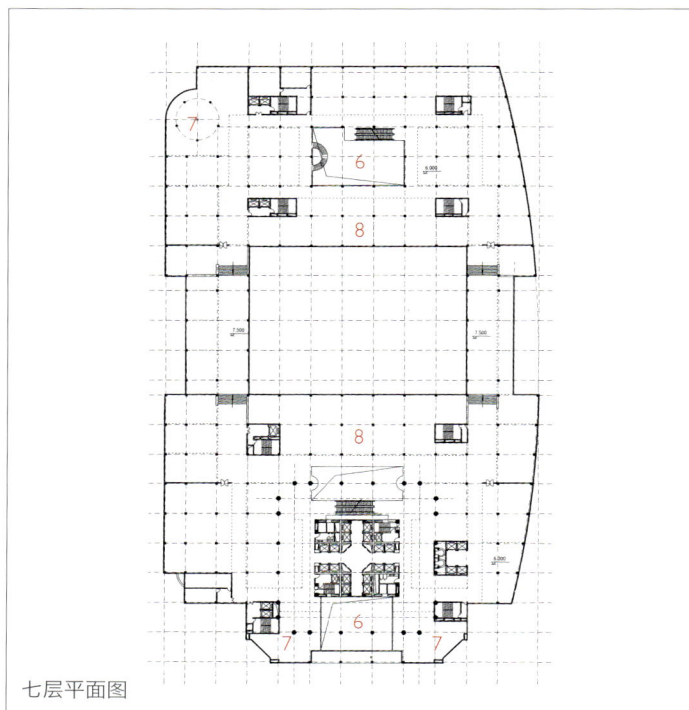

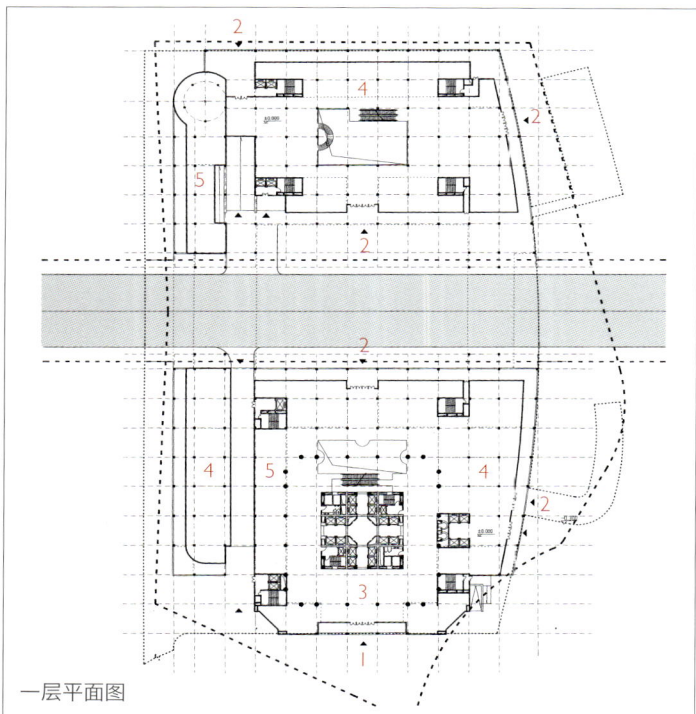

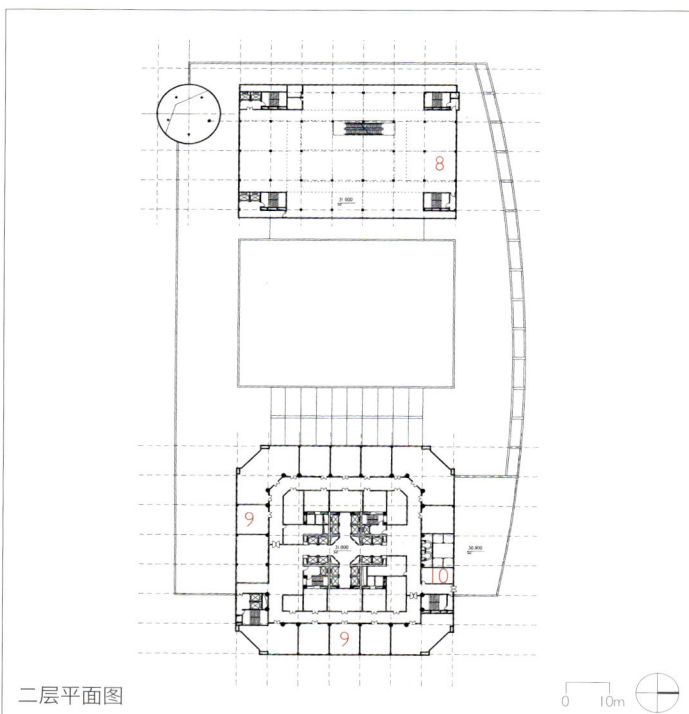

三层平面图

七层平面图

一层平面图

二层平面图

0　　10m

该项目由业主委托设计，原方案于2002年通过规划部门审查。但由于业主方原因，其他单位所完成的扩初施工图对方案有较大修改，目前建成的建筑与方案有明显不同。

**右图：**比较方案模型

# 上海中心方案

**项目地点**／中国·上海
**项目规模**／354000平方米
**合作单位**／北京市建筑设计研究院有限公司
**合作设计**／张宇、邵韦平、周旭宏
**项目时间**／2007年设计，参加国际邀请设计竞赛

上海中心位于上海浦东陆家嘴核心区，是一栋集商业、办公、酒店、商务酒店与观光多种功能于一体的超高层大型城市综合体。其占地面积35000平方米，建筑高度618米。

叠合了多种功能的"上海中心"如同一座"竖直城市"，成为城市活动在垂直方向的发展和延伸，随之而来的垂直交通组织、生态环境营建、节能防灾及结构造型等问题，我们都在设计中作了深入的研究与探索。

在"上海中心"的形体设计上，我们希望可以超越单纯的形式而迈向更高的文化层面，做到以形写意，在一座现代化的超高层建筑中表达出中国传统文化的精神与内涵。因此，设计选取中国传统礼文化的核心——璧与琮，作为建筑形式语言表达的原型，并在此基础上抽象、转换，使建筑不仅在形式上突破了一般超高层建筑的造型规律，而且传递出宇宙天地和谐统一的"礼"文化韵意。

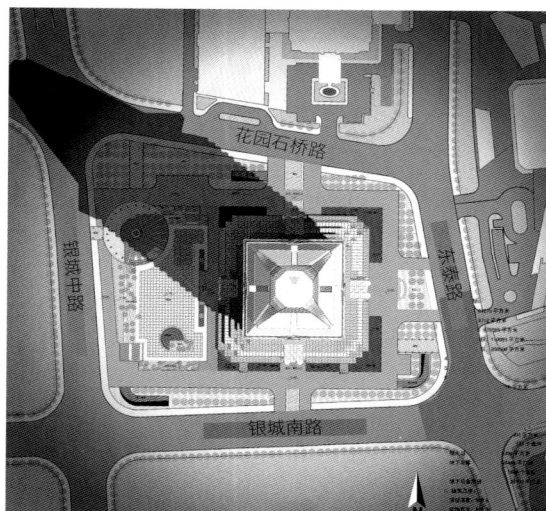

左图：总平面图
对页：道路方向透视图

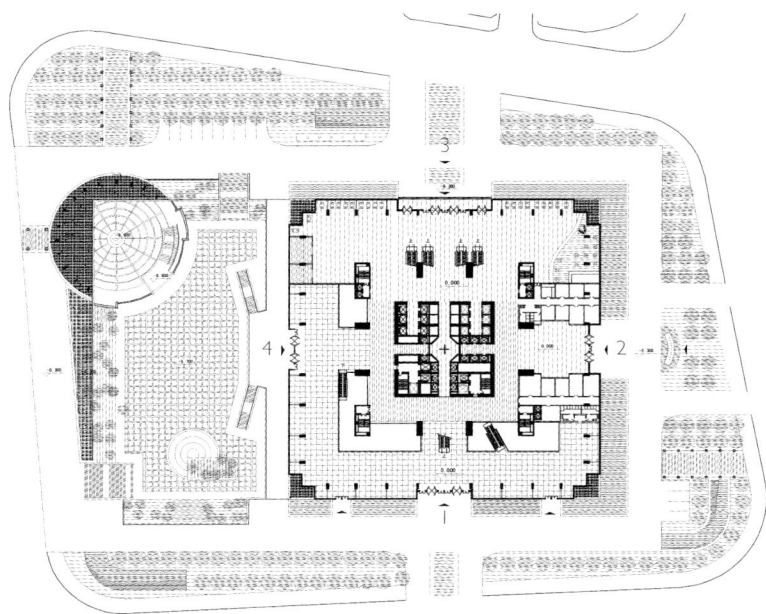

1 商业餐饮入口
2 酒店入口
3 办公会议入口
4 商业观光入口

一层平面图

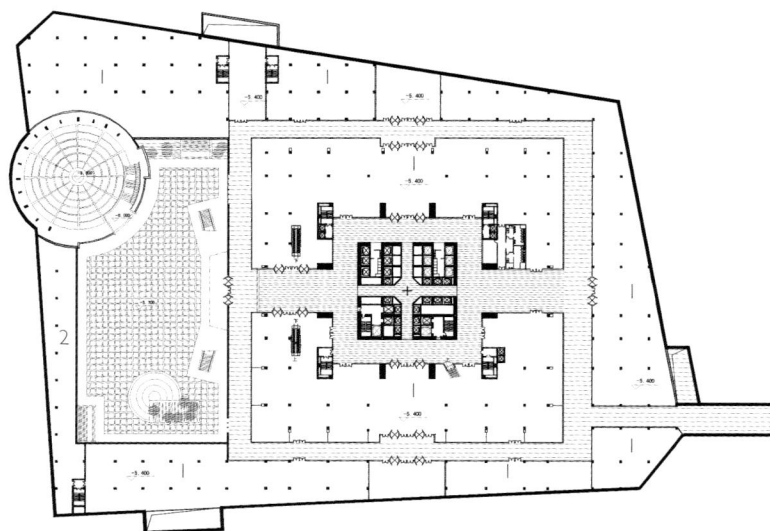

1 商业用房
2 设备用房

地下一层平面图

0　10m

**二层平面图**
1 办公门厅
2 特色餐厅
3 包间
4 备餐间

**办公标准层A平面图**
1 办公室
2 边庭

**办公标准层B平面图**
1 办公室
2 边庭

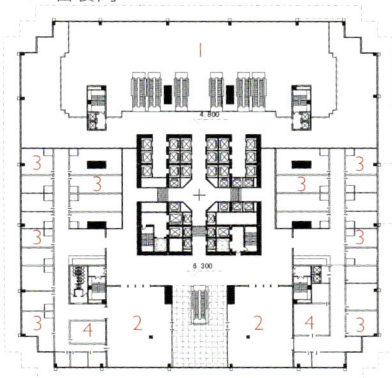

二层平面图

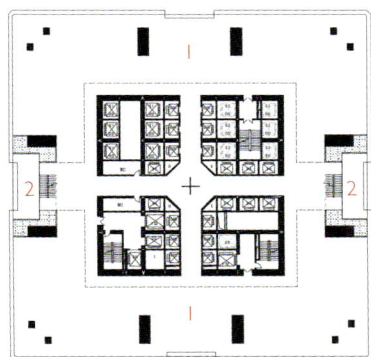

二层平面图

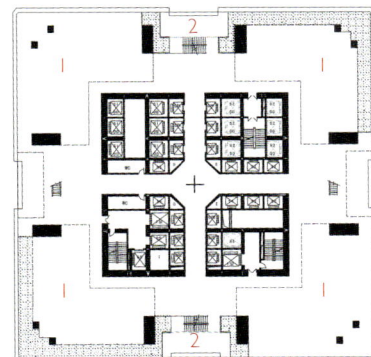

办公标准层B平面图

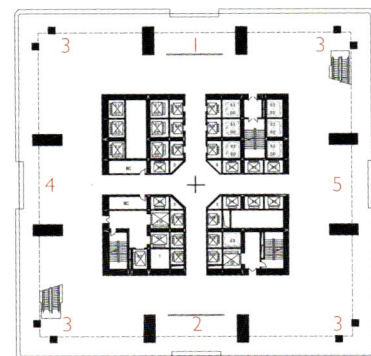

办公层平面图

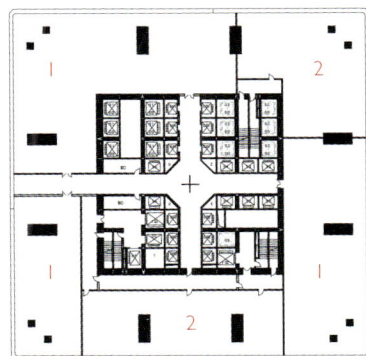

设备、避难层平面图

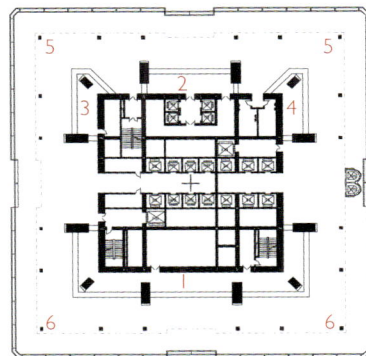

酒店大厅平面图

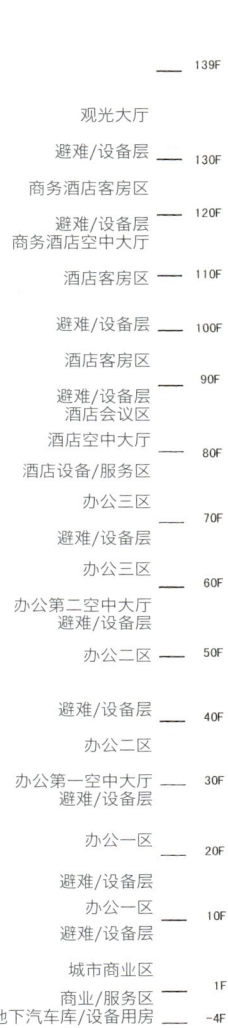

剖面图

立面图

观光大厅
避难/设备层 — 130F
商务酒店客房区
避难/设备层 — 120F
商务酒店空中大厅
酒店客房区 — 110F
避难/设备层 — 100F
酒店客房区
避难/设备层 — 90F
酒店会议区
酒店空中大厅 — 80F
酒店设备/服务区
办公三区 — 70F
避难/设备层
办公三区 — 60F
办公第二空中大厅
避难/设备层
办公二区 — 50F
避难/设备层 — 40F
办公二区
办公第一空中大厅 — 30F
避难/设备层
办公一区 — 20F
避难/设备层
办公一区 — 10F
避难/设备层
城市商业区
商业/服务区 — 1F
地下汽车库/设备用房 — -4F

— 139F

628M
580M
500M
400M
300M
200M
100M
0M

0    20m

**办公层平面图**
1 银行
2 商务中心
3 休息区
4 咖啡厅
5 酒吧

**设备、避难层平面图**
1 设备
2 避难层

**酒店大厅平面图**
1 总台
2 服务
3 礼品
4 鲜花
5 大堂吧
6 休息区

0    10m

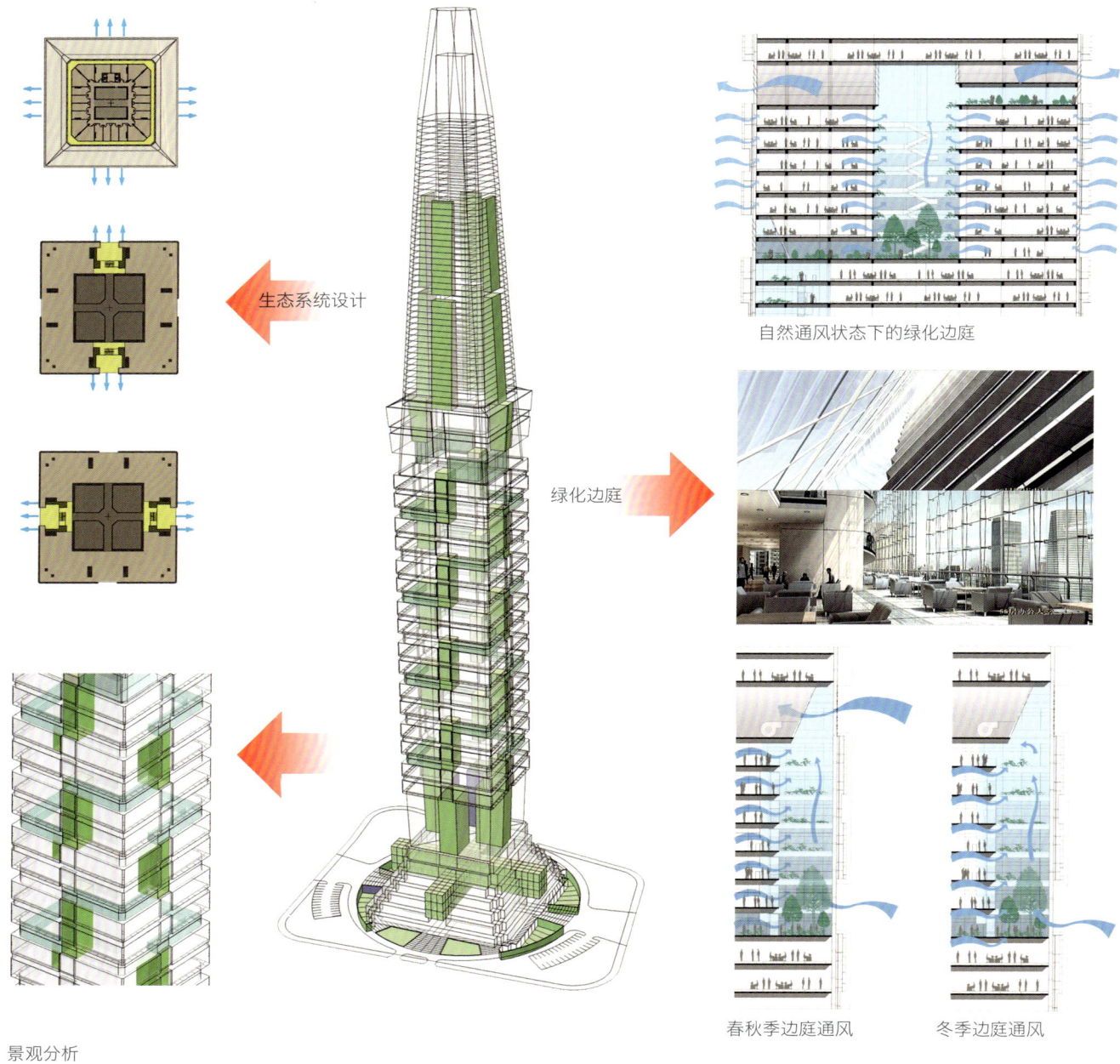

生态系统设计

景观分析

绿化边庭

自然通风状态下的绿化边庭

春秋季边庭通风

冬季边庭通风

夏至
6月21日

春 / 秋分
3月/9月21日

冬至
12月21日

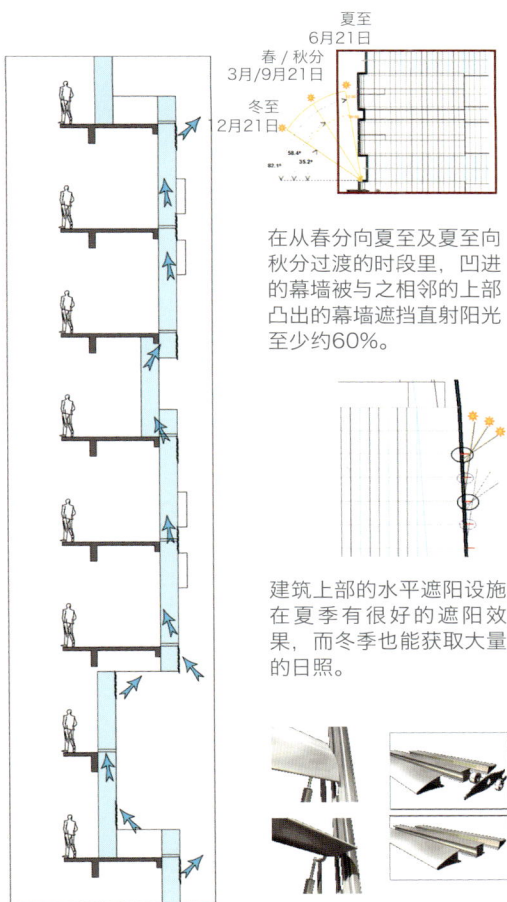

在从春分向夏至及夏至向秋分过渡的时段里，凹进的幕墙被与之相邻的上部凸出的幕墙遮挡直射阳光至少约60%。

建筑上部的水平遮阳设施在夏季有很好的遮阳效果，而冬季也能获取大量的日照。

外循环模式

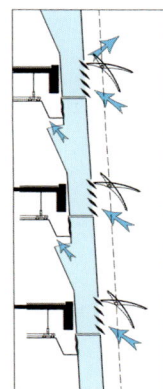

单层独立自然循环模式

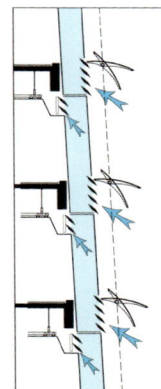

主动循环模式

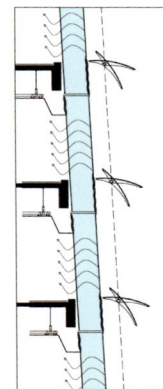

内循环模式

中部每7层可视为一标准单元，标准单元内部可将幕墙的循环系统分为两个体系，回退最深的两层形成一个循环体系，在外侧的四层和回退次深的一层共计五层形成一个循环体系。

外层使用单片透明玻璃幕墙。层间梁位置设置电控百叶，通过百叶的开闭来控制循环体系的进风情况。

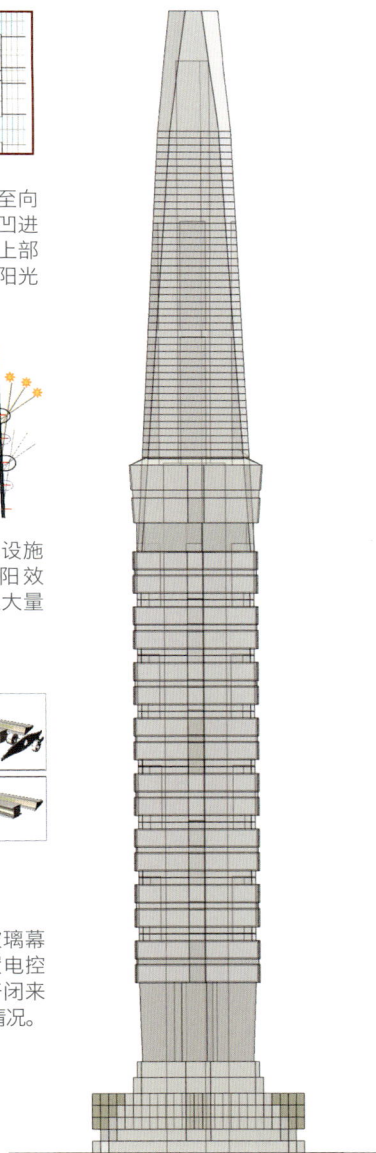

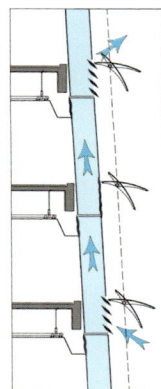

金属氧化物
过渡层
银
玻璃
GLASS

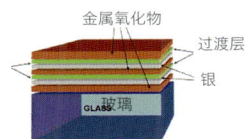

双银Low-E玻璃

内层使用断桥隔热单元式玻璃幕墙，玻璃配置建议使用双中空双Low-E低辐射镀膜彩釉玻璃。该种玻璃有小于1.0的优秀K值，热工性能优异；同时略带绿色的彩釉质地能充分体现建筑设计构思中玉器的润泽。

外立面的节能设计

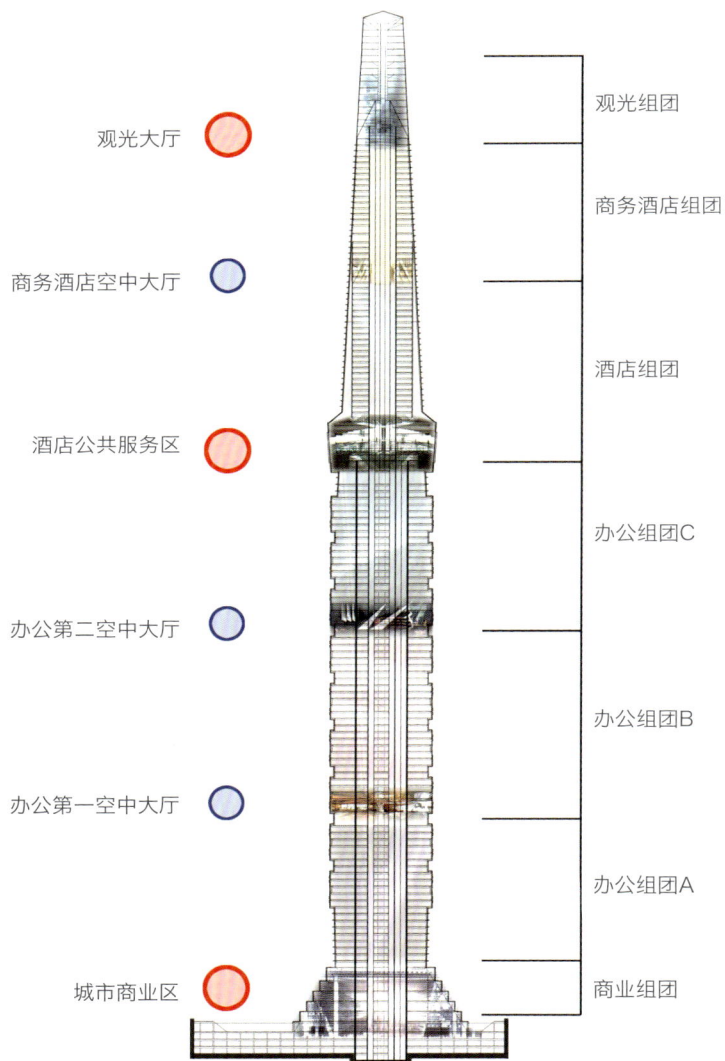

观光大厅 ⬤ — 观光组团

商务酒店空中大厅 ⬤ — 商务酒店组团

酒店公共服务区 ⬤ — 酒店组团

办公第二空中大厅 ⬤ — 办公组团C

办公第一空中大厅 ⬤ — 办公组团B

— 办公组团A

城市商业区 ⬤ — 商业组团

节点与组团结构

## 垂直交通系统

- 高速穿梭电梯1直达办公第一空中大厅
- 高速穿梭电梯2直达办公第二空中大厅
- 高速穿梭电梯3直达酒店空中大堂
- 高速穿梭电梯4直达商务酒店空中大堂
- 高速穿梭电梯5直达观光大厅
- 区间电梯（低区）
- 区间电梯（高区）
- 服务梯（各区间中运行）
- 服务梯（穿梭电梯）
- 服务梯（兼消防梯，全程停靠）
- 服务梯（兼消防梯，在78层转换）

| 编号 | 电梯组 | 电梯类型 | 电梯台数 | 目的选层群控方式 | | 传统群控方式 | |
|---|---|---|---|---|---|---|---|
| | | | | 5分钟运载率HC5% | 电梯间隔时间S | 5分钟运载率HC5% | 电梯间隔时间S |
| 办公一区OP1 | 区间电梯A1（低区） | 单层轿厢高速电梯 | 6 | 14.40% | 17.7 | 9.80% | 26.3 |
| OP2 | 区间电梯B1（高区） | 单层轿厢高速电梯 | 6 | 15% | 18.9 | 10.9% | 26.2 |
| 办公二区CP3 | 区间电梯A2（低区） | 单层轿厢高速电梯 | 6 | 13.20% | 16.1 | 8.00% | 26.7 |
| OP4 | 区间电梯B2（高区） | 单层轿厢高速电梯 | 6 | 13.50% | 18.9 | 9.40% | 27.1 |
| 办公三区OP5 | 区间电梯A3（低区） | 单层轿厢高速电梯 | 6 | 18.80% | 15.1 | 12.70% | 22.4 |
| OP6 | 区间电梯B3（高区） | 单层轿厢高速电梯 | 6 | 18.80% | 17 | 13.10% | 24.6 |

目的选层群控方式优于传统群控方式

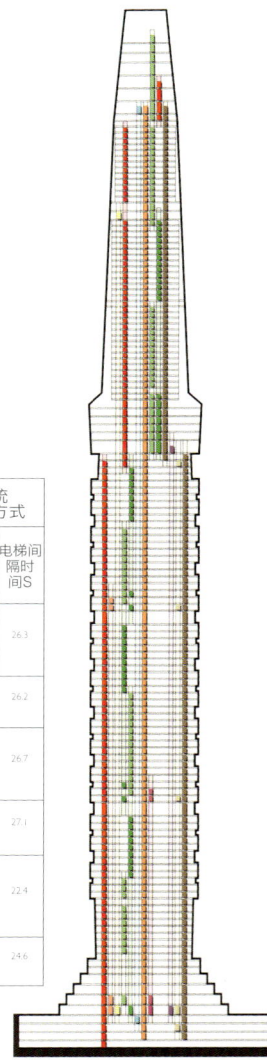

电梯系统分区示意图

系统图的垂直运输

**左下图：**鸟瞰图
**右下图：**沿江透视图
**对页：** 夜景透视图

**左上图：** 商业大厅二层入口
**左下图：** 商业大厅入口
**对页：** 酒店空中大堂

# 上海金山区行政中心

**项目地点**／中国·上海
**项目规模**／35000平方米
**合作设计**／凌建、刘辉
**项目时间**／1998年设计，2000年竣工

　　行政中心位于上海市金山区中轴绿化带上，基地周围绿植遍布，环境十分优美。整体建筑包括主楼、配楼及会议中心，总建筑面积35000平方米。

　　行政中心摆脱了一般办公建筑的造型模式，既强调虚实界面的对比，也注重实体体块的穿插叠合，建筑表情显得庄重而生动。

　　主楼通透的中庭将周围绿化引入建筑内部，并与两侧室外庭院一起为主楼提供了良好的自然通风，同时也创建了建筑节能生态的内部环境。

**下图：**主轴线建筑实景
**对页：**西面实景

612

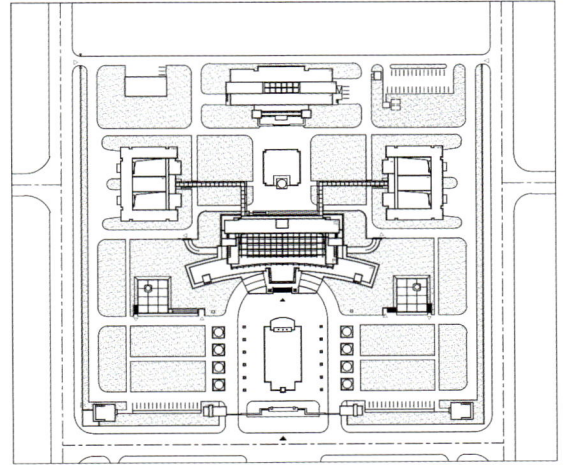

总平面图

0    50m

# 上海公安局办公指挥大楼

**项目地点**／中国·上海
**项目规模**／80000平方米
**合作设计**／徐东平、叶湘菡、翁树东、周云丹、徐亚东、吴章杰
**项目时间**／2000年设计，2004年竣工

上海市公安局办公指挥大楼位于上海市中心。

设计竞赛标书提出的"现代特征、上海风格、公安业务特点"的要求比较恰当地界定了这一类建筑应有的形象。

建筑造型浑然一体，舒展的裙房与微微收分的高层体量相组合，体现了古典尺度处理带来的和谐与力度。而花岗石、玻璃和金属材料组织的立面肌理，深色玻璃与浅色石材的色彩对比，则复合了传统与现代，给人以清新之感。大楼建筑形象庄重而不呆板、新颖而不张扬，在古典与现代间找到了平衡。

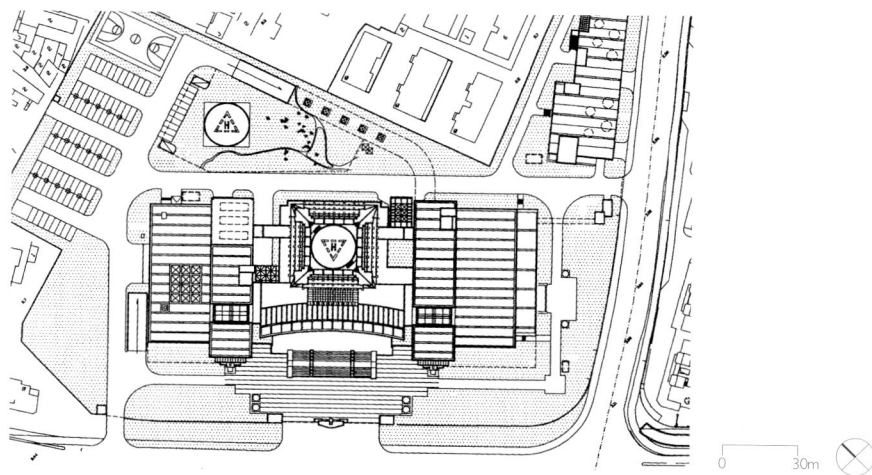

0    30m

**下图：** 总平面图
**对页：** 建筑全景

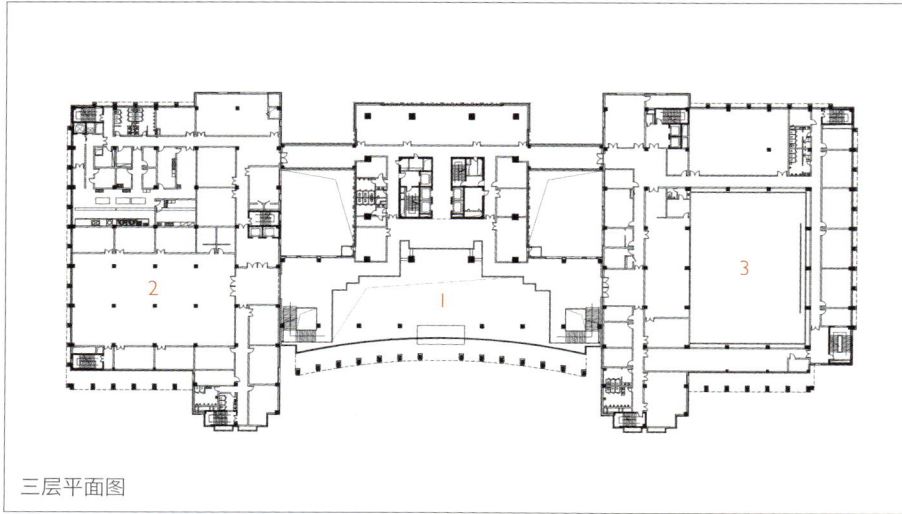

三层平面图

1　大厅
2　服务用房
3　指挥中心

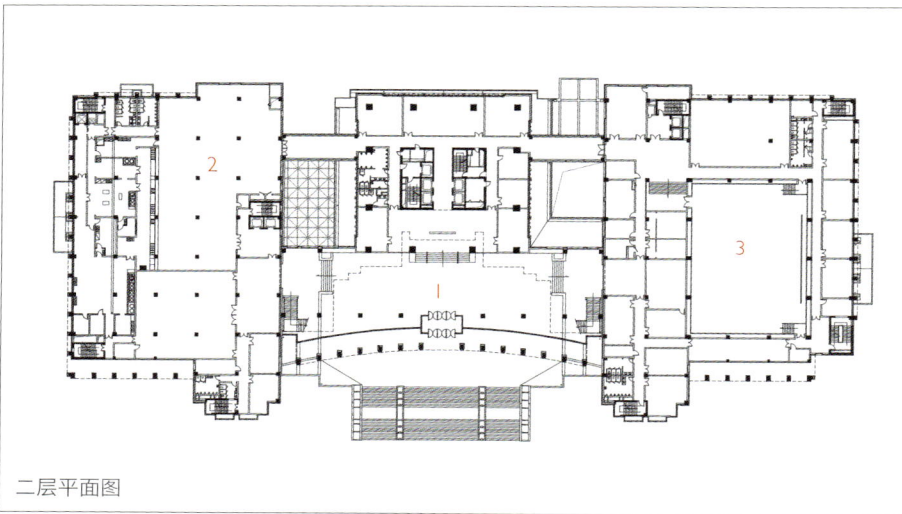

二层平面图

1　大厅
2　服务用房
3　指挥中心

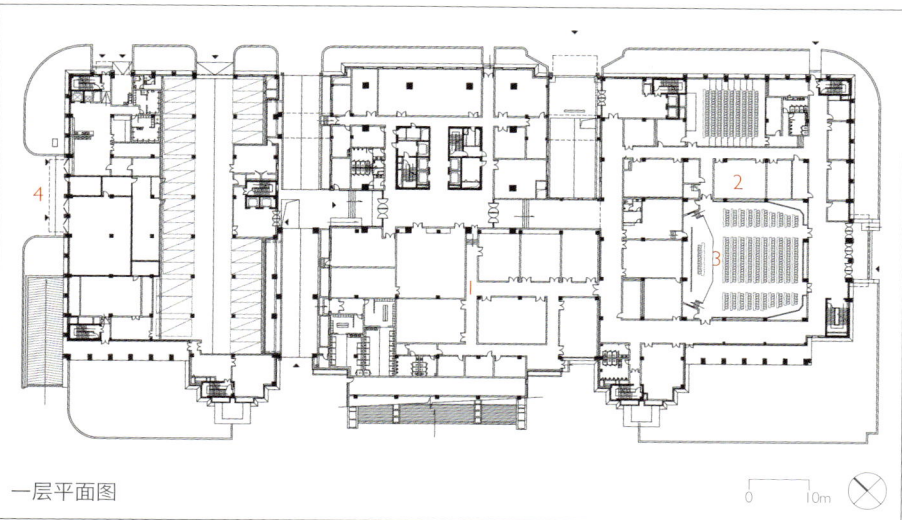

一层平面图

0　　10m

1　服务用房
2　会议室
3　报告厅
4　后勤入口

对页：外立面

**下图：**南侧入口
**对页：**中央大厅

绘画作品
ARTWORKS

绘画，对建筑师而言，不仅仅是为了创作一张好的表现图。当我们面对建筑、城市和自然作画，诉诸笔端的不但是我们对形体 空间色彩的把握 更是建筑师对意境和氛围的一种体验—一种积累、一种对美的感悟和升华。

上图：庭院深深（33厘米×34厘米，铅笔水彩，1964年）

大上海国际花园E型住宅别墅

泰宁 9/92

**上图：** 大上海国际花园E型别墅 （34厘米×25厘米，彩铅，1992年）

**下图：**五台山塔院寺（30厘米×44厘米，铅笔，1981年）
**对页：**长城（23厘米×32厘米，铅笔，1994年）

長城氣勢磅礴而莫遠蒼涼山
鉛筆二稿速中國
本寫生五三牛山
李菁甯

对页：北京阜城门（24厘米×30厘米，水彩，1963年）
下图：光与色彩的交响（27厘米×30厘米，水彩，1963年）

右图：静静的西江
（24厘米×35厘米，
水彩，1962年）

**下图：** 野渡（36厘米×27厘米，水彩，1962年）

上图：铅笔草图（30厘米×21厘米，铅笔，2017年）

功纬空间、建构
与意象的统一

2017 秦山下

# 个人简介
## BIOGRAPHY

# 个人简介

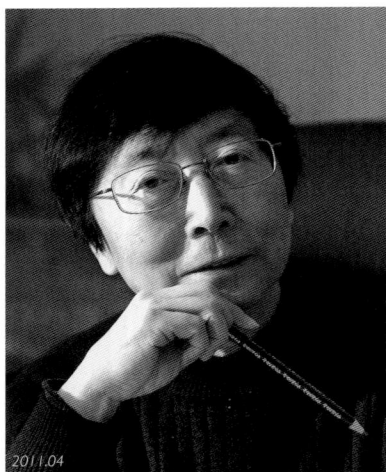

2011.04

程泰宁,1935 年 12 月 9 日出生于江苏省南京市。不久,抗日战争爆发,他随家"逃难"到了四川。生活的艰难令父母无暇顾及太多,幼年的程泰宁得以自由地成长。那时,他常常会沉浸在巴山蜀水雄奇而秀丽的自然景色之中,脑子里满是变化万千的奇境幻象。

从小学到初中,程泰宁还迷上了中国古典文学名著和武侠小说,他曾写下了几万字的小说。小说描绘的理想世界和英雄精神,深深吸引着他。这些经历对他日后的成长影响深远。

1945 年抗日战争胜利,程泰宁回到家乡,并在上海读完初中。1952 年,高中毕业的他考入南京工学院(原中央大学,现东南大学)建筑系。这是一所历史悠久、当时在中国实力最强的建筑系。中国现代建筑的开拓者杨延宝、童寯、刘敦桢等先生都在这里任教。虽然程泰宁入学时对建筑毫无了解且没有美术功底,因而在入学初期成绩较差,但在师长的教诲和环境的熏陶下,通过四年的勤奋努力,程泰宁成为班上唯一被授予优秀学生奖章的毕业生。

1956 年,程泰宁被分配到北京国家建委中国建筑科学院(筹建处)、建工部建筑科学研究院。他有幸参与了人民大会堂、国家体育场、国家歌剧院等一些大项目的方案设计,开始崭露头角。

他设计的南京长江大桥桥头建筑方案在国内 58 个方案中脱颖而出,成为最后两个综合方案之一;1963 年设计的古巴吉隆滩胜利纪念碑方案,也从全国 70 多个方案中被选出,代表中国参加国际竞赛。此外,他还参加了人民大会堂的验收工作,担任建筑组的秘书。

然而好景不长,经历了一系列政治运动,程泰宁被先后下放到多地进行劳动锻炼、思想改造,但他从未间断读书和绘画。

1970 年,程泰宁被下放到山西临汾——当时还是一个偏僻的小城市。在那里,他完成了自己的第一个建成作品——公共厕所。但他非常珍惜每一个设计机会,不久后,就有东风饭店、太原云山饭店、山西省人大办公楼等项目陆续建成。他在自己的创作生涯中,跨出了艰难的一步。

1981 年,程泰宁从山西调往杭州,进入杭州市建筑设计研究院。

初到杭州，尽管由于人地生疏，工作上遇到种种困难，但多年的压抑和积累，终于迎来喷发。黄龙饭店、加纳国家剧院、马里共和国会议大厦杭州铁路新客站杭州国际假日酒店、上海市公安办公指挥中心、联合国国际小水电中心、鲁迅纪念馆、弘一大师（李叔同）纪念馆等一批代表作陆续建成。

1990 年，程泰宁被授予国家级有突出贡献中青年专家称号；2000 年，被评中国建筑设计大师。2002 年底，在国家推动大院改革、充分发挥大师名人作用的政策下，程泰宁与中国联合工程公司共同组建了"中联·程泰宁建筑设计研究院"（现杭州中联筑境建筑设计有限公司）。

健康发展的团队，为程泰宁提供了安心创作的平台。建川博物馆俘虏馆、浙江美术馆、中国海盐博物馆、中国港口博物馆、南京博物院以及位于江苏、浙江等地的一批中小型博物馆先后建成。厦门悦海湾酒店、上海君康金融广场、北京首钢世界侨商创新中心、南京美术馆新馆、青岛（红岛）铁路客站等一批颇具创新性的作品也正在设计之中。

2004年，获第三届梁思成建筑奖；2005年，当选中国工程院院士。2008年，机缘所至，母校盼归。由程泰宁担任主任的东南大学"建筑与设计理论研究中心"挂牌成立。自此，除了创作实践外，他又承担起了教书育人的任务。"中心"的成立，也为他提供了一个总结创作实践经验、探索中国建筑理论建构的学术平台。

程泰宁长达半个多世纪的建筑创作实践，结出了丰硕的成果。通过掌控自如的建筑语言表达，本着"既不重复别人，也不重复自己"的创新原则，程泰宁创造了一系列多姿多彩并不断变化的建筑作品。

尤其值得关注的是，他的这些作品虽然造型各异，却始终贯穿着对中国文化精神的不懈探索。他的那些充满现代气息，同时又具有中国气质、注重文化品位的作品，得到了国内外同行的积极评价。其中，杭州黄龙饭店、杭州铁路新客站入选"中华建筑百年经典"；加纳国家剧院、马里共和国会议大厦入选国际建协（UIA）《二十世纪世界建筑精品选》（该选集选出了全球 100 年中的 1000 件优秀作品）。

程泰宁认为，理论创新与实践创新是相辅相成的。

事实上，他从 20 世纪 80 年代开始，就发表了《在历史和未来之间的思考》等一系列建筑理论文章，提出"立足此时，立足此地，立足自己"的创作原则；初步搭建了以"天人合一"为认识论、以"理象合一"为方法论、以"情境合一"为审美理想的建筑理论框架。近年来，在比较中西方哲学关于"本体"的不同认识的基础上，他又进一步提出了关于以"境界"为哲学本体、以"意境"为美学范畴、以"语言"为表现手段的、蕴含东方智慧的哲学和美学思考。这些思考伴随着他的创作实践，为他的作品注入了深厚的文化内涵。

2011 年，程泰宁带领课题组，完成了中国工程院"当代中国建筑设计现状与发展"课题研究。最近，他又投入到以当前城市建设存在的实际问题为导向，横跨多个学科的工程院重大咨询项目"中国城市建设可持续发展战略研究"的工作之中。他的实践创新和理论创新之路仍在继续。

如今，程泰宁以主业建筑师、副业学者、业余客串企业家的身份活跃在建筑界及学术界和商界。成为年龄与作品量双高的一线设计师、最具批评精神的学者、最不像老板的老板。

带着童年的武侠英雄梦，程泰宁用手上的"中国功夫"，构筑了一个又一个建筑的理想国。他是中国现代建筑创作之路的探索者，同时也是建筑中国梦的追梦者。

# 作品年表

所有项目均为方案主创，1972年后均担任工程负责人。

**1958** **北京人民大会堂方案**
中国 · 北京
提供方案
160000平方米

**国家歌剧院方案**
中国 · 北京
提供方案，项目未落实

**国家体育场方案**
中国 · 北京
提供方案，项目未落实
容纳30万人

**1960** **南京长江大桥桥头堡（方案阶段）**
中国 · 江苏 · 南京
入选方案之一，1965年建成

**山东工业展览馆方案**
中国 · 山东
20000平方米

**1963** **古巴吉隆滩胜利纪念碑方案** (506页)
古巴 · 吉隆滩
国际设计竞赛参赛方案

**华南地区1000人铁路旅客站方案**

**1972** **临汾铁路货运站及仓库**
中国 · 山西 · 临汾
1973年建成

**1973** **临汾柴油机厂方案**
中国 · 山西 · 临汾
未落实

**东风饭店**
中国 · 山西 · 临汾
1975年竣工
4500平方米

**1974** **邮电部第七研究所**
中国 · 山西 · 侯马
1978年竣工
8000平方米

**1975** 解放军277医院
中国·山西·侯马
1978年竣工
26000平方米

**1976** 云山饭店
中国·山西·太原
1981年竣工
17000平方米

**1978** 临汾石油公司办公楼
中国·山西·临汾
1980年竣工
3500平方米

**唐山1500座剧场方案**
中国·河北·唐山
未落实

**1979** 山西省人大办公楼
中国·山西·太原
1982年竣工
8000平方米

**1980** 全国中小型剧场设计竞赛方案
三个方案获奖

**杭州百货大楼参赛方案**
中国·浙江·杭州
一等奖
26000平方米

**1981** 杭州百货大楼方案
中国·浙江·杭州
未落实
4000平方米

**1982** 山西省美术馆方案
中国·山西·太原
未落实
16000平方米

**1983** 杭州友好饭店
中国·浙江·杭州
1985年竣工

**黄龙饭店** (182页)
中国·浙江·杭州
1986年竣工
40000平方米

**杭州中河路规划方案**
中国·浙江·杭州
未落实

**1985** 加纳国家剧院 (472页)
加纳·阿克拉
1992年竣工
11000平方米

**1987** 北京民族大厦方案
中国·北京
国内竞赛参赛方案
70000平方米

**1989** 马里共和国会议大厦 (490页)
马里共和国·巴马科
1994年竣工
12000平方米

**1990** 河姆渡遗址博物馆方案 (130页)
中国·浙江·余姚
国内竞赛参赛方案

**达安大楼方案**
中国·上海
未落实

**1991** 杭州铁路新客站 (148页)
中国·浙江·杭州
1999年竣工
110000平方米

**阿尔丁广场规划与建筑方案**
中国·内蒙古·包头
未落实
60000平方米

**1992** 天安国际大厦方案
中国·浙江·宁波
未落实
80000平方米

**奈良中国文化村剧场方案** (560页)
日本·奈良
未落实

**创律广场方案**
中国·山东
未落实
80000平方米

**包头市政府改建方案**
中国·内蒙古·包头
未落实

**大上海国际花园别墅方案**
中国·上海
未落实
300~600平方米

**1993** 杭州铁路新客站地区详细规划及城市设计方案
中国·浙江·杭州
部分落实

**杭州铁路新客站地区南片城市设计方案**
中国·浙江·杭州
部分落实

**新西湖饭店方案**
中国·浙江·杭州
未落实

**1994** 解百商城 (584页)
中国·浙江·杭州
1999年竣工
69000平方米

**浙江联谊中心**
中国·浙江·杭州
1998年竣工
6000平方米

**上海银舟大厦**
中国·上海
主体施工完成
40060平方米

杭州国际梅地亚中心方案
中国·浙江·杭州
未落实
25000平方米

**1995** **杭州国际假日酒店** (416页)
中国·浙江·杭州
1998年竣工
62000平方米

**海南商业广场方案**
中国·海南
未落实
400000平方米

**乐阳大厦方案**
中国·浙江·杭州
未落实
20000平方米

**黑猫大厦方案**
中国·浙江·杭州
未落实
52000平方米

**浙金广场**
中国·浙江·杭州
1998年竣工
63000平方米

**1996** **联合国国际小水电中心** (372页)
中国·浙江·杭州
1997年竣工
4500平方米

**1997** **杭州市上城区体育商城方案**
中国·浙江·杭州
未落实

**合肥华侨饭店方案**
中国·安徽·合肥
中标方案
30000平方米

**鄞县中心区行政中心方案**
中国·浙江·宁波
未落实
42800平方米

**浙江省图书音像发行大厦方案**
中国·浙江·杭州
未中标
28900平方米

**浙江省丝绸集团公司科技培训楼方案**
中国·浙江·杭州
完成扩初图纸
43000平方米

**福托康复中心方案**
中国·浙江·杭州
中标方案
45000平方米

**1998** **绍兴市民广场** (566页)
中国·浙江·绍兴
2000年竣工
80000平方米

**上海金山区行政中心** (612页)
中国·上海
2000年竣工
35000平方米

**元华广场** (218页)
中国·浙江·杭州
2002年竣工
130000平方米

**1999** **海宁博物馆** (344页)
中国·浙江·海宁
2000年竣工
4985平方米

**昌明新城**
中国·福建·厦门
方案竞赛二等奖（一等奖空缺）
1332900平方米

**杭州市国家税务局**
中国·浙江·杭州
2000年竣工
27020平方米

**杭州大剧院方案**
中国·浙江·杭州
国际招标入围方案
30513平方米

**上海浦东发展银行杭州分行**
中国·浙江·杭州
完成外立面改造设计

**杭州职业技术学院方案**
中国·浙江·杭州
中标方案
205000平方米

**达盟山庄**
中国·浙江·杭州
完成扩初图纸
11000平方米

**墨香苑居住小区**
中国·浙江·杭州
2002年竣工
43785平方米

**2000** **夏衍纪念馆方案**
中国·浙江·杭州
未中标
2377平方米

**上海公安局办公指挥大楼** (614页)
中国·上海
2004年竣工
80000平方米

**温州鞋业博物馆方案** (554页)
中国·浙江·温州
未落实

**上海南外滩沿江建筑方案**
中国·上海
未落实
56000平方米

**绍兴大剧院方案**
中国·浙江·绍兴
未中标
17600平方米

**2001** **上海铁路南站设计方案**
中国·上海
参加国际招标

**宁波高教园区图书信息中心** (394页)
中国·浙江·宁波
2003年竣工
26355平方米

**弘一大师纪念馆** (306页)
中国·浙江·平湖
2004年竣工
2800平方米

**浙江大学新校区第三组团** (172页)
中国·浙江·杭州
2002年竣工
60000平方米

**温州世贸中心方案** (596页)
中国·浙江·温州
2002年通过规划审查
226000平方米

**杭州市行政中心方案**
中国·浙江·杭州
入围方案

2002 **鄞县文化中心方案**
中国·浙江·宁波
未落实
15000平方米

**绍兴鲁迅纪念馆** (320页)
中国·浙江·绍兴
2004年竣工
5495平方米

**耀江大酒店** (580页)
中国·浙江·诸暨
2008年竣工
62325平方米

**曲靖会堂**
中国·云南·曲靖
2004年竣工4
21651平方米

2003 **鄞县商会大楼方案**
中国·浙江·宁波
中标方案
92142平方米

**金都华府居住小区** (408页)
中国·浙江·杭州
2007年竣工
178550平方米

**浙江美术馆** (32页)
中国·浙江·杭州
2008年竣工
31550平方米

**建川博物馆·战俘馆** (282页)
中国·四川·安仁
2006年竣工
1000平方米

2004 **常熟理工学院逸夫图书馆** (166页)
中国·江苏·苏州
2007年竣工
20000平方米

**江南春度假中心方案**
中国·浙江·杭州
未落实
98132平方米

**浙江宾馆商务别墅** (200页)
中国·浙江·杭州
2007年竣工
6500平方米

**重庆美术馆方案**
中国·重庆
未落实
16900平方米

**116工程方案**
中国·浙江·杭州
方案入围后退出

2005 **扬州市公安局公安业务技术用房方案**
中国·江苏·扬州
未落实
46220平方米

**银川市核心区人民广场规划设计**
中国·宁夏·银川
国际投标中标
224690平方米

**绍兴咸亨村工程方案**
中国·浙江·绍兴
未落实
38424平方米

**无锡体育中心方案**
中国·江苏·无锡
未落实
117840平方米

**武汉市公安局办公指挥大楼方案**
中国·湖北·武汉
未落实
42000平方米

**沈阳城市应急救助指挥中心方案**
中国·辽宁·沈阳
未落实
30390平方米

**银川国际会展中心** (530页)
中国·宁夏·银川
2008年竣工
80618平方米

2006 **华翔东方大厦方案**
中国·浙江·绍兴
未落实
13048平方米

**联合国国际小水电中心立面改造工程**
中国·浙江·杭州
2006年竣工
4500平方米

**温岭市城市规划展示馆方案**
中国·浙江·温岭
未落实
4210平方米

**南浔行政中心** (222页)
中国·浙江·湖州
2011年竣工
57320平方米

厦门西站概念方案
中国·福建·厦门
未中标
50800平方米

城市芯宇居住小区 (570页)
中国·浙江·杭州
2013年竣工
225500平方米

2007　上海中心方案 (600页)
中国·上海
参加国际邀请设计竞赛
354000平方米

千岛湖天屿度假酒店方案
中国·浙江·杭州
未落实
35000平方米

大禹陵祭禹广场改造工程方案
中国·浙江·绍兴
未落实
38640平方米

金都汉宫E地块公馆
中国·湖北·武汉
已竣工
747平方米

温州X地块方案
中国·浙江·温州
未落实
125400平方米

中国海盐博物馆 (76页)
中国·江苏·盐城
2009年竣工
17800平方米

龙泉青瓷博物馆 (60页)
中国·浙江·龙泉
2012年竣工
10000平方米

2008　杭州铁路东站方案
中国·浙江·杭州
未中标
161885平方米

南京博物院 (90页)
中国·江苏·南京
2013年竣工
84500平方米

2009　宁夏大剧院 (512页)
中国·宁夏·银川
2014年竣工
49000平方米

甬台温铁路专线方案
中国·甬台温线
未落实
18300平方米

宁波市中级人民法院方案
中国·浙江·宁波
未中标
57070平方米

北戴河铁路客站方案
中国·河北·北戴河
未落实
11970平方米

青川县博物馆方案
中国·四川·青川
未落实
4000平方米

西安大明宫遗址博物馆方案 (140页)
中国·陕西·西安
未落实
101332平方米

2010　杭州师范大学仓前校区
中国·浙江·杭州
施工中
407916平方米

中国港口博物馆 (538页)
中国·浙江·宁波
2014年竣工
40996平方米

湘潭市博物馆及城市规划展览馆 (354页)
中国·湖南·湘潭
2014年竣工
38946平方米

建德博物馆及城市规划展览馆方案
中国·浙江·建德
未落实
43000平方米

2011　温岭博物馆 (120页)
中国·浙江·台州
施工中
8850平方米

黄岩博物馆 (110页)
中国·浙江·台州
施工中
13380平方米

苏步青纪念馆 (330页)
中国·浙江·平阳
2015年竣工
4611平方米

沂蒙革命历史纪念馆 (544页)
中国·山东·临沂
2015年竣工
45448平方米

莱州博物馆方案
中国·山东·莱州
未落实
17377平方米

夏宫酒店方案
中国·海南·陵水
未落实
46499平方米

...地区1000人铁路旅客站方案

...古巴吉隆滩胜利纪念碑方案

**1963**     **1964**     **1965**     **1966**     **1967**     1...

---

| 1994 | 1993 | 1992 | 1991 | 1990 |
|---|---|---|---|---|
| 杭州国际梅地亚中心方案 | | 大上海国际花园别墅方案 | | |
| 上海银舟大厦 | 新西湖饭店方案 | 包头市政府改建方案 | | |
| 浙江联谊中心 | 杭州铁路新客站地区南片城市设计方案 | 创律广场方案 | 阿尔丁广场规划与建筑方案 | 达安大楼方案 |
| 解百商城 | 杭州铁路新客站地区详细规划及城市设计方案 | 奈良中国文化村剧场方案 | 杭州铁路新客站 | 河姆渡遗址博物馆方案 |
| | | 天安国际大厦方案 | | 马里共和国会议大... |

---

| 2005 | 2006 | 2007 | 2008 | 2009 | |
|---|---|---|---|---|---|
| 银川国际会展中心 | | 龙泉青瓷博物馆 | | | |
| ...市应急救助指挥中心方案 | 城市芯宇居住小区 | 中国海盐博物馆 | | 西安大明宫遗址博物馆方案 | |
| ...公安局办公指挥大楼方案 | 厦门西站概念方案 | 温州X地块方案 | | 青川县博物馆方案 | |
| 无锡体育中心方案 | 南浔行政中心 | 金都汉宫E地块公馆 | | 北戴河铁路客站方案 | 建德博物馆及城市规划展览馆 |
| 绍兴咸亨村工程方案 | 温岭市城市规划展示馆方案 | 大禹陵祭禹广场改造工程方案 | | 宁波市中级人民法院方案 | 湘潭市博物馆及城市规划展... |
| ...核心区人民广场规划设计 | 联合国国际小水电中心立面改造工程 | 千岛湖天屿度假酒店方案 | 南京博物院 | 甬台温铁路专线方案 | 中国港口博... |
| ...市公安局公安业务技术用房方案 | 华翔东方大厦方案 | 上海中心方案 | 杭州铁路东站方案 | 宁夏大剧院 | 杭州师范大学仓... |

**2005**     **2006**     **2007**     **2008**     **2009**

宁波东部新城B1-4地块方案
中国·浙江·宁波
未落实
72512平方米

**2012** 杭州市博物院方案
中国·浙江·杭州
未落实
155650平方米

福建龙岩展览城
中国·福建·龙岩
未落实
417131平方米

昭山两型产业发展中心 (384页)
中国·湖南·湘潭
2015年竣工
51781平方米

太原晋阳湖展示馆方案 (556页)
中国·山西·太原
未落实
3000平方米

龙岩市委党校搬迁建设工程方案
中国·福建·龙岩
施工中
98347平方米

悦海湾酒店 (208页)
中国·福建·厦门
施工中
90635平方米

锡东新城文化中心方案 (562页)
中国·江苏·无锡
未落实
41300平方米

河西文化艺术中心
中国·江苏·南京
2014年竣工
38800平方米

**2013** 陵园新村旅游配套服务区
中国·江苏·南京
未落实
7700平方米

越城遗址博物馆方案 (366页)
中国·江苏·苏州
初步设计完成
4736平方米

湘潭市政务服务中心方案
中国·湖南·湘潭
未落实
103792平方米

君康金融广场 (588页)
中国·上海
施工中
105000平方米

钱江金融城方案 (430页)
中国·浙江·杭州
参加国际竞标入围
2100000平方米

**2014** 湛江文化艺术中心 (232页)
中国·广东·湛江
国际竞赛中标
200000平方米

长春国际雕塑博物馆
中国·吉林·长春
施工中
18858平方米

南京栖霞广厅
中国·江苏·南京
设计深化中
396300平方米

**2015** 阜阳市科技文化中心 (548页)
中国·安徽·阜阳
施工中
54382平方米

厦门同安新城（丙洲片区） (458页)
中国·福建·厦门
作为总控单位设计深化，施工中
1610000平方米

北京首钢世界侨商创新中心 (444页)
中国·北京
设计深化中
300000平方米

天津美术学院方案 (248页)
中国·天津
参加国际竞标，未定
200000平方米

**2016** 南京美术馆新馆 (266页)
中国·江苏·南京
国际设计竞赛中标，设计深化中
84624平方米

青岛（红岛）铁路客站 (254页)
中国·山东·青岛
设计深化中
407380平方米

南京城墙博物馆
中国·江苏·南京
参加国际竞标
10422平方米

# THE CHRONOLOGY OF
# TAINING CHENG'S ARCHITECTURE WORKS

## 程泰宁建筑作品年表

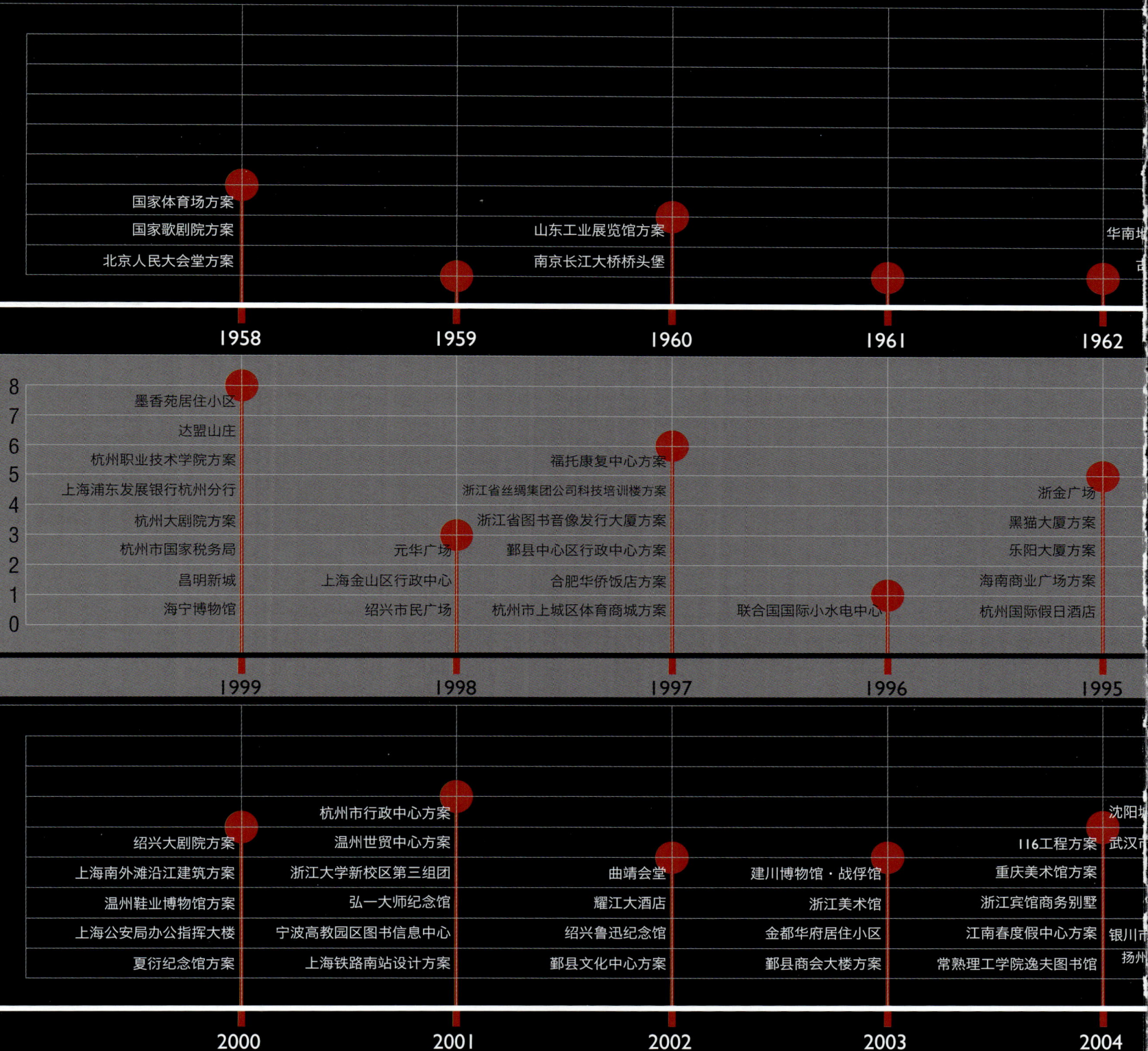

| | 1958 | 1959 | 1960 | 1961 | 1962 |
|---|---|---|---|---|---|
| | 国家体育场方案 | | 山东工业展览馆方案 | | 华南地 |
| | 国家歌剧院方案 | | | | 古 |
| | 北京人民大会堂方案 | | 南京长江大桥桥头堡 | | |

| | 1999 | 1998 | 1997 | 1996 | 1995 |
|---|---|---|---|---|---|
| 8 | 墨香苑居住小区 | | | | |
| 7 | | 达盟山庄 | | | |
| 6 | 杭州职业技术学院方案 | | 福托康复中心方案 | | |
| 5 | 上海浦东发展银行杭州分行 | | 浙江省丝绸集团公司科技培训楼方案 | | 浙金广场 |
| 4 | | | | | |
| 3 | 杭州大剧院方案 | | 浙江省图书音像发行大厦方案 | | 黑猫大厦方案 |
| 2 | 杭州市国家税务局 | 元华广场 | 鄞县中心区行政中心方案 | | 乐阳大厦方案 |
| 1 | 昌明新城 | 上海金山区行政中心 | 合肥华侨饭店方案 | | 海南商业广场方案 |
| 0 | 海宁博物馆 | 绍兴市民广场 | 杭州市上城区体育商城方案 | 联合国国际小水电中心 | 杭州国际假日酒店 |

| | 2000 | 2001 | 2002 | 2003 | 2004 |
|---|---|---|---|---|---|
| | | 杭州市行政中心方案 | | | 沈阳城 |
| | 绍兴大剧院方案 | 温州世贸中心方案 | | | 116工程方案 武汉市 |
| | 上海南外滩沿江建筑方案 | 浙江大学新校区第三组团 | 曲靖会堂 | 建川博物馆·战俘馆 | 重庆美术馆方案 |
| | 温州鞋业博物馆方案 | 弘一大师纪念馆 | 耀江大酒店 | 浙江美术馆 | 浙江宾馆商务别墅 |
| | 上海公安局办公指挥大楼 | 宁波高教园区图书信息中心 | 绍兴鲁迅纪念馆 | 金都华府居住小区 | 江南春度假中心方案 银川市 |
| | 夏衍纪念馆方案 | 上海铁路南站设计方案 | 鄞县文化中心方案 | 鄞县商会大楼方案 | 常熟理工学院逸夫图书馆 扬州 |

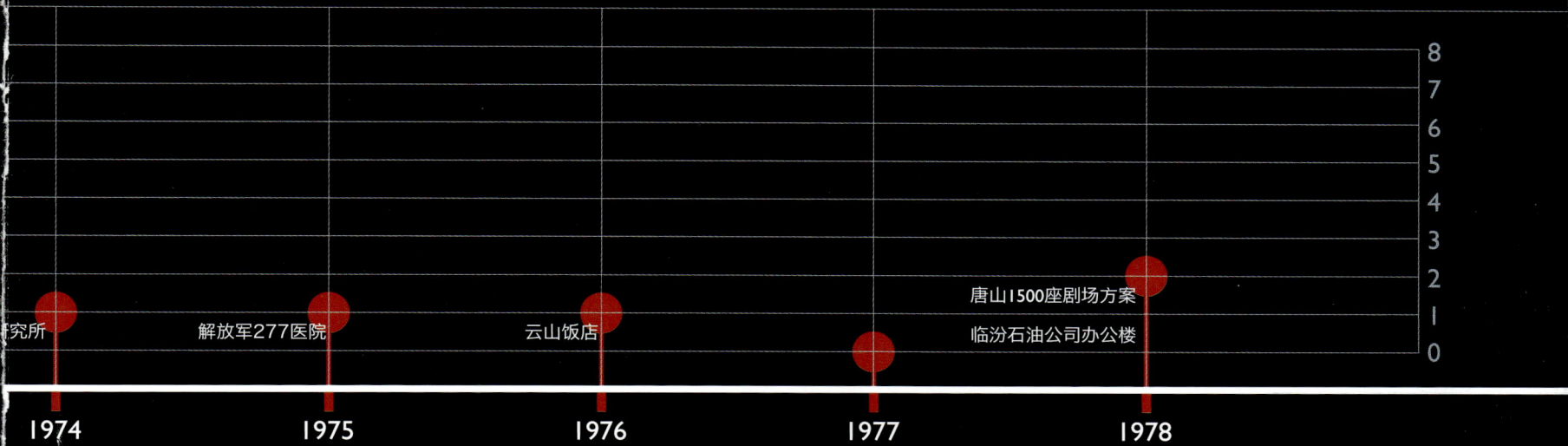

究所 解放军277医院 云山饭店 唐山1500座剧场方案

临汾石油公司办公楼

8
7
6
5
4
3
2
1
0

**1974** **1975** **1976** **1977** **1978**

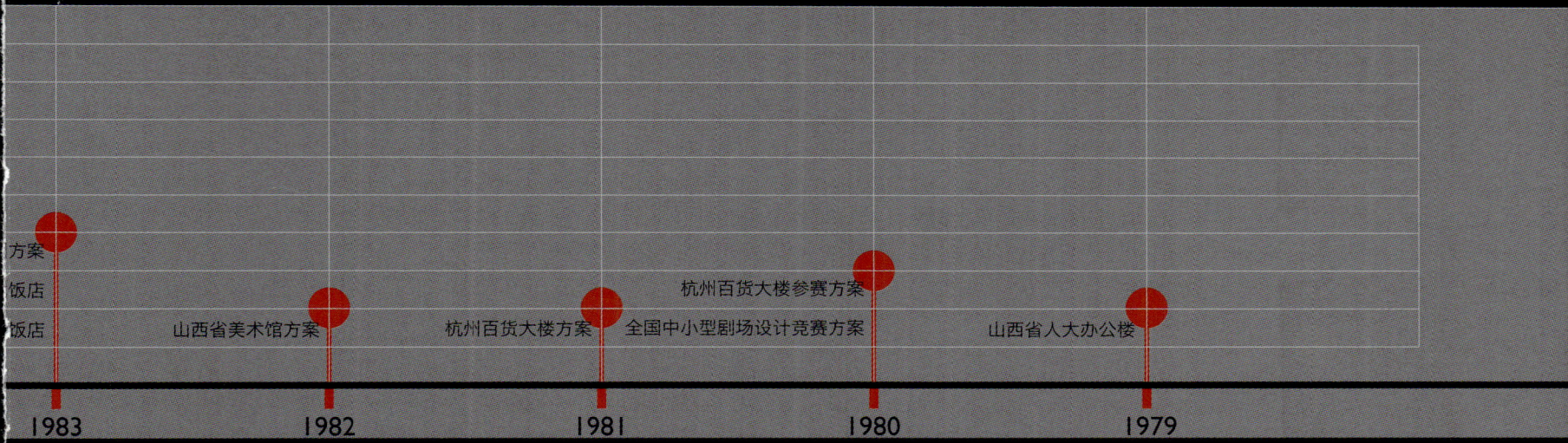

方案

饭店

饭店 山西省美术馆方案 杭州百货大楼方案 全国中小型剧场设计竞赛方案 山西省人大办公楼

杭州百货大楼参赛方案

**1983** **1982** **1981** **1980** **1979**

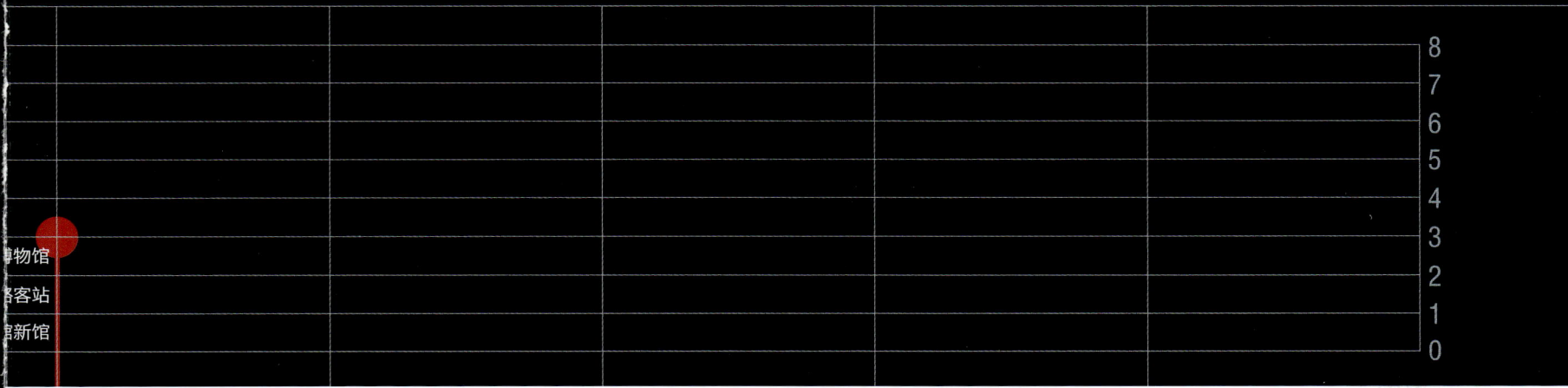

博物馆

客站

新馆

8
7
6
5
4
3
2
1
0

**2016**

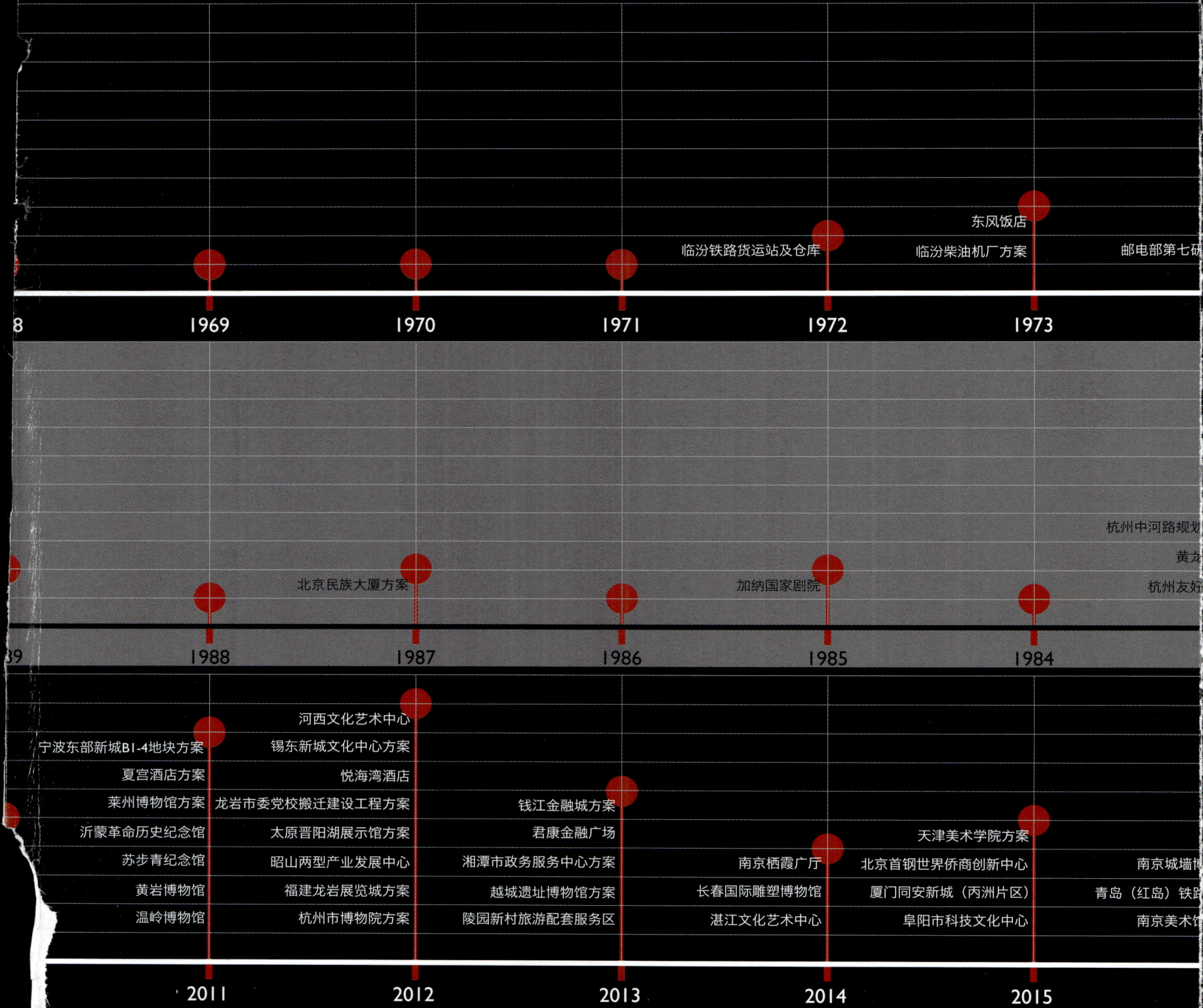

东风饭店

临汾铁路货运站及仓库 临汾柴油机厂方案 邮电部第七研...

1968 · 1969 · 1970 · 1971 · 1972 · 1973

杭州中河路规划...

北京民族大厦方案 黄龙...

加纳国家剧院 杭州友好...

1989 · 1988 · 1987 · 1986 · 1985 · 1984

| | 河西文化艺术中心 | | | | |
| 宁波东部新城B1-4地块方案 | 锡东新城文化中心方案 | | | | |
| 夏宫酒店方案 | 悦海湾酒店 | | | | |
| 莱州博物馆方案 | 龙岩市委党校搬迁建设工程方案 | 钱江金融城方案 | | | |
| 沂蒙革命历史纪念馆 | 太原晋阳湖展示馆方案 | 君康金融广场 | | 天津美术学院方案 | |
| 苏步青纪念馆 | 昭山两型产业发展中心 | 湘潭市政务服务中心方案 | 南京栖霞广厅 | 北京首钢世界侨商创新中心 | 南京城墙博... |
| 黄岩博物馆 | 福建龙岩展览城方案 | 越城遗址博物馆方案 | 长春国际雕塑博物馆 | 厦门同安新城（丙洲片区） | 青岛（红岛）铁路... |
| 温岭博物馆 | 杭州市博物院方案 | 陵园新村旅游配套服务区 | 湛江文化艺术中心 | 阜阳市科技文化中心 | 南京美术馆... |

2011 · 2012 · 2013 · 2014 · 2015